中等职业教育国家规划教材

全国中等职业教育教材审定委员会审定

兽药及药理基础

Shouyao ji Yaoli Jichu

（第三版）

主编　曹礼静

高等教育出版社·北京

内容简介

　　本书是农业职业院校通用教材和中等职业教育国家规划教材。

　　兽药使用在畜禽生产与疾病防治中起着重要的作用。为使学生深入了解兽药使用的基本原则及规范，本书系统介绍了生产实践中常用的兽药，以及简单的药理知识。根据我国及国外兽药发展现状和畜牧生产实践，同时结合作者的教学、临床经验，尽量删繁就简，做到简洁明了，使本教材科学性与实用性兼备。此外，力求体现畜禽生产技术等养殖类专业的特点，反映现代科学水平，使学生掌握实际操作技能，进一步提高施用药物的能力。

　　本书采用项目–任务体例，主要内容包括：走进"兽药及药理基础"课程，药物概论，作用于消化系统的药物，作用于呼吸系统的药物，作用于心血管系统的药物，作用于泌尿、生殖系统的药物，作用于神经系统的药物，影响组织代谢的药物，抗微生物药物，抗寄生虫药物，解毒药，以及相关附录。本书配有学习卡资源，请登录Abook 网站 http://abook.hep.com.cn/sve 获取相关教学资源，详细说明见本书"郑重声明"页。

　　本教材适用于农业院校畜禽生产技术等养殖类专业，也可供广大农村成人文化学校作为培训教材，并为兽药推销人员、畜牧生产从业人员的自学用书。

图书在版编目（ＣＩＰ）数据

　　兽药及药理基础 / 曹礼静主编. -- 3版. -- 北京：高等教育出版社，2022.2（2023.2重印）
　　ISBN 978-7-04-055750-3

　　Ⅰ. ①兽… Ⅱ. ①曹… Ⅲ. ①兽医学-药理学-中等专业学校-教材 Ⅳ. ①S859.7

　　中国版本图书馆CIP数据核字（2021）第036314号

策划编辑	方朋飞	责任编辑	方朋飞	封面设计	王　鹏	版式设计　张　杰
插图绘制	李沛蓉	责任校对	高　歌	责任印制	朱　琦	

出版发行	高等教育出版社		网　　址	http://www.hep.edu.cn
社　　址	北京市西城区德外大街4号			http://www.hep.com.cn
邮政编码	100120		网上订购	http://www.hepmall.com.cn
印　　刷	三河市华骏印务包装有限公司			http://www.hepmall.com
开　　本	889 mm×1194 mm　1/16			http://www.hepmall.cn
印　　张	20			
字　　数	420 千字		版　　次	2004 年 5 月第 1 版
插　　页	1			2022 年 2 月第 3 版
购书热线	010-58581118		印　　次	2023 年 2 月第 2 次印刷
咨询电话	400-810-0598		定　　价	45.00 元

第三版前言

《兽药及药理基础》是根据中华人民共和国农业农村部关于兽药规范的相关文件精神,依据兽药安全标准、《中华人民共和国兽药典》,以及教育部关于养殖类专业人才培养要求,为培养畜牧业的一线技能型人才,提高兽药安全规范应用能力而编写。出版以来受到广大师生和基层兽医、防疫人员的好评。为进一步体现最新兽药管理规范和更加贴近生产一线的需求,现予再次修订。

依据《国务院关于印发国家职业教育改革实施方案的通知》(国发〔2019〕4号),落实职业教育"行动导向,任务驱动,项目教学"的教学改革思路,我们对《兽药及药理基础》的体例进行了改革,将学科体系下沿用多年的教材体例进行了删减、重组、再充实和改造,形成了适应现代岗位需求,突出职业能力,便于教、学、做一体化的工作任务课程体系。

随着我国经济社会的快速发展,人们对畜禽产品的质量要求越来越高,而兽药对人类健康安全的影响也越来越受到全社会的关注。2015年,中国兽药典委员会对《中华人民共和国兽药典》进行了第四次修订,并于2015年12月正式颁布实施第五版《中华人民共和国兽药典》。本书依据修订后的《中华人民共和国兽药典》,进一步加强兽药安全性检查内容,在药物品种中增加了对毒性成分或易混杂成分的检查与控制,在附录中完善了对药物安全性及安全性检查的总体要求。

本书修订时根据生产实践中对食品动物的饲养要求,增加了部分新用于兽医临床的中、西兽药,删去了一些毒副作用较大、残留期较长、不常用及禁用于食品动物的药品;规范了器官系统的命名。书后附有药物使用相关文件及安全用药对照表,介绍了兽医常用疫苗和免疫血清及新的兽药规范要求。

本书在编写过程中,根据职业教育的培养目标及职业院校学生的学习及工作特点,同时结合作者的教学及临床经验,理论联系实际,尽量做到深入浅出,通俗易懂,删繁就简,简洁明了,使本书具有科学性、系统性、针对性和实用性。在药物介绍上,根据《中华人民共和国兽药典》及兽药应用规范,严格执行兽药应用安全规范。本书内容根据药物作用方向分为10个项目及附录,每个项目依据药物作用特点再分为若干学习任务。每个学习任务以学生的学习认知特点为基础,分为"任务背景""任务目标""任务准备""任务实施""任务小结"五个模块,有利于夯实知识基础和培养理论联系实际的能力。同时在每个项目后增加了项目总结、项目测试,更有利于学生的复习和巩固。

建议教学中重视情景教学与任务驱动教学相结合,体现"教、学、做"一体化。本书建议教学时数为80学时,各项目参考学时如下,各校可根据实际情况调整。

项目	内容	学时分配
	走进"兽药及药理基础"课程	2
项目1	药物概论	6
项目2	作用于消化系统的药物	6
项目3	作用于呼吸系统的药物	6
项目4	作用于心血管系统的药物	6
项目5	作用于泌尿、生殖系统的药物	6
项目6	作用于神经系统的药物	6
项目7	影响组织代谢的药物	6
项目8	抗微生物药物	10
项目9	抗寄生虫药物	4
项目10	解毒药	4
	机动	18
	总计	80

本书适用于职业院校养殖类专业，也是农村实用技能培训的教学用书。本书配有学习卡资源，按照本书最后一页"郑重声明"下方的使用说明进行操作，登录 http://abook.hep.com.cn/sve，进入本课程，可获取本书的电子教案、习题答案等相关教学资源。

本次修订由重庆市荣昌区职业教育中心特级教师、国家万人计划领军人才、享受国务院政府特殊津贴专家曹礼静任主编，重庆市荣昌区职业教育中心高级讲师、重庆市学科教学名师段佐华，西南大学动物医学院副教授晋辉豪任副主编，参加编写工作的还有重庆市荣昌区职业教育中心讲师杨勇、袁丽花、舒丽，高级讲师、重庆市骨干教师程依林，以及重庆三杰众鑫生物工程有限公司总经理张立武。全书由西南大学动物科学学院院长、中国兽药典委员会委员、农业部新兽药审评委员会专家、教育部高等教育动物医学类教学指导委员会委员刘娟教授任主审。本书在编写过程中参考和采用了相关人士撰写的教材、杂志和著作等成果(详见书后参考文献)，在此一并向相关作者表示诚挚的谢意！

由于编者水平有限，且时间仓促，书中难免有不妥之处，恳请广大读者指正。读者意见反馈信箱：zz_dzyj @ pub.hep.cn。

另声明：本书所涉及药品在实际应用中请详细阅读药品说明书，并以当时国家最新药典为准。

编 者

2020 年 10 月

第二版前言

随着我国经济社会的快速发展,人们对畜禽产品的质量要求越来越高,而科学技术的发展也检测出少数兽药对人类健康存在危害。为此,2005年中国兽药典委员会修订了《中华人民共和国兽药典》。依据修订后的《中华人民共和国兽药典》,我们对2004年出版的《兽药及药理基础》进行了修订。

修订时根据生产实践中对食用动物的饲养要求,增加了部分新用于兽医临床的中、西兽药,介绍了兽医生物药品,即兽医常用疫苗和免疫血清及新的兽药规范要求;删去了一些毒副作用较大、残留期较长、不常用及禁用于肉食动物的药品。规范了器官系统的命名。书后附有药物使用相关文件及安全用药对照表。

《兽药及药理基础》教材共12章,需120学时,其中课堂讲授78学时,实验实训30学时,机动12学时。考虑到我国幅员辽阔,南北差异大,各校师资、教学设施不同,以下各单元学时安排仅供参考,各学校可根据本地特点,对所讲药品有所取舍,并补充地方性内容。

单元	内容	课堂讲授	实验实训
绪论		1	
第1章	药物的基本知识	4	1
第2章	药物与机体的相互作用	4	2
第3章	作用于消化系统的药物	5	2
第4章	作用于呼吸系统的药物	5	2
第5章	作用于心血管系统的药物	5	2
第6章	作用于泌尿、生殖系统的药物	5	2
第7章	作用于神经系统的药物	7	2
第8章	影响组织代谢的药物	7	2
第9章	抗微生物药物	16	6
第10章	抗寄生虫药物	8	3
第11章	解毒药	5	3
第12章	生物药品	6	3

本书适用于职业院校养殖和畜牧兽医类专业,也是农村实用技能培训的教学用书。本书采用了学习卡/防伪标系统,按照本书最后一页"郑重声明"下方的使用说明进行操作,登录http://abook.hep.com.cn/sve,进入本课程,可获取本书的电子教案、习题答案等相关教学资源。

本书第二版由重庆市荣昌县职业教育中心曹礼静、西南大学药学院古淑英担任主编,重庆市荣昌初级中学廖开燕、重庆三峡职业学院农业与生物工程系向邦全担任副主编、重庆市教育科学研究院职业教育与成人教育研究所常献贞担任编写工作。本书第3、4、5、6、7、11章、基本技能考核项目及附录等由曹礼静编写;绪论、第2、9、10章及实验实训由古淑英编写;第8章、第12章由廖开燕编写。第1章由向邦全编写,并提供了部分电子教案;常献贞担任部分编写工作。

在本书的编写过程中,重庆市教育科学研究院职业教育与成人教育研究所向才毅所长自始至终给予关心与指导,在本书付梓之际,特致以衷心的感谢! 在编写本教材时,参考了一些相关学科的教材、杂志和研究专著,在此特向相关作者表示诚挚的谢意!

由于编者水平有限,时间仓促,对书中的不妥之处,恳请广大读者指正。读者意见反馈信箱为:zz_dzyj@pub.hep.cn。

另声明:本教材所涉及药品供教学使用,实际应用中请详细阅读药品说明书,并以当时国家最新药典为准。

编 者

2010 年 6 月于重庆荣昌

第一版前言

　　兽药使用是畜牧业生产中的一个重要环节。由于食物链的关系，畜禽用药不仅关系到畜禽生产的正常进行，而且与人民健康有着直接联系。为此，我们编写了《兽药及药理基础》，意在向养殖和畜牧兽医专业的学生系统介绍生产实践中的常用兽药，以及简单的药理知识，使学生能够了解用药的道理，在畜牧生产中能掌握动物疾病和疫病防治的主动权。

　　本教材在编写过程中，根据职业教育"培养与社会主义现代化建设要求相适应，德、智、体、美等全面发展，具有综合职业能力，在生产、服务、技术和管理第一线工作的高素质劳动者及专门人才"的培养目标，结合我国及国外兽药发展现状和畜牧生产实际，广采博纳，吸收了近年来国内外兽药发展中的新科技、新知识，增添了实践中较为实用的新兽药产品，同时结合作者的教学临床经验，理论联系实际，尽量做到深入浅出，通俗易懂，删繁就简，简洁明了，使本教材具有科学性、系统性、针对性和实用性。在药物介绍上，根据生产实践中对食品动物的饲养要求，增加了价廉效高的中兽药，介绍了生物药品，即兽医常用疫苗和免疫血清。此外，力求体现养殖及畜牧兽医专业的特点，反映现代科学水平，使学生掌握实际操作技能，进一步提高独立分析畜禽病情、疫情及施用药物的能力。

　　考虑到我国幅员辽阔，南北差异大，各校师资、教学设施不同，特在书后附有药物参照表。各教师可根据本地特点，对所讲药品有所取舍，并补充地方性内容。

　　本书由重庆市荣昌县吴家职业中学曹礼静、西南农业大学动物科技学院古淑英担任主编，重庆市教育科学研究院职成教研究所常献贞、重庆市荣昌初级中学廖开燕担任副主编。全书共12章，收集药物390种。本书第3、4、5、6、7、11章、基本技能考核项目及附录等由曹礼静编写；绪论、第1、2、9、10章及实验实训由古淑英编写；第8章、第12章由廖开燕编写。常献贞参加了本书的部分编写工作，并提供了资料。《中华人民共和国兽药典》委员会委员、西南农业大学动物医学院兽医药物学专家郑动才教授为本书主审，挤出宝贵时间对本书进行了认真的审读，并提出修改意见。

　　在本书的编写过程中，重庆市教育科学研究院职成教部向才毅主任自始至终给予关心与指导，重庆市荣昌县教委及荣昌吴家职业中学领导一直给予鼓励和支持，在本书付梓之际，特致以衷心的感谢！

在编写本教材时,参考了一些相关学科的教材、杂志和研究专著,在此特向相关作者表示诚挚的谢意。

由于编者水平有限,时间仓促,对书中的不妥之处,恳请广大读者指正。

曹礼静

2004 年 12 月 8 日于重庆荣昌

目　录

项目 3 作用于呼吸系统的药物

项目 4 作用于心血管系统的药物

项目 5　作用于泌尿、生殖系统的药物

项目 6　作用于神经系统的药物

项目 7　影响组织代谢的药物

项目 8 抗微生物药物

项目9 抗寄生虫药物

项目10 解 毒 药

附　　录

走进"兽药及药理基础"课程

我国是一个农业大国,农业问题始终困扰着我国经济的全面发展。随着"乡村振兴""建设美丽乡村"的时代号角响起,农业产业的全面转型升级已成为农业经济发展的突破口。畜牧业在农业产业中占据着重要地位,要使我国农村经济得到全面发展,畜牧业生产的发展势在必行。疾病防治是畜牧业健康稳定发展的重要保障,而兽药又是预防和治疗疾病的重要资源。

"一带一路"的深入发展,给我国畜牧业经济带来了新的发展契机,同时也提出了更高的要求。要使我国的畜牧业赶上世界先进水平,维护畜牧产品和制品的食用安全,食品中兽药残留是一个亟待解决的问题。这一问题的解决,要靠畜牧兽医行业各方面努力,特别是从事兽药研发和使用人员的不懈努力和奋斗。

一、兽药发展简史

兽药的起源可追溯到原始社会,我国先民把某些野生动物驯化成家畜,把对人有治疗作用的"本草"用到家畜家禽疾病的治疗中,反映了兽药与人药同源的理念。从公元前2世纪至公元1世纪的《神农本草经》到18世纪的《本草纲目拾遗》,其中都有兽药的记载。唐显庆四年(公元659年),苏敬等20余人编撰了《新修本草》,收载药物844种,这是我国第一部由国家颁布的"药典",并流传至国外,较公元1546年出版的《纽伦堡药典》早800多年。特别是明朝药物学家李时珍编写的《本草纲目》,收载药物1892种,药方1100余个,其中针对家畜的有毒物质及兽药也有较详细的阐述。《本草纲目》是我国本草学中最伟大的著作,不仅促进了我国医药的发展,对推动世界医药学的发展也起到了重大作用。我国兽药方面最早的著作是明朝兽医喻本元、喻本亨所著的《元亨疗马集》,收载药物400多种,药方400余条。

科学的进步促进药物学科的发展。19世纪初,由于化学的发展,许多植物药的化学成分被提纯,如吗啡、士的宁、咖啡因、阿托品。1828年成功合成尿素,为人工合成药物开辟了道路。20世纪30年代磺胺药的合成、青霉素的发现和提纯,使药物生产进入抗生素时代。随后大量新药的涌现,刺激了药物学迅猛向前发展。

1949年中华人民共和国成立以后,在党的方针政策指引下,广大兽医药工作者不断发掘祖国医药学遗产,在中西兽医结合、利用中草药防治疾病及中药剂型改革方面做出了较大的贡献,兽医药工作者在新药研制上也取得了较大成就,以兽用抗寄生虫类药物为首的新药不断地开发问世。

　　1968年,原农林部颁布了我国第一部《兽医药品规范》,使兽药的生产和应用有了行业规范。1987年5月,国务院颁布了《兽药管理条例》,它是我国第一部国家颁布的兽药行政管理法规,标志着我国兽药管理进入法制化的新阶段;该条例修订后于2004年4月9日颁布,2004年11月1日起施行。1990年颁布了《中华人民共和国兽药典》,规定了兽药质量规格与检验方法的技术规范,是兽药生产、销售、检验、使用和管理部门共同遵循的法典。

　　近几十年来,随着生物化学、生物物理学、分子生物学等学科的迅速发展和相互渗透,以及许多新技术、新方法的广泛运用,药理学的研究从宏观转向微观,即从过去的器官、组织水平上描述药物作用的现象,转向探讨药物分子在体内代谢过程中与酶等生物大分子间的相互关系,从而使药物的作用原理、结构和效应的关系,以及老药的改造和新药的设计都深入到分子水平。目前,纳米药物载体靶向给药技术的研究在我国已取得了重大的进展,相信用于畜牧业生产也指日可待。

二、课程性质与研究内容

　　"兽药及药理基础"是研究药物与动物机体之间相互作用规律,为临床合理用药、防治疾病提供基本理论的畜牧兽医基础课程。兽药药理指通过研究动物机体在药物影响下所发生的各种反应,阐明药物治疗疾病的原理,并作为开具处方、调制药剂与临床应用的依据。其研究内容包括药物效应动力学和药物代谢动力学两个方面:

　　药物效应动力学(Pharmacodynamics,简称药效学)是研究药物对动物机体(包括病原体)的作用规律的科学,即研究药物引起机体功能的变化或效应作用机制的一门学科。

　　药物代谢动力学(Pharmacokinetics,简称药动学)是研究机体对药物的作用的科学,即研究药物在动物机体内吸收、分布、转化和排泄的一门学科。

　　值得注意的是,药物对机体的作用和机体对药物的处置,不是截然分开的两个过程,而是药物进入机体后同一过程的两个方面。

　　为了用药安全、保障人民健康,《中华人民共和国药典》规定了毒药、剧药和麻醉品的种类,颁布了这类药物的使用管理方法和制度,《中华人民共和国兽药典》《兽药管理条例》也有相应规定,作为法律法规,不得有任何违反。毒药、剧药、麻醉品的概念如下:

1. 毒药

　　毒药是指毒性极大的药物,其极量与致死量极为接近,用量稍大即可危及生命。如氯化汞(升汞)、三氧化二砷。

2. 剧药

　　剧药是指毒性较大的药物。其极量与致死量比较接近。服用超过极量时,亦可引起中毒与死亡。其中毒性较小而又常用的品种称为"限剧药"。如巴比妥。

3. 麻醉品

麻醉品是指较易成瘾的药物。在药典中多包括在毒剧药的范围内。如阿片、吗啡、哌替啶。

三、课程要求与学习方法

"兽药及药理基础"是养殖类专业的一门实用性较强的主干课程。它的主要任务是阐明药物作用原理、主要适应证和禁忌证,使同学们学会正确选药、合理用药,充分发挥兽药的作用,达到预防、治疗疾病的目的。学习中要注重掌握常用的实验方法和基本操作技能,仔细观察、认真记录实验结果。通过实验研究培养认真严谨、实事求是的科学作风和勤于动手、善于观察思考、独立分析解决问题的能力。

学习"兽药及药理基础"课程要注意理论联系实际,要熟悉各类药物的基本作用规律,分析每类药物的共性和特点。药物的药理作用(包括治疗作用、不良反应)、临床应用及应用注意事项、体内过程是课程的重点学习内容,学习中要力求掌握并学会运用。

项目 1

药 物 概 论

项 目 导 入

通过对兽药发展过程的了解、国家对兽药的管理规范要求,以及"兽药及药理基础"课程的初步认识,大家一定对什么是药物、药物是如何发挥防治疾病作用的充满了期待吧。

本项目通过药物的来源,药物制剂与剂型、药物生产与管理要求,药物与机体之间相互作用的规律和机制的介绍和讨论,将帮助同学们揭示什么是药物和药物如何产生防治效果。

本项目将要学习以下 3 个任务:(1) 了解药物的基本知识;(2) 认识药物对机体的作用;(3) 认识机体对药物的作用。在完成学习任务过程中,要以严谨务实的工作态度,编制兽药说明书和配制药物;通过药物体内代谢时间的动物试验等,树立汲取精华、内化精髓、摒弃糟粕的学习观。

任务 1.1   了解药物的基本知识

任务背景

小周是畜禽生产技术专业一年级的一名学生,在动物医院见习时,在配药房里看到兽医助理拿着兽医开具的处方,有条理地在一整橱窗的药品中拿取药物,感到非常轻松。小周便在兽医助理完成工作后,拿了一张兽医的处方来看,结果一头雾水,他不了解剂型、生产规格等概念。

任务目标

知识目标:会利用药品包装和说明书,对相应药品的来源、剂型、生产规格、储存管理等信息进行整理。

技能目标:能结合兽医处方,对处方药物的来源、剂型、规格及使用进行说明。

任务准备

一、药物的来源

我国两千多年前的《山海经》中明确提出，药物包括植物药、动物药和矿物药三类。天然状态加以简单调制而成的药物称为生药。

随着科学的迅猛发展，人们除了获取的植物药和矿物药外，又人工合成了许多化学药物（如磺胺），而且还从微生物的代谢产物中获得了多种医疗价值高的抗生素药物（如青霉素）。药物的来源可分为天然药物和人工合成药物两大类。前者包括植物药、动物药、矿物药和微生物药，后者主要是人工合成的化学药物（图 1-1）。植物药在兽药中运用比较广泛。

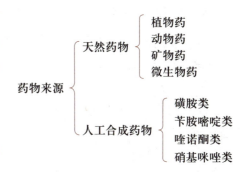

图 1-1　药物来源

植物药是利用植物的根、茎、叶、花、果实及种子经过加工制成的药物。植物药中含有多种成分，其中具有医疗效用或生物活性的物质称为该种药物的有效成分，主要有以下几种类型：

（1）生物碱　是一种含氮的碱性化合物。大多数生物碱不溶或难溶于水，能溶于氯仿、乙醚、乙醇等有机溶剂，易和稀酸液化合生成盐类。生物碱盐类易溶于水而难溶于有机溶剂。生物碱大多具有特殊的生物活性，如小檗碱能杀菌消炎，咖啡因能使中枢神经兴奋。

（2）苷类　又称配糖体，是由非糖类部分的苷元（配基）和糖类组成的一类化合物。大多数苷类可溶于水、乙醇，难溶于苯或醚。遇酸或酶可被水解为糖类和苷元。苷元一般易溶于有机溶剂，难溶于水。苷的种类很多，由于所含苷元不同，具有不同的生物活性。苷在植物中分布较广，是药物重要的有效成分。

强心苷　具有强心作用。洋地黄、夹竹桃、万年青等植物中都含有强心苷。

皂苷　因其水溶液振荡后起泡沫，与肥皂水相似，故名皂苷。皂苷有祛痰作用，远志、桔梗等药中含有皂苷。

氰苷　水解产生氢氰酸，有止咳作用。杏仁、桃仁等植物的种子中含有氰苷。

蒽醌苷　有泻下作用。大黄、番泻叶等药物中含有蒽醌苷。

黄酮苷　主要作用于心血管系统，并有止血、镇咳、祛痰等作用。毛冬青、黄芩、枳实、紫菀等药物中都含有黄酮苷。

（3）有机酸　在植物中广泛存在。多数植物的有机酸能溶于乙醇或乙醚等有机溶剂，但难溶或不溶于石油醚。常见的有机酸有枸橼酸、苹果酸、琥珀酸、草酸等。

（4）挥发油　是一类可随水蒸气蒸馏、与水不相混合的挥发性油状产物的总称。挥发油的香气成分大多是分子中含氧的萜烯、芳烃、醇、醛、酮、酯、酚、酸、醚等。挥发油为无色或微黄色的透明油状液体，具有特殊香味，常温下能挥发；易溶于有机溶剂，难溶于水。主要具有祛风、祛痰、强心、利尿、抗菌、消炎、镇痛等多种作用。多数植物都含有挥发油，尤以种子植物居多。

（5）氨基酸　是广泛存在于生物中的一类大分子含氮物质，是构成蛋白质的基础物质。植物药中的氨基酸多为 α- 氨基酸，能溶于水。在南瓜子、使君子中所含的氨基酸都是植物药的有效成分。

（6）鞣质　是可与蛋白质、生物碱盐、重金属结合生成沉淀的一类含酚类大分子化合物，具有涩味和收敛性。内服止泻及作为生物碱、重金属中毒的解毒药，外用可作止血、烧伤用药。

（7）树脂　为植物分泌的一种含多糖的混合物，多含有挥发油、树胶等物质。不溶于水，能溶于醇或其他溶剂中。药用树脂有消炎、止血、镇痛、抗菌等作用，如乳香、没药、安息香、血竭。

二、药物的制剂与剂型

制剂是根据药典或药品规范上的处方，将药物制成的一定规格的成品。如 10% 的葡萄糖注射液、乳酶生片都是制剂。

调剂是根据兽医师书写的医疗处方临时调成的成品。

药剂是制剂和调剂的总称。

剂型是指药剂的类别，是药物经过加工制成适于医疗应用的一种形态，如注射剂、片剂、丸剂。

（一）液体剂型

1. 溶液剂（Liquores）

溶液剂是一种可供内服或外用的澄明溶液。溶液剂的溶质一般为不挥发性的化学药品，溶剂多为水，如高锰酸钾溶液、75% 乙醇（图 1-2）；但也有溶剂为不挥发性药物的醇溶液或油溶液，如维生素 A 溶液。

2. 合剂（Mixture）

合剂是由两种以上药物制成供内服的液体剂型。合剂为悬浮剂，与溶液的区别在其溶质与溶剂的相溶性上。溶质与溶剂相溶，为溶液；溶质与溶剂不相溶，为悬浮剂。如胃蛋白合剂、三溴合剂。

3. 煎剂（Decoction）及浸剂（Infusion）

煎剂（汤剂）及浸剂都是生药（药材）的水浸出制剂。煎剂是将生药加水煎煮一定时间后过滤而制得的

图 1-2　75% 乙醇

液体剂型;浸剂是将生药用沸水、温水或冷水浸泡一定时间后过滤而制得的液体剂型。

4. 注射剂（Injection）

注射剂亦称针剂,是指灌封于特别容器中经灭菌的药物澄明液、混悬液、乳浊液或粉末(粉针剂),是须用注射方法给药的一种剂型。如葡萄糖注射液、注射用青霉素、伊维菌素注射液(图1-3)。

图 1-3　伊维菌素注射液

5. 醑剂（Tincturae, Spirit）

醑剂是指挥发性有机药物的乙醇溶液,可供内服或外用。如樟脑醑、芳香氨醑。

6. 酊剂（Tincture）

酊剂是指用不同浓度的乙醇浸泡生药或化学药物而制成的澄清液体剂型。如碘酊、大蒜酊、陈皮酊、龙胆酊。

7. 搽剂（Liniment）

搽剂是指刺激性药物的油性或醇性液体剂型,供外用涂搽皮肤的表面,一般不用于破损的皮肤。如四三一搽剂、松节油搽剂。

8. 流浸膏剂（Liquid Extract, Fluidextract）

流浸膏剂是指将生药的浸出液除去一部分溶剂而成的浓度较高的液体剂型。除有特别规定外,流浸膏剂每毫升相当于原药 1 g,多供内服用。如大黄流浸膏。

9. 乳剂（Emulsion）

乳剂是指两种以上不相混合的液体(如水与油),加入乳化剂后制成的乳状混浊液。乳剂的特点是增加了药物表面积,以促进吸收及改善药物对皮肤、黏膜的渗透性。可供内服和外用。

(二) 半固体剂型

1. 软膏剂（Unguentum, Ointment）

软膏剂是药物与适宜的基质混合而制成的,容易涂布于皮肤、黏膜、创面的一种半固体剂型外用药,如鱼石脂(图1-4)、凡士林(图1-5)。供眼科用的灭菌软膏称为眼膏。

2. 浸膏剂（Extract）

浸膏剂是生药浸出液经浓缩后的膏状或粉状的半固体或固体剂型。如甘草浸膏。除特别规定外,每 1 g 浸膏剂相当于原药 2~5 g。

3. 硬膏剂（Enplastrum）

硬膏剂是药物与基质混合后涂布在布或纸上的硬质膏药,遇热则软化而易于黏附在皮肤上不易脱落,能在局部持久呈现作用。

图 1-4 鱼石脂

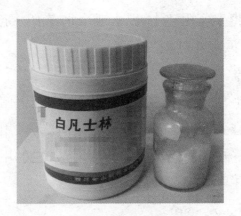
图 1-5 凡士林

4. 舔剂（Electuary）

舔剂是由各种植物性粉末、中性盐类或浸膏等与黏浆药混合制成的一种黏稠状或粥状药剂，可供动物舔食。

5. 糊剂（Paste）

糊剂是 25% 的粉末状药物与甘油、液体石蜡均匀混合制成的半固体剂型。

（三）固体剂型

1. 散剂（Powder, Pulvis）

散剂是指一种或多种药物经粉碎为末后混合制成的干燥固体剂型。可供内服或外用。如盐酸环丙沙星可溶性粉（图 1-6）。

2. 片剂（Tablet）

片剂是指一种或多种药物经机械压制成片状的干燥固体剂型，主要供内服用。如乳酶生片、阿司匹林片、盐酸左旋咪唑片（图 1-7）。

3. 胶囊剂（Capsule）

胶囊剂是将粉末状药物密封于胶囊中而制成的一种剂型。其目的是避免药物的刺激性，

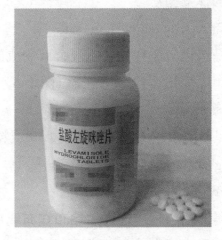

图 1-6 盐酸环丙沙星可溶性粉　　　　图 1-7 盐酸左旋咪唑片

或不良气味,或起到缓释作用。

三、药物的生产与管理

1. 兽药的生产与销售规范

改革开放以来,我国的兽药业快速发展,兽药的研究水平得到提高,新兽药的研制速度加快,新产品的开发能力增强。但在发展过程中还存在许多问题:兽药厂数量多,规模小,产品质量低;兽药质量监督力度跟不上兽药生产和销售企业的发展速度,使假兽药、劣兽药泛滥,不规范使用兽药现象相当严重,兽药使用的安全问题日趋突出。

兽药使用的安全问题,不仅涉及动物健康,而且涉及公共卫生、环境保护、人民健康和生命安全。目前,肉、蛋、奶及其制品中出现的兽药残留严重超标现象,主要是由滥用兽药造成的。不遵守《中华人民共和国兽药典》(以下简称《兽药典》)、《兽药管理条例》的规定,是造成兽药滥用的主要原因。

《兽药典》及《兽药质量标准》是我国兽药生产、经营、销售、使用,新兽药研究和兽药的检验、监督、管理应共同遵循的法定的技术依据。第一版(1990 年版)《兽药典》共两部,第一部收载化学药品、抗生素、生化制品和各类制剂;第二部收载中药材和成方制剂。现行版本为根据我国兽药行业的发展状况,先后经中国兽药典委员会五次修订、增补后于 2020 年出版的第六版《兽药典》。《兽药质量标准》,现行版本为 2017 年版,是对 2010 年 12 月 31 日前发布的、未列入《兽药典》(2015 年版)的兽药质量标准进行修订编纂而成的,包括化学药品卷、中药卷和生物制品卷三个部分。自其 2017 年 1 月 1 日施行起,除《兽药典》(2015 年版)、《兽药质量标准》(2017 年版)收载品种的兽药质量标准外,2010 年 12 月 31 日前(含 31 日)各版《兽药典》《兽药国家标准》《兽药生物制品质量标准》《兽药生物制品规程》及农业部公告发布的同品种兽药质量标准同时废止。《兽药规范》于 1978 年出版,经中国兽药典委员会组织修订,将没有收入《兽药典》,但各地仍有生产和使用的一些品种,以及农业部陆续颁布的一些新兽药质量标准载入第二版《兽药规范》(1992 年版),为现行版本。《兽药规范》分一部和二部,采用的凡例和附录均依照《兽药典》规定。《兽药管理条例》由国务院 1987 年 5 月 21 日颁布。它要求凡从事兽药生产、经营和使用者,必须遵守本条例的规定,保证兽药生产、经营、使用的质量,并确保安全有效。2018 年 9 月由中国兽药典委员会办公室印发《中国兽药典委员会办公室关于勘误〈中国兽药典〉〈兽药质量标准〉及其说明书范本有关内容的通知》(药典办〔2018〕16 号),根据勘误后的 2015 年版《兽药典》、2017 年版《兽药质量标准》,以及农业农村部《兽药管理条例》的规定,制定和发布了《兽药管理条例实施细则》。兽药相关规定还有《新兽药及兽药新制剂管理办法》《核发兽药生产许可证、兽药经营许可证、兽药制剂许可证管理办法》《兽药生产质量管理规范》《兽药生产质量管理规范实施细则》《动物性食品中兽药最高残留限量》等。

《兽药生产质量管理规范》[兽药 GMP(Good Manufacturing Practice)],是每个兽药生产企业必须达到的标准,否则,不准进行兽药生产。我国兽药行业的管理体系是一个完整的系统。根据《兽药管理条例》的规定,我国农业农村部畜牧兽医局负责全国的兽药管理工作,中国兽药监察所负责全国的兽药质量监督、检验工作。各省、直辖市、自治区相应地设立兽药药政部门和兽药监察所,分别负责辖区内的兽药管理工作和兽药质量监督、检验工作。

《兽药经营质量管理规范》[兽药 GSP(Good Supplying Practice)],是为加强兽药经营质量管理,保证兽药质量,根据《兽药管理条例》制定的规范,适用于中华人民共和国境内的兽药经营企业。

2. 药物的保管与储藏

药物都具有一定的物理性质和化学性质,如果保管或储藏不当,会引起药物理化性质改变而影响药物疗效,不仅带来经济损失,还有可能危及健康甚至生命安全。

对各种药物的保管,可根据药物的临床应用、药物的物理或化学性质(如易燃、易氧化、易挥发)、外观形状(如液体、固体)等而分类放置。排列要整齐有序,便于拿取。普通药和剧药、毒药必须分开储藏,剧药、毒药必须专人、专柜保管,领用实行登记制度。药瓶应贴有清楚的瓶签,更换时,须先贴上新瓶签,再去掉旧瓶签。

药品的储藏一般应按照药品说明书的储藏方法操作。根据药物的理化性质不同,药物的储藏方法也各有不同。遇光、空气、热等易分解或变色的药品应装于有色瓶内,密封避光保存;易潮解、易挥发及易风化的药品,应拧紧瓶塞或涂蜡封存;遇热易分解或挥发的药品应放于阴凉干燥处保存;血清、疫苗应在低温条件下(2~8 ℃)保存;特殊药品如甲醛溶液的储藏温度不能低于 9 ℃,以免聚合;注明有效期的药品,应按有效期批号(批号以 8 位数字表示,如20030110,即 2003 年 1 月 10 日生产)分别保管,出厂期早的先用,以免造成浪费。

四、兽药说明书编制格式

化学药品、抗生素产品的单方、复方,以及中兽药、生物制品的产品说明书编制格式见表 1–1。

表 1–1　各类兽药说明书的编制格式

化学药品、抗生素产品	中兽药	生物药品
兽用标识	兽用标识	兽用标识
[兽药名称]	[兽药名称]	[兽药名称]
通用名	通用名	通用名
商品名	商品名	商品名
英文名		英文名
汉语拼音	汉语拼音	汉语拼音

化学药品、抗生素产品	中兽药	生物药品
［主要成分及化学名称］	［主要成分］	［主要成分与含量］
［性状］	［性状］	［性状］
［药理作用］	［功能与主治］	［接种对象］
［适应证］		
［用法与用量］	［用法与用量］	［用法与用量］
［不良反应］	［不良反应］	［不良反应］
［注意事项］	［注意事项］	［注意事项］
［停药期］		
［规格］	［规格］	［规格］
［包装］	［包装］	［包装］
［储藏］	［储藏］	［储藏］
［有效期］	［有效期］	［有效期］
［批准文号］	［批准文号］	［批准文号］
［生产企业］	［生产企业］	［生产企业］

五、常用药物制剂表示法及其配制计算

1. 溶液浓度的表示法

在一定量的溶剂或溶液中所含溶质（B）的量，依所用单位不同，分别称作 B 的质量分数、B 的质量浓度和 B 的体积分数，以上含"浓度"的量都不能简称为浓度，而应使用上述全称，只有物质的量浓度（mol/m^3，mol/L）才能称为浓度，如"B 的质量浓度"不能简称为"B 的浓度"。

（1）溶质（B）的质量分数表示法　常以 %（W/W）或 %（m/m）表示，即在 100 g 溶液中所含溶质（B）的克数。例如：

10% 的碳酸氢钠（B）溶液，即指在 100 g 碳酸氢钠溶液中含碳酸氢钠固体 10 g。

（2）溶质（B）的质量浓度表示法　常以 %（W/V）表示，即在 100 mL（L）溶液中所含溶质的克（千克）数。例如：

5% 的碳酸氢钠溶液，即 100 mL 碳酸氢钠溶液中含碳酸氢钠 5 g。

（3）溶质（B）的体积分数表示法　常以 %（V/V）表示。即在 100 mL 溶液中所含溶质的毫升数。例如：

70% 的乙醇溶液，即在 100 mL 乙醇溶液中含乙醇 70 mL。

2. 用质量分数表示的药物配制举例

［例 1］用 50% 葡萄糖溶液配制 5% 葡萄糖溶液 500 mL

需用 50% 的葡萄糖溶液量的计算方法：

$$5\% \times 500 \text{ mL}/50\% = 50 \text{ mL}$$

配制时,取 50 mL 50% 的葡萄糖溶液至 500 mL 量筒中,并加蒸馏水至 500 mL 刻度,摇匀,即成为 5% 的葡萄糖溶液 500 mL。

[**例 2**] 用 95% 的乙醇溶液配制 70% 的乙醇溶液 500 mL

需用 95% 的乙醇溶液量的计算方法：

$$70\% \times 500 \text{ mL}/95\% \approx 368 \text{ mL}$$

配制时,取 95% 的乙醇溶液约 368 mL 至 500 mL 量筒中,并加蒸馏水至 500 mL 刻度,摇匀,即成为 70% 的乙醇溶液 500 mL。

六、处方

处方是医师对疾病开药,药房配药、发药、指导用药的药单。对于动物医院,即为兽医师所开的药单。要正确开写处方,除应有较好的临床医学知识外,还需全面掌握药物的药理作用、临床应用等知识。处方是兽医治疗及药剂配制的重要文件,由取得执业资格的兽医师填写。兽医师对处方负有法律责任,一定要严肃认真对待。处方正确与否对医疗效果及生命安全起着重要的作用。处方应写明药物的名称、数量、制成何种剂型及用量用法等,以保证药剂的规格和安全有效。处方应保存一定时间,以备查考。

1. 处方的内容与格式

处方应书写在印制好的处方笺上,书写时一律用钢笔清楚填写,其内容包括三个部分(图1-8)：

(1) 登记部分　在"××兽医院处方笺"全名下逐项填入：处方编号、年、月、日,畜主资料,畜别、性别、年龄、体重、特征。

(2) 处方部分　在处方部分左上角空白处,常以 Rp 或 R 起头,它是拉丁文 Recipe 的缩写,意即"请取";亦可用中文"处方"或"处"作为开头。

在"Rp"或"处方"下面写药物的名称、剂量和使用方式。西药处方要每药一行,逐行书写对齐。药名应符合《兽药典》或《兽药规范》的规定。数量采用公制,一律用阿拉伯数字,数量的小数要书写对齐以防错误。固体药物以克为单位,液体药物以毫升为单位,单位一般不必书写。但剂量为毫克或用国际单位表示时,则应写明。

同一处方中各药应按它们的作用性质依次排列。一般分为：

主药:起主要作用的药物。

佐药:起辅助或加强主药作用的药物。

矫正药:矫正主药的副作用或毒性作用的药物。

赋形药:能使各药制成适当剂型的药物,便于给药。

处方内药物书写完毕,兽医师应对药剂师指出剂型的配制、对病畜的给药方法、给药次数及各次剂量。处方笺内开写几个处方时,每一处方前用(1)(2)(3)标出序号。

(3) 兽医师及调剂师签名 兽医师在处方开写完毕及调剂师在处方配制完毕时,应仔细检查核对,并先后在处方笺最后部分签名。

×××兽医院处方笺

处方编号: 　　　　　　　　　　　　　　　　　　　　　　　　　　年　月　日

畜主单位(姓名)_____ 地址_____ 畜主联系电话_____
畜别_____ 性别_____ 年龄_____ 体重_____ 特征_____
Rp:

磺胺嘧啶	4.0
磺胺噻唑	4.0
扑热息痛	1.0
甘草粉	8.0
碳酸氢钠	4.0
常水	适量

配制:混合调成糊状
用法:(猪)1 次投服

兽医师签名: 　　　　　调剂师签名: 　　　　　药价:

图 1-8 处方样例

2. 处方的种类

处方可分为法定处方、医疗处方和协定处方三种。

(1) 法定处方 《中华人民共和国药典》(以下简称《药典》)、《兽药典》、《兽药规范》上收载的制剂处方,称为法定处方。它对制剂的组成、浓度、配制法等都有明文规定,开方时,只需写出制剂名称即可配制或买到成品药。例:

处方:

　　氯化钙葡萄糖注射液　　　　　　　　　250.0
　　用法:(牛)1 次静脉注射。

以上注射液中氯化钙和葡萄糖各含多少《兽药典》中已有明确规定,处方中不必写出。

(2) 医疗处方 兽医师根据病畜具体病情的需要开写的处方。这种处方必须将各药名称、剂量、配制的剂型及用法书写清楚。例:

处方:

　　稀盐酸　　　　　　　　　　　　　　　30.0
　　乙醇　　　　　　　　　　　　　　　　30.0

陈皮酊   5.0

水   500.0

配制:混合制成合剂

用法:(牛)1 次灌服。

(3) 协定处方   兽医院或药房根据兽医师常用而有效的处方协商后固定下来,并给予特定名称的处方。药房提前配制,开写处方时仅写明名称与剂量即可。例:

处方:

健胃消食散   180.0

用法:(猪)1 日 3 次,每次 30 g,混于饲料中饲喂。

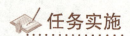 **任务实施**

识别药物的常用剂型

[目的] 认识药物常用剂型。

[材料] 乙醇、碘酊、庆大霉素注射液、注射用青霉素钠、阿莫西林胶囊、左旋咪唑片、红霉素软膏、鱼石脂、人工盐、药用炭、清瘟败毒散、双黄连注射液、清开灵注射液、硼酸、凡士林、液状石蜡。

[方法] 实物识别。

[记录] 识别以上材料的剂型,将识别结果填入表 1-2。

表 1-2   药物常用剂型识别记录表

序号	固体剂型	半固体剂型	液体剂型

[讨论] 药物在生产中,为什么要制成不同的剂型?

任务反思

1. 兽药必须达到国家哪些标准才能进入市场流通?

2. 药物的保管与储藏需要注意哪些问题?

3. 处方的意义有哪些?

任务小结

通过对药物的来源、制剂与剂型、生产与管理、药物的应用等的学习,以及对处方规范的认识,对准确读取药品包装或说明书、保证合规正确用药有着重要意义,将有效提高药物应用的规范性。

任务 1.2　认识药物对机体的作用

任务背景

小明在动物医院临床见习时,发现兽医师在一剂处方中,有一则关于使用磺胺类药物的备注,提示配药房,首次药量比后续药量加倍,他不明白这是为什么。他是不是遇到了药物量效方面的问题了呢?

任务目标

知识目标:1. 理解药物作用的机制。

2. 掌握药物作用的基本形式、药物的治疗作用与不良反应。

技能目标:1. 能在生产实践中正确认识并发挥药物的治疗作用。

2. 能在生产实践中尽量避免药物不良反应的发生。

任务准备

一、药物的基本作用

1. 药物作用的基本形式

药物作用是指药物对机体原有的生理、生化功能的改变。药物对机体所产生的作用有以下两方面:一是使机体器官、组织的生理、生化功能增强,称为兴奋;二是使机体器官、组织的生理、生化功能减弱,称为抑制。引起机体组织生理、生化功能兴奋的药物称为兴奋药,如咖啡因能使大脑皮质兴奋、心搏加快,所以咖啡因属于兴奋药;反之,使机体组织生理、生化功能下降的药物称为抑制药,如氯丙嗪能抑制中枢神经,使体温下降,所以氯丙嗪属于抑制药。同一药物对不同的器官、组织可以产生不同的作用。如肾上腺素可加强心肌收缩力,加快心搏,对心脏呈现兴奋作用;同时又可使骨骼肌血管舒张、支气管平滑肌松弛而呈现抑制作用。

药物的作用是通过机体并且依靠机体所拥有的机能而发生的,药物只能改变机体原有机能,使之增强或下降,而不能产生新的机能。

2. 药物作用的方式

药物通过不同的方式对机体产生作用:

依据药物作用的范围可分为局部作用和全身作用。药物在被吸收入血液以前,在用药局部产生的作用,称为局部作用。如用 75% 乙醇对局部皮肤表面消毒。药物经吸收进入血液循环后产生的作用,称为全身作用,又名吸收作用。如肌内注射青霉素后出现的抗感染作用。

依据药物作用的发生顺序或原理可分为直接作用和间接作用。药物对所接触的组织器官产生的作用,称为直接作用或原发作用;由直接作用引起其他组织、器官的机能改变,称为间接作用,又称继发作用。如用洋地黄治疗充血性心力衰竭时,洋地黄毒苷作用于心脏,增强心肌收缩力,改善全身血液循环,这是洋地黄的直接作用;由于血液循环的改善,体内过多的水分自肾排出,又产生了利尿和消除水肿的间接作用。

二、药物作用的基本规律

(一) 药物作用的选择性

药物进入机体后,对某些器官或组织的作用特别强,而对其他组织和相邻的细胞作用很弱,甚至无影响,这种现象称为药物作用的选择性。如洋地黄毒苷对心脏,麦角新碱对子宫有明显的选择性,而对其他的组织器官则不产生影响。药物具有选择性是由于机体组织、器官对药物的敏感性存在差异。药物作用的选择性是治疗的基础,选择性高、针对性强,产生的治疗效果好,很少或没有副作用。药物作用的选择性是相对的,并不是完全专一或特异的。药物的选择性和药物的用量有关,如适量的咖啡因能选择性地兴奋大脑皮质,但当增大剂量时,就能兴奋延脑以至脊髓。

(二) 药物的治疗作用与不良反应

用药后产生符合治疗目的或达到预防效果的作用,称为治疗作用;与用药目的无关或对机体产生损害的作用,称为不良反应。大多数药物在发挥治疗作用的同时又存在不同程度的不良反应,这就是药物作用的二重性。俗话讲是药三分毒,指的就是药物作用的二重性。

1. 治疗作用

治疗作用一般可根据治疗效果分为对因治疗和对症治疗两种。

(1) 对因治疗 药物作用的目的在于消除疾病发生的原因,又称为治本。如用洋地黄治疗慢性充血性心力衰竭引起的水肿。

(2) 对症治疗 药物作用的目的在于改善疾病症状,又称为治标。如解热镇痛药能使发热动物体温降至正常,但如果发热病因不除,药物作用消失后体温又会上升。

一般情况下首先考虑对因治疗,对因治疗才是用药的根本。但在症状严重以至危及生命时(如休克、惊厥、心力衰竭),则必须采取对症治疗,以减轻症状,赢得治疗时间,即"急则治其标,缓则治其本"。多数情况下采取"标本兼治"才能取得最佳疗效。

2. 不良反应

(1)副作用 药物在治疗剂量内产生的与治疗目的无关的作用,称为副作用。它是药物所固有的、可预知的作用。一般药物的副作用都较轻微,停药后能自行消失,但严重时应设法纠正。由于有些药物选择性低,药理作用广泛,当利用其中一个作用为治疗目的时,其他作用便成了副作用。如阿托品用于肠痉挛可缓解或消除疼痛,但出现腺体分泌减少、口腔干燥的副作用。当治疗目的不同时,副作用也可成为治疗作用。阿托品在治疗肠痉挛时出现的腺体分泌减少是副作用,但在麻醉前给药时,能抑制腺体分泌,更有利于手术实施,又是治疗作用。

(2)毒性反应 使用药物剂量过大或用药时间过长,引起机体严重的功能紊乱、组织损伤等不良反应,称为毒性反应。根据用药后发生毒性反应的缓急,可分为急性和慢性毒性反应。用药后立即发生的,称为急性毒性反应,多由一次用量过大而引起,常表现为心血管功能、呼吸功能的损害。长期用药蓄积后逐渐产生的不良反应,称为慢性毒性反应,常表现为肝、肾、骨髓的损害。少数药物还能产生特殊毒性,即致癌、致畸、致突变反应。大多数药物都有一定的毒性,只是毒性反应的性质和程度不同。毒性反应一般是可预知的,临床用药时应设法减轻或防止药物毒性反应事件的发生。

(3)过敏反应 又称变态反应。指极少数动物个体在再次应用某药时发生的一种特殊反应,它的本质是免疫反应。如青霉素作为一种半抗原,进入体内与蛋白质结合形成全抗原,刺激机体产生抗体;当青霉素再次进入机体后,与抗体形成抗原抗体复合物,从而导致组织细胞损伤、机体功能紊乱,出现过敏性休克等。这种反应与剂量无关,反应性质各不相同,很难预料。致敏原可能是药物本身,或者是药物在体内的代谢产物,也可能是药物制剂中的杂质。

(4)继发反应 是药物治疗作用引起的不良后果。如草食动物胃肠内有许多微生物寄生,菌群之间存在互相制约的关系,维持着平衡的共生状态。当长期应用四环素类广谱抗生素,对药物敏感的菌株受到抑制,菌群间的平衡被打破,致使那些对药物不敏感的或抗药的细菌、真菌,如葡萄球菌、大肠杆菌大量繁殖,引起中毒性肠炎或全身感染,这种继发反应称为"二重感染"。

(5)后遗效应 指停药后血药浓度降至阈值以下时的残存药理效应。由于用药而造成的组织不可逆损害的后遗效应,称为药源性疾病。后遗效应除能产生不良反应外,有些药物也能产生对机体有利的后遗效应。如抗生素后效应、抗生素后白细胞促进效应,可提高吞噬细胞的吞噬能力。

(三)药物的构效关系

多数药物通过化学反应而产生药理效应,这种效应的特异性取决于药物特定的化学结构。

药物的化学结构与药物效应之间的密切关系称为构效关系。

大多数药物以其特定的化学结构与机体组织细胞的受体、酶相结合，从而引起机体生理、生化功能的改变。化学结构类似的化合物一般能与同一受体或酶结合，因而产生相同或相似的作用，这类药物称为拟似药。如麻黄碱与肾上腺素的化学结构相似，其药理作用也相似。另一方面结构相似而作用相反的药物称为拮抗药。如组胺与抗组胺药。

麻黄碱　　　　　　　　肾上腺素

许多化学结构完全相同的药物还存在光学异构体，因此具有不同的药理作用。多数左旋体有药理活性，而右旋体则无作用。如左旋咪唑有抗线虫作用，而右旋咪唑没有此作用。结构的微小改变可能使药效产生很大的变化，因此认识药物的构效关系不仅有助于理解药物作用的性质和机制，也有利于找寻和合成新药。

（四）药物的量效关系

在一定范围内，药物的效应随用药剂量或血中药物浓度的增加而增强，这种药物效应和剂量之间的规律性变化称为量效关系。

药物的剂量过小，不产生任何效应，称为无效量；能使药物产生效应的最小剂量称为最小有效量。随着剂量的增加，药物效应也逐渐加强。对一群个体中50%的个体有效的剂量称为半数有效量，用 ED_{50} 表示。达到最大效应的剂量，称为极量。这时若再增加剂量，效应不再增强，反而出现毒性反应。出现中毒的最低剂量称为最小中毒量；引起死亡的量称为致死量。引起半数动物死亡的量称为半数致死量，用 LD_{50} 表示（图 1-9）。药物的 ED_{50} 和 LD_{50} 的比值称为治疗指数，此数值越大，药物应用越安全。

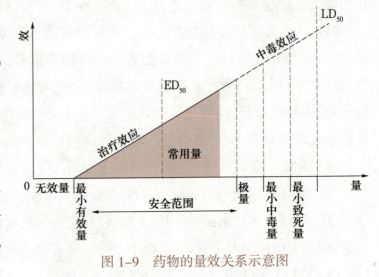

图 1-9　药物的量效关系示意图

药物在临床的常用量或治疗量应比最小有效量大，比极量小。最小有效量与极量之间的剂量是临床用药的安全范围。

三、药物作用的机制

药物作用的机制是研究药物对动物机体如何起作用，以及在哪个部位起作用的问题，是药效学的重要内容。对药物作用机制的研究已从细胞、亚细胞水平深入到了分子水平。药物作用的机制较多,归纳起来主要是受体学说和非受体学说。

（一）受体学说

受体是指存在于细胞膜或细胞内的生物大分子(糖蛋白或脂蛋白),对特定的生物活性物质具有识别能力,并可选择性地与之结合。生物活性物质包括机体内固有的内源性活性物质(神经递质、激素、活性肽、抗原、抗体等)和来自体外的外源性活性物质(药物、毒物等)。对受体具有选择性结合能力的生物活性物质称为配体。

受体的种类较多,如胆碱受体(M 胆碱受体、N 胆碱受体),肾上腺素受体(α 肾上腺素受体、β 肾上腺素受体),生长因子受体,维生素 D_3 受体。各种受体在体内都有其固定的分布与功能。受体具有饱和性、特异性和可逆性。也就是说在机体组织细胞内的受体数量是一定的,不是无限的;特定的受体与特定的配体结合,具有专一性;受体与配体(药物)结合后是以非代谢的方式解离,解离后得到的配体是药物本身,而不是代谢产物,解离后的受体恢复原状。

药物作用的发生是药物(配体)与受体结合的结果。首先是药物与受体结合形成复合体,然后复合体进一步激活一系列生物化学反应,继发产生特定的药物效应。药物与受体结合产生药理效应的研究在不断进行,受体作用学说较多,目前较受认同的是占领学说。

占领学说认为,药物与受体结合产生效应必须具有亲和力和内在活性。亲和力表示药物与受体结合的能力。亲和力越大,药物占领受体的数量越多,药物的效应越强。内在活性表示药物与受体结合后诱导产生生理效应的能力。不同的药物具有不同的内在活性,可以产生不同的效应。与受体既有亲和力又有内在活性的药物叫作激动剂。药物与受体结合产生的效应具有亲和力但无内在活性,与受体结合后不仅不能诱导效应,反而还阻断了与受体的作用,这种药物叫作拮抗剂。还有的药物对受体具有亲和力,但内在活性不强,具有较弱的激动剂和拮抗剂的作用,称为部分激动剂或部分拮抗剂。

（二）非受体学说

药物对机体作用的机制是十分复杂的生理、生化过程。虽然许多药物与受体的作用机制被阐明,但是很多药物不直接作用于受体也能引起器官、组织的功能发生变化。因此,药物作用机制又有非受体学说,主要包括以下内容:

1. 对酶的作用

许多药物是通过影响酶,通过酶的抑制、酶的激活、酶的诱导、酶的复活来实现其效应的。如苯巴比妥诱导肝微粒体酶,碘解磷定使磷酰化胆碱酯酶复活。

2. 影响离子通道

有些药物可直接作用于细胞膜上的 Na^+、K^+、Ca^{2+} 通道而产生药理效应,如普鲁卡因可阻断 Na^+ 通道而产生局部麻醉作用。

3. 对核酸的作用

多数抗癌药物和部分抗菌药物是通过影响细胞的核酸代谢而产生药理效应的。

4. 影响自体活性物质或神经递质

有些药物通过影响体内自体活性物质或神经递质的生物合成、储存、释放而产生药理效应。如解热镇痛药影响前列腺素的合成,麻黄碱促进去甲肾上腺素的释放。

5. 参与或干扰细胞代谢

有些药物通过参与或干扰细胞的生理、生化过程而产生药理作用。如磺胺药是通过阻断细菌的叶酸代谢而产生抑菌作用的。

6. 影响免疫机能

有些药物通过影响机体免疫机能而起作用。如左旋咪唑具有免疫增强作用。

7. 改变理化条件

有些药物是通过简单的理化反应而产生作用的。如碳酸氢钠中和胃酸治疗胃溃疡,醇、酸、碱等使病原微生物的蛋白质沉淀,从而产生药理作用。

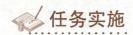任务实施

马度米星急性毒性试验

[目的] 学习测定药物 LD_{50} 的方法。

[材料] 马度米星,小鼠,注射器,灌胃器,鼠笼,天平。

[方法]

(1) 预试验　探索剂量范围及组间距:目的是找出 0% 死亡的最大剂量和 100% 死亡的最小剂量估计值,以决定正式试验中的最高致死量(a)和最低致死量(b)。取小鼠 8 只,以 2 只为一组分成 4 组,先用 1:10(3 mg/kg,30 mg/kg,300 mg/kg,3 000 mg/kg)的剂量比以马度米星溶液灌胃,观察出现的症状并记录死亡数,然后在死亡数 0/2 和 2/2 两组之间按 1:2(30 mg/kg,60 mg/kg,120 mg/kg,240 mg/kg)的剂量比以马度米星溶液灌胃,按同样的方法进行重复实验,以此测得近似的 0% 和 100% 致死量。各组剂量按等比级数排列。

$$r=\sqrt[n-1]{\frac{a}{b}}$$

式中,r 为相邻两组剂量的比值;a 为最高致死量;b 为最低致死量;n 为设计的组数

(2) 预试及剂量分组情况　根据预实验得出 a=240 mg/kg,b=46 mg/kg,n=5,r=1.511,药物浓度最高剂量组为 1.2%,最低剂量组为 0.23%,各组小鼠按照 0.20 mL/10 g 体重给药量灌胃。

(3) 随机分组　将 30 只小鼠编号、称重随机分为 6 组,使每组动物的体重大致相近,减少

实验误差,并按表 1-3 设置分组。

(4)正式试验

① 各组小鼠按表 1-3 中剂量以马度米星灌胃,空白组以蒸馏水灌胃,观察从给药到开始出现毒性反应的时间;中毒现象及出现的先后顺序,开始出现死亡的时间;死亡集中时间;末只死亡时间;死前现象。

② 结果计算 按公式 $LD_{50}=lg^{-1}[X_m-i(\sum p-0.5)]$ 计算,求 LD_{50}。

式中,X_m 为最大剂量组剂量对数值,$X_m=2.38$;i 为相邻两组剂量比值的对数(相邻两组对数剂量的差值,lgr);p 为各组动物死亡率(用小数表示,如果死亡率为 80% 应写成 0.80);$\sum p$ 为各组动物死亡率之总和。

表 1-3 结果记录表

组别	动物数(n)/只	死亡数(F)/只	死亡率(p)/%
空白组	5		
0.23% 剂量组	5		
0.35% 剂量组	5		
0.53% 剂量组	5		
0.79% 剂量组	5		
1.2% 剂量组	5		

[讨论]什么叫 LD_{50}?测定 LD_{50} 的意义是什么?

任务反思

1. 在动物机体中,药物是怎样发挥药物作用的?
2. 药物作用的基本规律是怎样的?

任务小结

药物作用的结果就是药物效应,是药物对机体原有机能活动产生兴奋或抑制作用,从而达到药物效应。是药三分毒,药物对机体有防治作用的同时,往往对机体也有不良反应。通过学习"药物对机体的作用",加深了药物作用对机体影响的认识,辩证地对待药物作用与机体的反应,保证药物积极作用的发挥。

任务 1.3　认识机体对药物的作用

📖 任务背景

小强养了一只小犬,叫贝壳。最近在兽医的建议下,给贝壳添喂了维生素 B_2,并发现贝壳服用了维生素 B_2 后,排出的尿液非常黄,其他精神状态都还好,小强不知这是什么原因。请完成下面的学习任务后,为小强做出专业的解释。

🖐 任务目标

知识目标:1. 理解药物的转运方式。
　　　　 2. 掌握药物的体内过程。
技能目标:1. 能说出药物通过细胞膜的主要方式。
　　　　 2. 能说清机体对药物的吸收、分布、代谢及排泄的过程。

💾 任务准备

一、药物的跨膜转运

药物进入机体直至排泄到体外,都要通过有机体的生物膜,也就是说,药物从吸收到排泄都要进行跨膜转运。

生物膜是细胞膜和细胞器单位膜的总称。它主要由类脂、蛋白质和少量的多糖组成。由于药物通过细胞膜或生物膜的机制不同,跨膜转运的方式有以下几种:

1. 被动转运

被动转运是指药物通过生物膜由高浓度向低浓度转运的过程,它包括简单扩散方式和滤过方式。

简单扩散又称被动扩散,是药物由浓度较高一侧透过细胞膜,向浓度较低的一侧扩散,是药物顺浓度梯度扩散分布的一种方式,扩散过程与细胞代谢无关,故不消耗能量,也无饱和现象。药物的浓度越高,脂溶性越大,解离度越低,扩散越快。大部分药物是通过这种方式转运的。

在简单扩散中,药物的理化性质、解离度和体液的 pH 都可对扩散产生影响。只有非解离型并具有脂溶性的药物才容易通过生物膜;解离型药物具有极性,并且脂溶性低,不能以简单扩散的方式通过生物膜。多数药物是弱有机酸或弱有机碱,体液的酸碱环境使药物在体内组织中有不同的浓度(包括解离和非解离浓度)。酸性药物在碱性较强的体液中有较高的浓度;碱性药物则在酸性较强的体液中有较高的浓度。因此,在治疗疾病时可根据以上规律进行药物选择。如治疗乳腺炎时,因乳汁的 pH 低于血浆 pH,碱性药物在乳汁中的浓度相对较高,故应选择碱性药物治疗。

滤过是小分子(相对分子质量 150~200)、水溶性、极性和非极性物质直接通过水通道的常见方式。

2. 主动转运

主动转运是指药物从浓度较低的一侧向浓度较高的一侧转运,它是需要载体的参与,并消耗能量的一种转运方式。由于载体的参与,转运过程具有饱和性和竞争性。

3. 易化扩散

易化扩散是一种需要载体参与,但不消耗能量的顺浓度梯度的转运方式。具有饱和性和竞争性。

4. 胞饮作用

胞饮作用是细胞膜通过主动变形,将某些物质摄入细胞内或从细胞内释放到细胞外的过程。通常蛋白质、毒素、抗原等大分子物质通过这一方式转运。

二、药物的体内过程

药物进入机体后,在对机体产生作用的同时,本身也受机体的作用而产生变化,变化的过程分为吸收、分布、生物转化和排泄。整个过程是在药物进入动物机体后相继发生(图 1-10)。

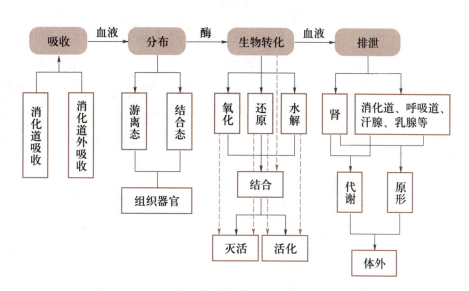

图 1-10　药物的体内过程示意图

（一）吸收

药物从用药部位进入血液循环的过程称为吸收。除静脉或动脉注射使药物直接进入血液循环外,其他给药方法均有吸收过程。因此,给药途径是影响吸收的重要因素。根据给药部位的不同,可将其分为消化道外吸收和消化道吸收。

1. 消化道外吸收

消化道外吸收指通过注射、吸入、皮肤黏膜、灌注(直肠灌注、阴道灌注、乳管灌注等)方法给药的吸收。

（1）注射给药　注射是将药物通过皮下、肌内、静脉及腹腔等,以注射的方式将药物注入体内的一种给药方法。利用注射法,药物吸收快而完全,药效出现较快,并不受消化液的影响。静脉注射可立即产生药效;肌内或皮下注射时,药物透过毛细血管壁吸收。肌肉内血管丰富,吸收速度比皮下注射快;腹腔注射的吸收速度与肌内注射相当,一般 30 min 内血药浓度达峰值。注射给药的吸收速率与注射部位的血管分布、药物浓度、脂溶性和吸收表面积等有关。

① 静脉注射或静脉滴注　是把药液直接注入或滴入静脉内的给药方法。其优点是药物作用快,剂量易控制,适用于急性病用药和不易从胃肠道或组织中吸收的药物,以及一些有刺激性的药物的给药。

静脉注射速度过快易引起循环或呼吸系统的不良反应,使血压下降、心律失常,严重时心跳停止及呼吸骤停。注射有刺激性的药物时,千万不要将药物漏出血管外;油剂、混悬剂不可静脉注射。注射时千万不能有气泡进入静脉。大量液体宜采用静滴法。多种药物混合静注时,应注意药物的配伍禁忌。

② 肌内注射　为兽医临床常用的给药方法。药物的吸收不如静脉注射快,但油溶液、混悬液、乳浊液和有轻微刺激性的药物都可采用肌内注射。轻微刺激性药物宜采用深层肌内注射。

③ 皮下注射　将药物注入皮下疏松结缔组织中,产生药效时间比肌内注射慢,有刺激性的药物不宜采用,以免引起局部组织发炎或坏死。

④ 腹腔注射　多用于不能内服或静脉注射,又必须大量补充体液时。因腹腔有较大的吸收面积,故吸收速度较快,效果较好。刺激性药物不能腹腔注射。

（2）吸入性给药　是气体或挥发性液体药物通过呼吸道吸收的一种给药方式。它们通过肺泡扩散进入血液,吸收速度仅次于静脉注射。

（3）皮肤、黏膜给药　是将药物涂于皮肤、黏膜局部,发挥药物局部或全身治疗作用,包括滴鼻、点眼、外涂等方式,多用于接种疫苗和外伤治疗,对皮肤、黏膜起到保护、消炎、杀菌、杀虫等作用。完整的皮肤吸收能力差,破损的皮肤能增加对药物的吸收。刺激性强的药不可用于黏膜,为驱除体表寄生虫而涂擦药物时,要注意药物对皮肤的穿透能力和毒性,以免因吸收而中毒。

（4）灌注给药　主要是将药物直接注入直肠、阴道及乳管等内,利用药物在局部发挥作用,达到治疗局部器官疾病的目的。如阴道给药治疗阴道炎、滴虫病;乳管注入抗生素治疗乳房炎;直肠给药既可用于便秘,还可用于不能内服和静脉注射的患畜补充营养或给予水合氯醛作基础麻醉。

2. 消化道吸收

消化道吸收一般指以内服给药的方法完成药物吸收的形式。消化道的吸收部位是胃、小肠和直肠。吸收的方式主要是简单扩散。各种药物在消化道吸收的程度和速度既受药物理化因素的影响,又受动物生理因素的影响。

药物的剂型不同,吸收速度也不同,一般液体剂型的药物吸收速度最快,散剂、胶囊剂、片剂的吸收速度依次减慢。

药物的酸碱性决定了药物在体液中以解离型或非解离型存在。非解离型、脂溶性的药物易通过细胞膜而被吸收;而解离型的药物不易通过细胞膜而难以吸收。弱碱性药物在碱性环境中解离得少,吸收得多,在酸性环境中解离得多、吸收得少;同样,弱酸性药物在酸性环境中解离得少、吸收得多,在碱性环境中解离得多,吸收得少。胃液的酸性比肠液的酸性高,因此,一般酸性药物在胃液中不发生解离,容易吸收,碱性药物在胃液中则易解离,不易吸收,要在进入小肠后才能吸收。

消化道吸收还受胃内容物的充盈度、胃排空率及反刍兽复胃的影响。胃肠内容物影响药物与胃肠黏膜接触,减缓药物溶解,延缓胃的排空,减少药物的吸收;反刍兽内服吸收速度与程度都比单胃动物差。通过消化道吸收的药物经门静脉系统进入肝,在多种酶的联合作用下进行首次代谢,使进入全身循环的药量减少的现象,称为首过效应,又称"首过消除"。首过效应影响药物的利用程度。

（二）分布

分布是药物随血液循环转运到全身各组织、器官的过程。药物在动物体内的分布是不均匀的,有选择性的,而且经常处于动态平衡。

影响药物在体内分布的因素较多,如药物的理化性质[脂溶性、相对分子质量、pK_a(酸性药物解离常数的负对数值)]、血药浓度、组织的血流量、药物对组织的亲和力都是使药物在体内分布不均的原因。下面着重介绍两个因素:

1. 药物在血液中的状态

药物在血液中常以两种形式存在,即以药物原形存在的游离态和与血浆白蛋白结合的结合态。结合态的药物暂时失去活性,只有游离态的药物才能发挥药效。药物与血浆蛋白的结合是可逆的,在一定条件下能游离出来产生药效,它具有非特异性、饱和性和竞争性。

2. 组织屏障

组织屏障是机体对各种外界因素的防御性结构,也是体内器官的一种选择性转运功能。

　　血脑屏障是由毛细血管壁和神经胶质细胞形成的血液与脑细胞之间的屏障,以及由脉络丛形成的血液与脑脊液之间的屏障。血脑屏障能阻止极性较高的大分子药物通过,与血浆蛋白结合的药物也不能穿过。当脑发生炎症时,血脑屏障的通透性增高,药物进入脑脊液增多。

　　胎盘屏障是指胎盘绒毛血流与子宫血窦间的屏障。其通透性与一般毛细血管没有明显差异。大多数母体所用药物均可进入胎儿,但进入胎儿的药物需要较长时间才能和母体达到平衡,这样便限制了进入胎儿的药物浓度。

(三) 生物转化

　　药物在体内经酶的作用发生化学变化,生成代谢产物的过程称为生物转化。药物经转化后,药物活性发生改变,由活性药物转化为无活性的代谢物,称为灭活,多数药物属此类;亦有少数药物经转化后由活性较低变为活性较强,称为活化。某些水溶性药物在体内不转化,以原形从肾排泄;大多数脂溶性药物经转化成水溶性的代谢物从肾排出。

　　药物在体内的转化方式有氧化、还原、水解和结合。按代谢的步骤可分为两步,第一步包括氧化、还原、水解反应,第二步是结合反应。

1. 氧化

　　氧化是体内生物转化的重要反应。药物氧化的形式是多种多样的,如醇基氧化、氨基氧化、烷基氧化、去烷基化。

$$CH_3-CH_2-OH \longrightarrow CH_3-CHO+2H^+$$

乙醇　　　　　　　　乙醛

2. 还原

　　还原反应为体内药物转化的重要反应。如醛基还原、硝基还原。

$$CCl_3CH(OH)_2 \xrightarrow{2H} CCl_3CH_2OH+H_2O$$

水合氯醛　　　　　　　　三氯乙醇

3. 水解

　　水解多见于酯类药物在体内转化。如普鲁卡因经水解为对氨基苯甲酸和二乙氨基乙醇:

$$H_2N-\!\!\!\!\bigcirc\!\!\!\!-COOCH_2-CH_2-N(C_2H_5)_2$$

普鲁卡因　　（酯酶 H₂O）

$$H_2N-\!\!\!\!\bigcirc\!\!\!\!-COOCH \quad + \quad HO-CH_2-CH_2-N(C_2H_5)_2$$

对氨基苯甲酸　　　　　　　　　　二乙氨基乙醇

4. 结合

　　结合反应在动物体内普遍存在,主要的方式是与葡萄糖醛酸结合,乙酰化,形成硫酸酯和甘氨酸等的结合。如磺胺在乙酰辅酶 A 的作用下,乙酰化合成乙酰化磺胺。

药物在体内的转化主要靠酶的催化作用。这些酶可分为肝微粒体酶和非微粒体酶,以肝微粒体酶系最为重要。在肝细胞内质网上有许多专门催化药物的微粒体酶,称为药酶,它们是参与生物转化的主要酶系。有些药物能兴奋肝微粒体酶系,促进酶的合成或增强酶的活性,称为酶诱导。具有酶诱导作用的常用药物有苯巴比妥、地西泮、水合氯醛、氨基比林、保泰松等。酶的诱导可使药物本身或其他药物代谢速率提高,使药理效应减弱,结果使某些药物产生耐药性。相反,某些药物可使药酶的合成减少或酶活性降低,称为酶的抑制。具有酶的抑制作用的药物主要有:有机磷杀虫剂、氯霉素、对氨基水杨酸等。酶的抑制能使本身或其他药物的药理效应增强。

酶的诱导和抑制均可影响药物的代谢速率,使药物的效应增强或减弱。在临床用药时应注意药酶对药物的影响。

(四) 排泄

排泄是指药物原形或经过转化生成的代谢产物通过各种途径从体内排出的过程。大多数药物从肾、胆道、肠道及呼吸道排出,汗腺、乳腺也可排出少数药物,肾排泄是药物最重要的排泄途径。

药物经肾排泄的方式有两种:一是经肾小球的滤过作用而排泄,二是经肾小管上皮细胞的分泌与重吸收后排泄。肾小球的通透性较大,血浆中游离型和非结合型的药物都极易从肾小球滤过。肾小管的分泌排泄是一个主动转运过程,参与转运的载体既能转运有机酸,也能转运有机碱。如果同时给予两种利用同一载体转运的药物,则会出现竞争性抑制,亲和力较强的药物就会抑制另一种药物的排泄。如青霉素和丙磺舒合用时,丙磺舒可抑制青霉素的排泄,使其半衰期延长,作用时间也延长。

从肾小球滤过的药物进入肾小管后,若为脂溶性或非解离的弱有机电解质,可在远曲小管被重吸收。尿液的 pH 影响药物的重吸收,从而影响排泄速率。弱碱性药物在酸性尿中解离度高、重吸收少、排泄快,在弱碱性尿中解离度低、重吸收多、排泄慢;弱酸性药物则相反。通常肉食动物的尿液呈酸性,草食动物的尿液呈碱性。同一药物于不同种属动物,其排泄率往往有很大差别,临床上可通过调节尿液的 pH 来加速或延缓药物的排泄,用于解毒或增强药效。

从肾排出的药物,由于肾小管对水分的重吸收,使尿液中的药物浓度往往高于血浆药物浓度,因此有的可产生治疗作用。如青霉素、链霉素大部分以原形从尿中排出,可用于治疗泌尿道感染;但有的可产生毒副作用,如磺胺代谢产生的乙酰化磺胺由于浓度较高而析出结晶,会出现结晶尿或血尿。

药物从乳汁排泄的途径应引起重视,因为大部分药物均可从乳汁排泄,对用作生产商品乳的泌乳奶牛,在用药时除必须考虑对幼畜的中毒问题外,最主要的是其产品乳将关系到消费者的健康。在泌乳期使用抗生素药物、毒性较强的药物时要确定乳废弃期,在乳废弃期分泌的乳及乳制品不能作为商品出售。

 知识链接

药物动力学中的房室模型与半衰期概念

1. 房室模型

为了定量分析药物在体内的变化,药动学上采用数学模型来模拟动物机体。房室模型就是把有机体看成一个系统,并分为若干个房室,把药物在系统内转运和分布速率相同或相似的部分组合成一个房室,从而可分为一室模型和二室模型等。如给药后药物能立即均匀地分布到全身各器官组织,迅速达到动态平衡,就将整个机体看成是一个室,这就是一室模型;当药物在体内不是均匀分布,它的分布呈现有快、有慢的分布速率时,把机体分为两个房室。血流丰富的器官,药物能以较快速率分布并迅速达到动态平衡,将这些组织器官称为中央室,如肝、心、肺、肾;药物以较慢速率分布其中的称为周边室,如皮肤、肌肉、脂肪组织,这就是二室模型。

2. 半衰期

半衰期是指血液中药物浓度下降一半所需的时间,又称血浆半衰期或生物半衰期。常用 $t_{1/2}$ 表示。

它能反映药物在体内消除的速度,药物是按恒比消除规律消除的,因此,半衰期是固定的数值,不因血浆药物浓度的高低而改变,也不受剂量和给药方法的影响。半衰期是制定给药时间的重要依据,为了保持比较稳定的有效血药浓度,常连续给药,给药间隔时间一般不超过该药的半衰期。

任务实施

药物体内代谢时间的动物试验

[目的]正确理解药物的体内代谢过程。

[材料]维生素 B_2,犬。

[方法] 先把试验犬按体重分成 5 组:1 个空白组及 4 个试验组,每组 5 只。分别对 4 个试验组按照每千克体重 5 mg、10 mg、20 mg、40 mg 肌内注射维生素 B_2,空白组在日粮中不添加维生素 B_2 饲喂,4 个试验组分别在饲喂前、饲喂后 30 min、60 min、90 min、120 min 五个时段,通过留置导尿管取尿样,对各组各时段尿液颜色变化情况进行对比观察,一次试验周期 24 h,重复试验观察 3 次。分析不同用量的维生素 B_2 在不同时间段体内吸收、分布、代谢,直至最后排泄的尿液颜色变化规律。

[记录] 将观察结果记入表 1-4。

表 1-4　药物体内过程观察记录表

试验组	尿液颜色变化				
	饲喂前	饲喂后 30 min	饲喂后 60 min	饲喂后 90 min	饲喂后 120 min
0					
1					
2					
3					
4					

[讨论] 药物排泄与药物残留和药物污染有哪些关联?

任务反思

1. 药物的吸收受哪些因素的影响?
2. 药物的排泄主要途径有哪些?

任务小结

机体对药物的作用是通过对药物的吸收、分布、生物转化、排泄四个方面产生的,四个环节都可直接影响药物作用效力的发挥(有效、无效或毒副作用)。通过学习机体对药物的作用,以及维生素 B_2 在体内代谢过程的对比试验观察,增强对药物在体内过程的理解认识。同时理解辩证地对待机体反应与药物作用间的关系,是保证药物产生积极作用、减少对机体的损伤的关键。

项 目 总 结

影响药物作用的因素

一、药物方面的因素

（一）药物剂量对药物作用的影响

一般情况下,药物的效应随着药物剂量的增加而增强(图1-11),但也有少数药物随着剂量的加大而作用性质发生变化。如人工盐,小剂量时健胃,而大剂量时表现为泻下作用。

（二）药物剂型对药物作用的影响

药物剂型对药物作用的影响,主要表现在药物吸收的快慢、多少的不同。一般说来,气体剂型吸收最快,液体剂型次之,固体剂型最慢(图1-12)。

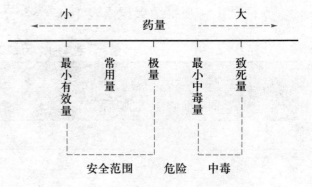

图1-11　药物剂量影响药效示意图

图1-12　药物剂型影响药物作用示意图

（三）给药途径对药物作用的影响

给药途径不同主要影响生物利用率和药效出现的快慢(图1-13),个别药物也会因给药途径不同而出现不同的药物作用性质。如硫酸镁内服产生泻下作用,肌内注射则产生中枢抑制、抗惊厥作用。临床上应根据病情的需要、药物的性质及动物种类来确定相应的给药途径。

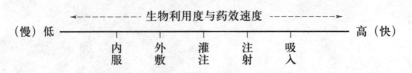

图1-13　给药途径对药物作用影响示意图

（四）联合用药对药物作用的影响

联合用药对药物作用的影响包括协同作用、相加作用和拮抗作用(图1-14)

（五）配伍禁忌对药物作用的影响

配伍禁忌包括物理性、化学性和药理性三方面(图1-15)。

二、动物方面的因素对药物作用的影响

对药物作用有影响的动物方面的因素包括种属差异、生理差异、个体差异和机能状态(图1-16)。

图 1-14 联合用药对药物作用的影响

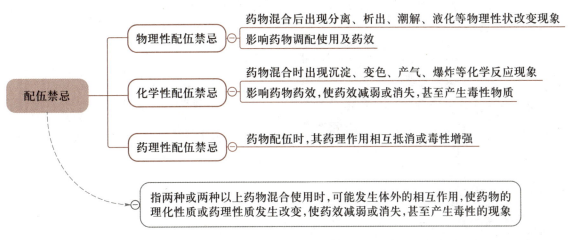

图 1-15 配伍禁忌对药物作用的影响

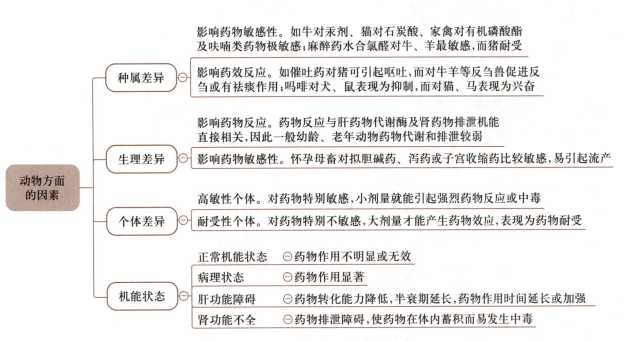

图 1-16 动物方面的因素对药物作用的影响

三、饲养管理和环境因素对药物作用的影响

对药物作用有影响的饲养管理和环境因素见图1–17。

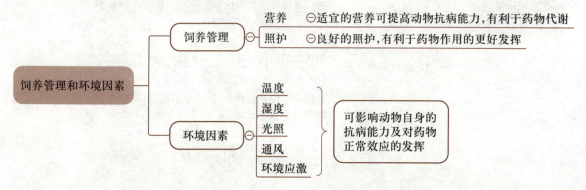

图 1–17 饲养管理和环境因素对药物作用的影响

项 目 测 试

一、名词解释

处方；副作用；半衰期；药物的二重性。

二、填空题

1. 天然药物包括_____、_____、_____和_____四类。

2. 药物剂型一般可分为_____、_____和_____三类。

3. 药物的保管可根据药物的_____、_____和_____等分类放置。

4. 处方的内容包括_____、_____和_____三部分。

5. 药物对机体产生的作用包括_____和_____两方面。

6. 药物作用方式依据药物作用的范围不同，可分为_____和_____。

7. 药物的安全范围是指_____和_____之间的剂量。

8. 药物吸收根据给药部位不同，可将其分为_____和_____。

9. 药物在血液中常以_____和_____两种形式在。

10. 药物在体内的转化方式有_____、_____、_____和_____四种。

三、单项选择题

1. 下列为人工合成药物的是（   ）。

   A. 植物药物   B. 矿物药物

   C. 微生物药物   D. 磺胺类药物

2. 下列为液体剂型的药物是（   ）。

   A. 75% 乙醇   B. 鱼石脂

   C. 凡士林   D. 盐酸环丙沙星可溶性粉

3. 药品的储存一般应按（　　）的储存方法操作。

   A. 药物理化性质　　　　　　　　　B. 药物剂型

   C. 药品说明书　　　　　　　　　　D. 药品临床应用

4. 处方是兽医治疗及药剂配制的重要文件，（　　）对处方负法律责任。

   A. 药剂配制师　　　　　　　　　　B. 用药护士

   C. 开具处方的兽医师　　　　　　　D. 畜主

5. 下列选项中，（　　）数值越大，药物应用越安全。

   A. 最小有效量　　　　　　　　　　B. 最小中毒量

   C. 致死量　　　　　　　　　　　　D. ED_{50}/LD_{50}

6. 药物跨膜转运方式中，最容易、也是大部分药物转运的方式是（　　）。

   A. 被动转运　　　　　　　　　　　B. 主动转运

   C. 易化扩散　　　　　　　　　　　D. 胞饮作用

7. 抗体的转运方式一般为（　　）。

   A. 被动转运　　　　　　　　　　　B. 主动转运

   C. 易化扩散　　　　　　　　　　　D. 胞饮作用

8. 下列选项中为消化道吸收的是（　　）。

   A. 注射　　　　　　　　　　　　　B. 吸入

   C. 内服　　　　　　　　　　　　　D. 皮肤给药

9. 兽医临床中，药物吸收最快的一种给药方式是（　　）。

   A. 静脉注射　　　　　　　　　　　B. 肌内注射

   C. 皮下注射　　　　　　　　　　　D. 腹腔注射

10. 药物排泄最重要的途径是（　　）。

   A. 肾脏　　　　　　　　　　　　　B. 肝脏

   C. 肠道　　　　　　　　　　　　　D. 呼吸道

四、问答题

1. 药物有哪几大类？

2. 处方有几种，分别是什么？

3. 药物作用的机制有哪些？

4. 药物的不良反应有哪些？

5. 简述药物在体内的吸收过程。

项目 2

作用于消化系统的药物

项目导入

人们常说"病从口入",说明很多疾病的入侵门户都是消化系统,而消化系统各器官机能的正常发挥是避免疾病入侵的重要保证,当发生消化系统器官机能降低或功能紊乱,就可能为疾病入侵提供条件。如何通过药物调理消化器官机能状态,改善消化系统内环境呢?

作用于消化系统的药物主要是解除胃肠机能障碍,使之恢复正常,改善消化系统内环境,维护消化器官功能正常发挥。用于消化系统的药物很多,根据药物作用及临床应用可分为健胃药、助消化药、制酵药、消沫药、泻药、止泻药、抗酸药、催吐药与止吐药等。

本项目将要学习 4 个任务:(1) 健胃药与助消化药的认识与使用;(2) 制酵药与消沫药的认识与使用;(3) 泻药与止泻药的认识与使用;(4) 抗酸药、止吐药、催吐药的认识与使用。通过常用兽药调查等任务实施,培养团队合作意识;通过药效观察和对比试验,学习运用科学方法解决实际问题。

任务 2.1　健胃药与助消化药的认识与使用

任务背景

王师傅家养了 8 头牛,最近一段时间吃食一天不如一天,越吃越少,也不知怎么回事,于是便请畜牧兽医职业学校教兽医的张老师帮忙"把把脉",看看到底是怎么回事。张老师到场后,仔细询问了王师傅最近给牛喂的饲料情况,然后观察了牛的反刍情况并借助听诊器对瘤胃蠕动情况进行了听诊,临床诊断为因饲料原因,引起牛的胃肠积食。最后,在张老师的帮助下,改变了饲料配方,配合灌服了三剂中药进行调理,8 头牛恢复了往日的采食"雄风"。大家想知道张老师用了哪些药物进行调理的吗?完成下面的学习任务,你就能了解七八成了,剩下二三成则需要你在以后的实践中感悟哦。

任务目标

知识目标:1. 理解健胃药与助消化药的作用机制。

　　　　　2. 掌握常用健胃药与助消化药的用法与用量。

技能目标:1. 能合理选用健胃药与助消化药。

　　　　　2. 能配合应用健胃药与助消化药。

任务准备

健胃药是指能提高食欲,促进唾液、胃液等的分泌和胃肠的蠕动,刺激消化机能增强的药物。根据其作用机制可分为苦味健胃药、芳香性健胃药及盐类健胃药三类。

助消化药是指能增强动物胃肠蠕动、改善消化酶系统、促进胃肠排空及胃肠内容物的消化、协助消化机能增强的药物。家畜消化功能障碍、食欲不振主要是由体内消化液分泌不足所致。本类药物主要是促进消化液的分泌,治疗消化不良,临床上常与健胃药配合使用。

一、健胃药

(一) 苦味健胃药

苦味健胃药主要来源于植物,因其味苦,经口给药时刺激味觉感受器,反射性地引起胃液分泌增多,提高食欲。此类药物必须经口投服才能有效,不能通过胃管,应在饲前用药。

1. 龙胆(Chinese Gentian)

[来源与成分] 为龙胆科植物龙胆、条叶龙胆、坚龙胆或三花龙胆的干燥根、茎。粉末为淡棕黄色。味苦。根及根茎含龙胆苦苷约 2%、龙胆糖 4%、龙胆碱约 0.15%、黄色龙胆根素等。在干燥处密封保存。

[作用与应用] 本品经口服,因其味苦有健胃作用,能促进消化,改善食欲。主要用于消化不良、食欲减退、前胃弛缓等。

[制剂与用法用量]

(1) 龙胆末　内服,1 次量:牛、马 15~45 g;羊、猪 6~15 g;犬 1.5~5.0 g;兔、禽 1.0~2.0 g;骆驼 30~60 g;水貂 0.2~0.3 g。

(2) 龙胆酊　由龙胆末 1 份,加 40% 乙醇 10 份浸制而成。内服,1 次量:牛、马 50~100 mL;羊 5~15 mL;猪 3~8 mL;犬 1~3 mL;猫 0.5~1 mL。

(3) 复方龙胆酊(苦味酊)　由龙胆末 100 g、陈艾 40 g、豆蔻 10 g,加 70% 乙醇至 1 000 mL

制成。内服,1 次量:牛、马 20~60 mL;羊 4~6 mL;猪 3~8 mL;犬 1~4 mL。

2. 大黄(Rhubarb Root and Rhizome)

[来源与成分] 为蓼科植物掌叶大黄、唐古特大黄或药用大黄的干燥根或根茎,味苦。主要含蒽醌类化合物约 3%,其泻下成分为结合状态的大黄酸蒽酮 – 番泻苷 ABC。如尚含大黄鞣酸,则为止泻成分。

[作用与应用] 大黄的作用与用量有密切关系。内服小剂量时,具有苦味健胃作用;中等剂量时,以收敛止泻作用为主;大剂量时则有泻下作用。

大黄因其味苦,主要用于健胃,大黄素、大黄酸等有一定的抗菌作用,也可与硫酸钠(芒硝)合用治疗便秘。大黄末与石灰配合(2∶1),作创伤撒布剂,能抗菌消炎,促进伤口愈合;与地榆末配合(1∶2),外敷可治疗烫伤。

[制剂与用法用量]

大黄末健胃　内服,1 次量:牛 20~40 g;马 10~25 g;羊 2~4 g;猪 1~5 g;犬 0.5~2.0 g。

泻下　内服,1 次量:牛 100~150 g;马 50~100 g;犊、驹 10~30 g;仔猪 2~5 g;犬 2~7 g;兔、禽 0.6~1.5 g。

大黄酊　内服,1 次量:牛 40~100 mL;马 25~50 mL;羊 10~20 mL;猪 10~20 mL;犬 1~4 mL。

大黄流浸膏　1 mL 与 1 g 原药相当。

大黄苏打片　每片含大黄和小苏打各 0.15 g,内服,1 次量:猪 5~10 g;羔羊 1~2 g。

(二) 芳香性健胃药

芳香性健胃药是一类含挥发油、具有辛辣性能或苦味的中草药。

本类药气味芳香,能反射性地促进唾液、胃液的分泌,增进食欲;内服后,刺激消化道黏膜,引起消化液增加,促进胃肠蠕动。另外,有助于气体排出,减轻胃内气胀;同时还有轻微的防腐制酵作用。挥发油有轻微祛痰作用。

1. 陈皮(Dried Tangerine Peel)

又名橙皮。

[来源与成分] 为芸香科植物橘及其栽培变种的干燥成熟果皮。含挥发油 1.9%~3.5%,陈皮苷 3% 以上,并含黄酮类化合物。

[作用与应用] 陈皮所含挥发油有健胃、祛风、祛痰等作用。陈皮味苦,具有苦味健胃作用。常与健胃类药物配合,用于消化不良、食欲不振、积食气胀、咳嗽多痰等。

[制剂与用法用量] 陈皮酊是由 20% 陈皮末制成的酊剂。

陈皮酊内服,1 次量:牛、马 30~100 mL;羊、猪 10~20 mL;犬、猫 1~5 mL。

粉碎混饲或煎水自饮,1 次量:牛、马 15~45 g;羊、猪 6~12 g;犬 3~5 g;兔、禽 1.5~3.0 g;鱼 125 g/ 亩(1 亩 =667 m^2,下同)水面,煮沸后全池泼洒。

2. 桂皮（Chinese Cinnamon）

又名肉桂。

［来源与成分］为樟科植物的肉桂干燥树皮。含挥发性桂皮油 1%~2%，油中主要成分为桂皮醛。

［作用与应用］本品对胃肠黏膜有温和刺激作用，可增强消化机能，排除积气，缓解胃肠痉挛性疼痛，能使血管扩张，调整和改善血液循环，因此具有健胃、祛风、解除肠道痉挛的作用。

主要用于消化不良、风寒感冒、产后虚弱等，孕畜慎用。

［制剂与用法用量］桂皮粉、桂皮酊。

内服（粉），1 次量：牛、马 15~45 g；骆驼 30~70 g；羊、猪 3~9 g；犬 2~5 g；兔、禽 0.6~1.5 g。内服（酊），1 次量：牛、马 30~100 mL；羊、猪 10~20 mL。

3. 姜（Zingiber，Dried Ginger）

［来源与成分］本品为姜科植物姜的干燥根茎。含姜辣素、姜烯酮、姜酮、挥发油（0.25%~3%）。挥发油含龙脑、桉油精、姜醇、姜烯等成分。

［作用与应用］本品温中逐寒，健胃祛风。内服后，能明显刺激消化道黏膜，促进消化液分泌，增加食欲，并具有抑制胃肠道异常发酵及促进气体排出的祛风、制酵、止吐的作用。

用于消化不良、食欲不振、胃肠气胀、风湿麻痹、风寒感冒等。孕畜禁用。

［制剂与用法用量］姜酊、姜流浸膏，内服，粉碎混饲。临用时应加 5~10 倍水稀释，以减轻对黏膜的刺激。1 次量：牛、马 15~30 g；羊、猪 3~10 g；犬、猫 1~2 g；兔、禽 0.3~1.0 g；鱼 750 g/ 亩水面，煮沸后全池泼洒。

（三）盐类健胃药

盐类健胃药主要有氯化钠及人工盐等。内服少量盐类，可通过改变渗透压，轻微地刺激消化道黏膜的作用，反射性地引起消化液分泌增加，增进食欲；又可补充电解质，调节体内电解质平衡。

人工盐（Sal Carolinum Factitium，Artificial Carlsbad Salt）

又名人工矿泉盐、卡尔斯泉盐。

［理化性质］本品由 44% 干燥硫酸钠、36% 碳酸氢钠、18% 氯化钠、2% 硫酸钾混合制成。为白色粉末，易溶于水，水溶液呈弱碱性，pH 8~8.5。易潮解，应密封保存。

［作用与应用］内服少量能促进胃肠分泌及增强胃肠蠕动，中和胃酸，促进消化，用于消化不良、胃肠弛缓等；大量内服有缓泻作用，配合制酵药可用于初期便秘，同时应补充大量饮水。此外，还有利胆、轻微祛痰作用。禁与酸性物质或酸类健胃药、胃蛋白酶等药物配合应用。

［制剂与用法用量］内服（健胃），1 次量：马 50~100 g；牛 50~150 g；羊、猪 10~30 g；兔 1~2 g。内服（缓泻），1 次量：牛、马 200~400 g；羊、猪 50~100 g，兔 4~6 g。

二、助消化药

(一)胃动力助消化药

本类助消化药主要通过增强胃肠运动,促进胃肠的顺向蠕动,加快胃排空及肠内容物向后推移而产生助消化作用。作用于反刍动物时,可引起瘤胃兴奋,促使瘤胃平滑肌收缩,加强瘤胃运动,兴奋反刍,消除瘤胃积食与气胀。如氨甲酰胆碱、浓氯化钠溶液、吗丁啉、毛果芸香碱、新斯的明、甲氧氯普胺,以及中药藜芦等对胃肠平滑肌有较强的兴奋作用,可视病情选用。

1. 氯化氨甲酰甲胆碱(Bethanechol Chloride)

又名乌拉胆碱。

[理化性质]本品为白色结晶或结晶性粉末,稍有氨味。极易溶于水,易溶于乙醇,不溶于氯仿和乙醚。

[作用与应用]内服后,能增加反刍次数,增强瘤胃收缩和肠道蠕动,增加排粪次数。同时,能使反刍持续期延长,嗳气次数增多,对消化不良及结肠鼓胀疗效良好。对恶心呕吐及用药引起的呕吐也有很好的效果。本品忌与阿托品、颠茄制剂等配合,以防药效降低;临床中也可作为止吐药选用。肠道完全阻塞、创伤性网胃炎及孕畜禁用。

[制剂与用法用量]内服或皮下注射,1次量,每千克体重:犊 0.1~0.3 mg;牛、马 0.05~0.10 mg;犬、猫 0.25~0.50 mg。

2. 浓氯化钠溶液(Concentrated Sodium Chloride Solution)

[理化性质]本品为无色澄清液体,味微咸。

[作用与应用]本品为 10% 氯化钠的高渗灭菌水溶液,静脉注射后可短暂地抑制胆碱酯酶的活性,出现胆碱能神经的兴奋效应,提高胃肠平滑肌的蠕动功能,促进消化液的分泌。常用于治疗反刍动物前胃迟缓、瘤胃积食,以及马属动物胃扩张和便秘等。本品一般在静脉注射后 2~4 h 作用最强。静脉注射时不可稀释,不可漏出血管外,速度宜慢。心衰和肾功能不全的动物慎用。

[制剂与用法用量]静脉注射,1次量,每千克体重:马、牛 1 mL。

3. 多潘立酮(Domperidone)

商品名为吗丁啉。

[理化性质]本品为白色至微黄色结晶粉末,味苦,几乎不溶于水,微溶于乙醇,能溶于枸橼酸,易溶于乳酸。

[作用与应用]本品可直接作用于胃肠壁,增加胃肠括约肌张力,增强胃蠕动,促进胃排空,协调胃与十二指肠运动。可用于治疗胃肠胀气积食、呕吐等。

内服经胃肠道吸收,犬的生物利用率仅 20%,内服后 2 h 血药浓度达到峰值,代谢产物主要经粪便和尿液排出。

［制剂与用法用量］该药在兽医临床中的应用较少，未见公开报道，建议 1 次内服用量，犬、猫 2~5 mg/ 只。

（二）促酶制剂及酶制剂助消化药

本类助消化药主要通过激活消化酶的活性或补充消化酶的不足来提高动物的消化机能，主要用于幼龄动物，协助增强消化机能尚未发育完善或消化机能受到损伤的成年动物的消化机能。如稀盐酸、胃蛋白酶、胰酶、多酶片。

1. 稀盐酸（Dilute Hydrochloric Acid）

［理化性质］本品为 10% 盐酸的澄清液体，味酸，无臭，呈强酸反应。

［作用与应用］内服稀盐酸能补充胃液中盐酸的不足，促进胃蛋白酶原转变为胃蛋白酶，并保证胃蛋白酶发挥作用时所需的酸性环境。胃内容物达到一定的酸度后，可促进幽门括约肌松弛，有利于胃的排空。当稀盐酸进入十二指肠时，可反射性地增强胰液和胆汁的分泌，有利于蛋白质、脂肪等进一步消化。稀盐酸还有利于矿物质、微量元素的溶解与吸收；有轻度杀菌作用，可抑制细菌繁殖，有制酵和减轻胀气的作用。

常用于因胃酸缺乏引起的消化不良、胃内发酵、反刍动物前胃弛缓、食欲不振、碱中毒，马、骡急性胃扩张、慢性萎缩性胃炎等。

［注意事项］应用时应以 50 倍净水稀释成 0.1%~0.2% 浓度，以减少对胃的局部刺激；用量不宜过大，否则会引起幽门括约肌痉挛性收缩，影响胃内排空，并产生腹痛。常与胃蛋白酶合用，忌与碱类、有机酸类等药配合。

［制剂与用法用量］内服，1 次量：马 10~20 mL；牛 15~40 mL；羊 2~5 mL；猪 1~2 mL；犬、禽 0.1~0.5 mL。

2. 胃蛋白酶（Pepsin）

又名胃蛋白酵素、胃液素。

［理化性质］胃蛋白酶从动物（牛、羊、猪等）的胃黏膜提取而得，每克中含蛋白酶活力不得少于 3 800 U。为白色或淡黄色粉末，易吸湿。

［作用与应用］内服本品可使蛋白质分解成蛋白胨、蛋白肽，能促进蛋白质的消化。

常用于治疗胃蛋白酶缺乏症和胃液分泌不足引起的消化不良及病后消化机能减退。

［制剂与用法用量］内服，1 次量：牛、马 5~10 g；驹、犊牛 2~5 g；羊、猪 1~2 g；犬、猫 0.2~0.5 g。饲前给药，与适量的稀盐酸合用，能提高疗效。不能与碱性药物、鞣酸、金属盐等合用，遇碱失效。

3. 胰酶（Pancreatin, Pancreatinum）

［理化性质］胰酶是从猪、牛、羊等动物胰脏中提取制成的，为淡黄色粉末，能溶于水。主要含胰脂肪酶、胰蛋白酶及胰淀粉酶等。有肉臭，有吸湿性，遇酸、碱、重金属及加热均失效。

［作用与应用］本品在中性或弱碱性环境中活性最强，能消化脂肪、蛋白质及淀粉等。主要用于消化不良、食欲不振及胰液分泌不足、胰腺炎等引起的消化障碍。胰酶易在酸性液中被

破坏,故常与碳酸氢钠同服。

［制剂与用法用量］内服,1次量:牛、马5~10 g;羊、猪1~2 g;犬0.2~0.5 g。

(三) 微生物制剂助消化药

本类助消化药主要以益生菌活菌或益生菌加工而成,通过竞争、抑制其他有害菌或提供丰富的维生素促进消化酶生成及生物代谢,而发挥助消化作用。如乳酶生、乳康生、促菌生、调痢生、干酵母。

1. 乳酶生(Lactasin,Biofermine)

又名表飞鸣。

［理化性质］本品是一种活的乳酸杆菌的干燥制剂,呈白色,无臭无味,难溶于水,受热后效力下降,过期失效。每克含活乳酸杆菌在1 000万个以上。

［作用与应用］乳酶生内服后在肠内分解糖类产生乳酸,降低肠道内的pH,抑制腐败菌的繁殖及防止蛋白质发酵,减少产气。常用于幼畜下痢,消化不良,肠鼓气。乳酶生不宜与抗生素、磺胺类、防腐消毒药、酊剂、吸附剂、鞣酸等合用,并禁用热水调药,以免降低药效。

［制剂与用法用量］内服,1次量:驹、犊10~30 g;羊、猪2~10 g;犬0.3~0.5 g;禽0.5~1 g;水貂1~1.5 g;貂0.3~1 g。饲前给药。

注:促菌生、乳康生、调痢生也有同样功效。

2. 干酵母(Saccharomyces Siccum,Dried Yeast)

又名食母生。

［理化性质］本品为几种酵母菌的干燥菌体。黄色粉末,有特异气味,味微苦。

［作用与应用］干酵母含有多种B族维生素和生物活性物质,每克酵母内含维生素B_1 0.1~0.2 mg、维生素B_2 0.04~0.06 mg、维生素PP 0.03~0.06 mg以及维生素B_6、维生素B_{12}、叶酸、肌酸和转化酶、麦芽糖酶等。这些成分多为体内酶系统的重要组成物质,故能参与体内糖、脂肪、蛋白质的代谢和生物氧化过程,因而能促进消化。

常用于畜禽食欲不振、消化不良及B族维生素缺乏引起的疾病的辅助治疗。内服剂量过大可导致腹泻。

［制剂与用法用量］片剂:0.3 g/片、0.5 g/片。内服,1次量:牛、马30~100 g;羊、猪5~12 g;犬2~4 g;兔0.2~0.4 g;鸡0.1 g。

(四) 中药类助消化药

本类助消化药主要以中药有效成分或中成药富含的维生素、生物酶抑制其他有害菌,或提供丰富的维生素促进酶生成及生物代谢,从而发挥助消化作用。如山楂、麦芽、药曲。

1. 山楂(Hawthorn Fruit)

［来源与成分］为蔷薇科植物山楂、野山楂的干燥成熟果实。味酸。含有多种有机酸(如酒石酸、柠檬酸、山楂酸)、黄酮类、内酯、苷类、鞣质等。保存于通风干燥处,防蛀。

［作用与应用］为常用的消食药之一,内服能增加食欲,促进消化。用于消化不良、积食等。

在体外具有抑菌作用,能抑制痢疾杆菌、绿脓杆菌等。孕畜慎用。

［制剂与用法用量］内服,粉碎混饲或煎水自饮。1 次量:牛、马 18~60 g;羊、猪 9~15 g;犬 9~15 g;猫 3~6 g;兔、禽 0.9~2.4 g。

2. 麦芽(Germinated Barley)

［来源与成分］为禾本科植物大麦成熟籽实经发芽后,在 60 ℃以下干燥制成。谷芽可作代用品。含淀粉分解酶、转化糖酶、蛋白质分解酶、脂化酶、麦芽糖、B 族维生素、卵磷脂、磷酸等。味带咸。

［作用与应用］主要参与淀粉分解,稍能加强胃肠机能,用作消化不良的辅助治疗药,哺乳期母畜大量内服可回乳,不宜大剂量。

［制剂与用法用量］内服,1 次量:牛、马 20~60 g;羊、猪 10~15 g;兔、禽 1.5~6 g。或按饲料的 3%~5% 混饲。

3. 药曲(Massa Medicata Fermentata)

又名建曲。

［来源与成分］用青蒿、苍耳、辣蓼的汁液,配合杏仁泥、赤小豆末、面粉等经过发酵制成,做成小块。过去以福建产品质量较好,故名建曲。含挥发油、苷类、淀粉酶、脂肪酶、酵母菌、维生素 B_1、维生素 B_2、维生素 B_6 等。

［作用与应用］内服能加强消化机能,用于积食、消化不良、胃肠胀气等。据报道用药曲治疗马骡大肠秘结或阻塞,安全可靠,疗效高,无继发症。方法:药曲 0.5 kg,加温水 6 000 mL 混合灌服,通常 1 次见效,必要时连用 2 次。醋曲也有类似的作用和效果。久用或大剂量用可引起下胎回乳,故泌乳母畜及孕畜慎用。

［制剂与用法用量］内服(助消化),1 次量:牛、马 30~60 g;羊、猪 10~15 g。治疗结症,马、骡 500 g。或按饲料的 2%~5% 混饲。

4. 藜芦(Falsehellebore Root and Rhizome)

［来源与成分］为百合科植物藜芦的干燥根茎。有效成分为藜芦碱和原藜芦碱、伪藜芦碱等。

［作用与应用］内服促进瘤胃运动,作用持续时间约 2 h。用于前胃弛缓、骨骼肌不全麻痹,也可作为猪的催吐药。

［制剂与用法用量］内服,1 次量:马、牛 4~6 g,猪、羊 1.5~6 g。

 **任务实施**

常用临床健胃药及助消化药调查

［目的］了解当前临床常用健胃药及助消化药的品种及应用,培养学以致用的能力。

［材料］调查表、笔。

［方法］利用课余时间,以药店走访或网络检索的方式,收集当前临床常用健胃药与助消化药的品种及应用等信息。

［记录］将调查结果记入表2-1。

表2-1　常用健胃药与助消化药调查表

序号	健胃药		助消化药	
	名称	用法用量	名称	用法用量
1				
2				
3				
4				

［讨论］牛瘤胃积食,可选用哪些健胃药或助消化药进行调理,为什么?

任务反思

1. 健胃药与助消化药在作用机制上的不同点有哪些?
2. 健胃药和助消化药为什么要在饲前口服给药?

任务小结

健胃药与助消化药主要用于动物食欲不振、消化不良。为了增强健胃药的作用,一般多选用复方制剂或将健胃药与助消化药配合使用。通过健胃药与助消化药作用机制及临床常用健胃药与助消化药的应用调查,更有利于实现健胃药与助消化药的合理选用。

任务2.2　制酵药与消沫药的认识与使用

任务背景

一家肉牛生态养殖场发生了一起牛因食入过多红薯(地瓜)而出现急性瘤胃胀气的病例,通过兽医现场处置,该病牛得以通过快速嗳气,将肚中因红薯(地瓜)淀粉发酵产生的过量气体排出体外,保住了性命。同学们,想知道兽医是用什么方法处理这个病例的吗?请完成下面的学习任务,相信大家一定能够找到答案。

任务目标

知识目标:1. 理解制酵药与消沫药的作用机制。
　　　　　2. 掌握常用制酵药与消沫药的种类。
技能目标:能合理选择使用制酵药与消沫药。

任务准备

一、制酵药

制酵药是指能抑制胃肠内细菌的活力,防止胃肠内产生过量气体的药物。常用的制酵药有甲醛溶液、鱼石脂、大蒜酊等。

鱼石脂(Ichthyol,Ichthammol)

又名依克度。

[理化性质] 本品为棕黑色的黏稠液体,特臭。易溶于乙醇,在热水中溶解呈弱酸性反应。

[作用与应用] 具有轻度防腐、制酵、祛风作用,能促进胃肠蠕动。常用于瘤胃膨胀、前胃弛缓、急性胃扩张,治疗马便秘疝时常与泻药配合。外用有温和刺激作用,能消除炎性肿胀,促进肉芽组织的生长。

临床上常用 10%~30% 软膏治疗慢性皮炎、蜂窝织炎、腱鞘炎、冻疮、湿疹等。

[制剂与用法用量] 内服时先用倍量的乙醇溶解,然后加水稀释成 2%~5% 溶液,1 次量:牛、马 10~30 g;羊、猪 1~5 g;兔 0.5~0.8 g。

二、消沫药

消沫药是指能降低液体表面张力或减少泡沫的稳定性,使泡沫迅速破裂的药物。本类药物用于反刍兽瘤胃泡沫性膨胀的治疗。常用的消沫药有二甲硅油、松节油、各种植物油(如花生油、菜籽油、麻油、棉籽油)。

二甲硅油(Dimethicone)

又名聚甲基硅。

[理化性质] 本品为无色透明油状液体,无臭,无味。不溶于水及乙醇,能与氯代烃类、乙醚、苯、甲苯等混溶,具有很低的表面张力。

［作用与应用］能使泡沫破裂,消除胃肠道内的泡沫,使潴留的气体得以排除,缓解气胀,发挥消沫药的作用。本品作用迅速,用药后约 5 min 起效,15~30 min 作用最强。

临床上常用于治疗瘤胃泡沫性鼓胀,临用时与乙醇配成混合物或配成 2%~5% 煤油溶液,最好采用胃管投药。投服前后喂少量温水,以减少局部刺激。

［制剂与用法用量］二甲硅油片、消胀片、二甲硅油粉。内服,1 次量:牛 3~5 g;羊 1~2 g。

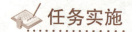 任务实施

消沫药的药效观察试验

［目的］进一步理解消沫药的作用机制。

［材料］透明的玻璃瓶、封口胶布(保鲜膜)、啤酒、二甲硅油、松节油、菜籽油、注射器。

［方法］

(1) 洗净玻璃瓶至瓶内无油脂,并分别贴上空白、二甲硅油、松节油、菜籽油的瓶签。

(2) 向玻璃瓶中倒入 1/2 量的啤酒,用封口胶布(保鲜膜)封上瓶口。

(3) 摇晃玻璃瓶,让啤酒产生大量泡沫。

(4) 对应瓶签,利用注射器分别注入少量二甲硅油、松节油、菜籽油,再对比观察泡沫消失情况。

(5) 重复试验三次。

［记录］将试验结果记入表 2–2。

表 2–2　消沫药的药效观察试验记录表

试验次数	泡沫消失时间 /min			
	空白	二甲硅油	松节油	菜籽油
1				
2				
3				

［讨论］二甲硅油或植物油为什么可以使细小的泡沫破裂?

任务反思

在牛发生瘤胃胀气时,先用制酵药,还是消沫药,为什么?

任务小结

　　制酵药是通过抑制胃肠内细菌的活性,进而控制胃肠内异常发酵,减少胃肠内气体的产生;消沫药是以降低液体表面张力或减少泡沫的稳定性,使泡沫迅速破裂,以便通过嗳气、打嗝或放屁的形式排出。两类药物在作用机制上有较强的关联性,临床上常以联合应用的形式使用。

任务 2.3　泻药与止泻药的认识与使用

任务背景

　　2020 年 2 月 7 日,某宠物医院接诊了一只无法正常大便的病犬,通过问诊,得知在春节期间,该犬进食了大量骨头,起初还能艰难地排出少量白色干结的颗粒状粪块,后来一直未排便,其他检测指标较为正常。临床诊断为便秘,请同学们完成下列学习任务,为该犬制订一个治疗方案。

任务目标

　　知识目标:1. 理解泻药与止泻药的作用机制。
　　　　　　　2. 掌握常用泻药及止泻药的使用方法。
　　技能目标:能针对引起便秘或腹泻的不同原因,结合患病动物具体情况,运用泻药或止泻药处理相应病情。

任务准备

　　泻药是能促进肠道蠕动,增加肠内容积或润滑肠腔,软化粪便,从而促进粪便顺利排出的药物。按作用特点可分为:容积性泻药、刺激性泻药、润滑性泻药三类。

　　止泻药是一类能制止腹泻的药物。腹泻是动物机体患多种疾病的共同表现症状,在有的时候,腹泻也是动物机体自身保护机能的表现,可将毒物排出体外,但会影响营养成分的吸收,久泻和剧烈腹泻,可导致脱水和钾、钠、氯等电解质紊乱和酸中毒,治疗时应根据病因和病情采取综合措施治疗。根据药理作用特点,止泻药可分为三类:①保护性止泻药,如鞣酸、鞣酸蛋白、碱式硝酸铋、碱式碳酸铋,具有收敛作用,能形成蛋白膜而保护肠黏膜。②吸附性止泻药,如药用炭、高岭土,通过表面吸附作用,能吸附水、气、细菌、病毒、毒素及毒物等,从而减少对肠黏膜的刺激。③抑制肠道平滑肌的药物,如阿托品、盐酸地芬诺酯,可松弛平滑肌,减少肠蠕动和肠液分泌,制止腹泻,消除腹痛。

一、泻药

(一)容积性泻药

容积性泻药是指能扩张肠腔容积,产生机械性刺激而引起泻下的药物。这类药物多数是盐类,所以又称为盐类泻药。本类药与大黄等植物性泻药配伍用,可产生协同作用,显著提高导泻效果。

硫酸钠(Sodium Sulfate)

又名芒硝。

[理化性质] 本品为无色透明大块结晶或颗粒状粉末,味苦而咸。易溶于水,易风化。

[作用与应用] 内服小剂量硫酸钠发挥盐类健胃作用;当内服大剂量时,因不易被胃肠吸收而提高胃肠内渗透压,抑制肠道对水分及其他物质的吸收作用,使肠内保持大量水分,增加肠内容积,并稀释肠道内容物,软化粪块,促进排粪。与其他盐类配伍有健胃作用(如人工盐)。

主要用于马属动物大肠便秘、反刍动物瓣胃阻塞和皱胃阻塞,也可用于排出消化道内毒物或异物,配合驱虫药排出虫体等。本品能清洁创面,促进创伤愈合,如 10%~20% 硫酸钠溶液外用治疗化脓创、瘘管等;在治疗大肠便秘时,浓度以 6%~8% 为宜,小肠便秘一般不使用,易继发胃扩张;禁止与钙盐配合使用。

[用法用量]

健胃　内服,1 次量:牛、马 15~50 g;羊、猪 3~10 g;犬 0.2~0.5 g;兔 1.5~2.5 g;貂 1~2 g。

导泻　内服,1 次量:马 200~500 g;牛 400~800 g;羊 40~100 g;猪 25~50 g;犬 10~25 g;猫 2~5 g;鸡 2~4 g;鸭 10~15 g;貂 5~8 g。

(二)刺激性泻药

刺激性泻药是指能对肠壁产生化学性刺激而导致泻下的药物。本类药物亦能加强子宫平滑肌收缩,可导致母畜流产,故孕畜忌用。

本类药物种类繁多,如大黄、芦荟、番泻叶、蓖麻油、巴豆油、牵牛子,临床上常用的有大黄、蓖麻油。

蓖麻油(Castor Oil)

[理化性质] 本品为蓖麻的成熟种子经压榨而得的一种脂肪油。为淡黄色澄清的黏稠液体,不溶于水,易溶于乙醇。

[作用与应用] 本品无刺激性,只有润滑作用,但内服后在肠内受胰脂肪酶作用,分解生成

甘油与蓖麻油酸,蓖麻油酸再转成蓖麻油酸钠,刺激小肠黏膜,增强肠蠕动而引起泻下。

临床上主要用于幼畜及小动物小肠便秘。

［注意事项］不宜用作排除毒物及驱虫药,以免引发中毒;孕畜、肠炎病畜不得用本品做泻剂,以免发生流产或加重病情;不能长期反复应用,以免引起消化功能障碍。

［制剂与用法用量］内服,1 次量:牛、马 200~300 mL;驹、犊 30~80 mL;羊、猪 20~60 mL;犬 5~25 mL;猫 4~10 mL;兔 5~10 mL。

(三) 润滑性泻药

润滑性泻药是指能润滑肠壁,软化粪便,使粪便易于排出的药物。本类药物来源于动物、植物和矿物,属中性油,无刺激性。常用的矿物油中有液状石蜡,植物油中有大豆油、花生油、菜籽油、棉籽油等;动物油中有豚脂、酥脂、獾油等,故又称油类泻药。

1. 液状石蜡(Liquid Paraffin)

又名石蜡油。

［理化性质］本品为无色透明状液体,无臭,无味。呈中性反应,不溶于水和乙醇,可在氯仿、乙醚或挥发油中溶解。能与多种油任意配合。

［作用与应用］本品作用温和,无刺激性,内服后在肠道内不起变化,也不被吸收,而且能阻止肠内水分的吸收,对肠黏膜有润滑和保护作用。用于大、小肠阻塞,便秘,瘤胃积食等,患肠炎病畜、孕畜便秘也可应用。本品不宜多次反复使用,因有碍脂溶性维生素和钙、磷的吸收,会减弱肠蠕动及降低消化功能。

［制剂与用法用量］内服,1 次量:牛、马 500~1 500 mL;驹、犊 60~120 mL;羊 100~300 mL;猪 50~100 mL;犬 10~30 mL;猫 5~10 mL;兔 5~15 mL;鸡 5~10 mL。

2. 植物油(Vegetable Oil)

［作用与应用］本品内服大部分以原形通过肠道,起润滑肠腔、软化粪便、促进排粪的作用。

适用于家畜小肠阻塞、大肠便秘、瘤胃积食等。在使用本品时,不用于排出脂溶性毒物,患肠炎病畜、孕畜慎用。因有一小部分植物油可被皂化,具有刺激性。

［制剂与用法用量］内服,1 次量:牛、马 500~1 000 mL;羊 100~300 mL;猪 50~100 mL;犬 10~30 mL;猫、鸡 5~10 mL。

二、止泻药

(一) 保护性止泻药

1. 鞣酸(Tannic Acid)

［理化性质］本品为淡黄色粉末,不溶于水和乙醇。

［作用与应用］鞣酸内服后与胃黏膜蛋白结合生成鞣酸蛋白薄膜,覆盖于胃黏膜表面,起保护作用,免受各种因素刺激,使局部达到消炎、止血、镇痛及抑制分泌的作用。形成的鞣酸蛋

白到小肠后再被分解,释放出鞣酸,呈现收敛止泻作用。5%~10% 溶液、20% 软膏外用治疗湿疹、褥疮等。士的宁、洋地黄等生物碱和重金属铅、银、铜、锌等物质中毒时,可用 1%~2% 鞣酸溶液洗胃或灌服解毒,但需及时用盐类泻药排除。本品对肝有损害,宜少用。

［制剂与用法用量］内服,1 次量:牛、马 10~20 g;羊 2~5 g;猪 1~2 g;犬 0.2~2.0 g;猫 0.15~2.00 g。

2. 鞣酸蛋白(Tannalbin)

［理化性质］本品为淡黄色粉末,由鞣酸和蛋白质相互作用制成,含 50% 鞣酸,不溶于水和乙醇。

［作用与应用］鞣酸蛋白本身无活性,无刺激性,其蛋白成分被消化而释放出鞣酸,使肠黏膜表层蛋白质凝固,起收敛止泻作用。这种作用能达到肠道后部。

常用于急性肠炎和非细菌性腹泻。

［制剂与用法用量］片剂,0.25 g/ 片、0.5 g/ 片。内服,1 次量:牛、马 10~20 g;羊、猪 2~5 g;水貂 0.10~0.15 g;兔 1~3 g;犬 0.2~2.0 g;猫 0.15~2.00 g;禽 0.15~0.30 g。

3. 碱式碳酸铋(Bismuth Subcarbonate)

又名次碳酸铋。

［理化性质］本品为白色或黄色粉末,无臭,无味。不溶于水和醇,能溶于酸。

［作用与应用］本品内服难吸收,故大部分覆盖在胃肠黏膜表面,形成保护膜。同时在肠道中还可以与硫化氢结合,形成不溶性硫化铋,覆盖在肠黏膜表面,对肠黏膜起保护作用,且减少了硫化氢对肠道的刺激作用。发挥收敛止泻作用,用于胃肠炎和腹泻。对由细菌引起的腹泻,须先用抗生素后再用本品。

碱式碳酸铋在炎性组织中能缓慢地解离出铋离子,其离子能同组织蛋白质和细菌蛋白质结合,产生抑菌消炎和收敛作用,故对烧伤、湿疹的治疗可用碱式碳酸铋粉撒剂或 10% 软膏。

［制剂与用法用量］片剂:0.3 g/ 片。内服,1 次量:牛、马 15~30 g;羊、猪、驹、犊 2~4 g;禽 0.1~0.3 g;犬 0.3~2.0 g;猫、兔 0.4~0.8 g;水貂 0.1~0.5 g。

4. 碱式硝酸铋(Bismuth Subnitrate)

又名次硝酸铋。

其作用与应用、制剂与用法用量同碱式碳酸铋。碱式硝酸铋在肠内溶解后,可产生亚硝酸盐,量大时能引起中毒,应用时需特别注意剂量。

(二)吸附性止泻药

1. 药用炭(Medicinal Charcoal)

又名活性炭。

［理化性质］本品为黑色粉末,无臭,无味,无砂性。不溶于水,表面积很大(1 g 药用炭总面积达 500~800 m²)。

［作用与应用］药用炭性质稳定,颗粒细小,具有很多疏孔,吸附作用很强。

作为肠炎、腹泻、药物中毒或毒物中毒（如阿片及马钱子）的解救药。外用做浅部创伤撒布剂，有干燥、抑菌、止血、消炎作用。

锅底灰（百草霜）、木炭末可代替药用炭应用，但吸附力较差。

［注意事项］①药用炭附着于消化道黏膜，保护肠黏膜的同时，可影响营养物质的消化和吸收；因其在吸附有害物质的同时也能吸附营养物质，故不宜反复使用。②药用炭的吸附作用是可逆的。用于吸附毒物时，必须相继给予盐类泻药，促进吸附有毒物质的药用炭及时排出。③一般不与抗生素合用，以免降低抗生素的药效。

［制剂与用法用量］片剂：0.15 g/片、0.3 g/片、0.5 g/片。内服，1 次量：牛、马 100~300 g；羊、猪 10~25 g；禽 0.2~1.0 g；犬 0.3~5.0 g；猫 0.15~2.50 g；兔 0.5~2.0 g。

2. 高岭土（Kaolin, Bolus Alba）

又名白陶土。

［理化性质］本品为白色粉末，有脂肪感，不溶于水。

［作用与应用］白陶土主要含有硅酸铝（$Al_2O_3 \cdot 3SiO_2$），内服吸附能力比药用炭弱，呈吸附止泻作用，可用于家畜肠道中毒物及原因不明的胃肠炎、幼畜腹泻等。

本品外用以撒布剂形式，治疗溃疡、糜烂性湿疹和烧伤。与食醋配伍治疗急性关节炎及风湿性蹄叶炎等，用作冷却剂湿敷于局部。

［用法用量］内服，1 次量：牛、马 100~300 g；羊、猪 10~30 g。

（三）抑制肠道平滑肌类止泻药

盐酸地芬诺酯（Diphenoxylate Hydrochloride, Lomotil）

又名苯乙哌啶、止泻宁。

［理化性质］本品为人工合成品，是哌替啶的衍生物，呈白色结晶性粉末状，溶于水、氯仿。熔点 221~226 ℃。

［作用与应用］本品属非特异性止泻药，能直接通过对肠道平滑肌的作用，抑制肠黏膜感受器，使肠蠕动减慢、肠内容物后移延迟，以利于水分的吸收。大剂量呈收敛、镇痛作用。久用易产生依赖性，临床上若与阿托品配伍可减少药物依赖性发生。

主要用于急性腹泻、慢性功能性腹泻、慢性肠炎等对症治疗。

［制剂与用法用量］复方盐酸地芬诺酯片。内服，1 次量：犬 2.5 mg，3 次/d。

 任务实施

常用泻药的药效对比试验

［目的］正确理解不同类型泻药的药效特点。

［材料］家兔、人工盐、大黄、液状石蜡、生理盐水,听诊器,计时器等。

［方法］先把家兔按体重分成 4 个试验组,每组 5 只,然后分别投喂人工盐 6 g、大黄 7 g、液状石蜡 10 mL、生理盐水 10 mL(致泻剂量)。观察收集家兔用药后胃肠蠕动音强度、出现腹泻时间以及粪便物理性状(水样、黏稠度)等药物反应信息资料。

［记录］将对比试验结果记入表 2-3。

表 2-3　药物反应记录表

药物	胃肠蠕动音强弱	出现腹泻起始时间	粪便物理性状
人工盐			
大黄			
液状石蜡			
生理盐水			

［讨论］泻药在临床应用时,应考虑哪些因素?

任务反思

鞣酸蛋白、活性炭、盐酸地芬诺酯三者的止泻机制有什么不同?

任务小结

泻药通过促进肠道蠕动,增加肠内容积或润滑肠腔,软化粪便,从而促进粪便顺利排出;而止泻药是一类与泻药作用机制相克的药物,是通过保护、吸附的方式减少肠内容物对肠道的刺激作用,或抑制肠道蠕动,从而制止腹泻的药物。通过对泻药与止泻药的学习,以及泻药药效对比试验观察,加强了对泻药与止泻药的药理作用机制的认识,可提升泻药与止泻药的应用能力。

任务 2.4　抗酸药、止吐药、催吐药的认识与使用

任务背景

某宠物医院接诊了一只误食了不明有毒物的猫,患猫精神状态较差,不断出现呕吐反应,有大量唾液分泌,主人非常着急。接诊医生根据患猫的状态,迅速为其进行了催吐处理,帮助患猫尽快

排出胃内容物,减少有毒物质的吸收,为后续的治疗争取了足够的时间。同学们想知道接诊医生是用什么药物完成催吐的吗? 请完成下面的学习任务,一定能帮助你找到答案。

任务目标

知识目标:1. 理解抗酸药、止吐药、催吐药的作用机制。

2. 掌握常用抗酸药、止吐药、催吐药的使用方法。

技能目标:能针对实际情况,合理选用适宜的抗酸药、止吐药、催吐药。

任务准备

一、抗酸药

抗酸药是一类能降低胃内容物酸度的弱碱性无机物质或抑制胃酸分泌、减少胃酸生成量的化学物质。如氧化镁、氢氧化镁、氢氧化铝,可直接中和胃酸而不被胃肠吸收。

1. 氧化镁(Magnesium Oxide)

[理化性质] 本品为白色粉末,无臭,无味。不溶于水或乙醇,易溶于稀酸。在空气中可缓慢吸收二氧化碳。

[作用与应用] 本品抗酸作用强而持久,但缓慢,不产生 CO_2 气体,与胃酸作用生成氯化镁,释放镁离子,刺激肠道蠕动引起腹泻。氧化镁又具吸附作用,故能吸附二氧化碳等气体。

主要用于治疗胃酸过多、胃肠胀气及急性瘤胃胀气。

[制剂与用法用量] 氧化镁合剂,复方氧化镁合剂。内服,1 次量:牛、马 50~100 g;羊、猪 2~10 g。

2. 氢氧化镁(Magnesium Hydroxide)

[理化性质] 本品为白色粉末,无臭,无味。不溶于水或乙醇,溶于稀酸。

[作用与应用] 本品为抗酸作用强而快的难吸收性抗酸药。可快速使 pH 调至 3.5。应用时不产生二氧化碳。

主要用于胃酸过多与胃炎等病症。

[制剂与用法用量] 镁乳,即氢氧化镁悬液。内服,1 次量:犬 5~30 mL;猫 5~15mL。

3. 氢氧化铝(Aluminium Hydroxide)

[理化性质] 本品为无味、无臭、白色无晶形粉末。不溶于水或乙醇,在稀矿酸或氢氧化碱溶液中溶解。

[作用与应用] 本品为弱碱性化合物。抗酸作用较强,缓慢而持久。中和胃酸时产生的氧

化铝有收敛及保护溃疡面等作用,能局部止血及引起便秘。

主要用于治疗胃酸过多和胃溃疡等疾病。

[制剂与用法用量]复方氢氧化铝片,氢氧化铝凝胶。内服,1次量:马15~30 g;猪3~5 g。

4. 溴丙胺太林(Propantheline Bromide)

又名普鲁本辛。

[理化性质]本品为白色或黄白色结晶性粉末,无臭,味极苦。微有引湿性。极易溶于水、乙醇或氯仿中,不溶于乙醚和苯。水溶液呈酸性。

[作用与应用]本品为节后神经抗胆碱药,对胃肠道 M 受体选择性高,有类似阿托品样作用,治疗剂量对胃肠道平滑肌的抑制作用强且持久,能使唾液、胃液及汗液的分泌减少。此外,尚有神经节阻断作用。中毒量时,可阻断神经肌肉传导、呼吸麻痹。

主要用于胃、十二指肠溃疡、胃炎、胆汁排出障碍、胃酸过多症及缓解胃肠痉挛等。本品可延缓呋喃妥因与地高辛在肠内的停留时间,增加上述药物的吸收。

[制剂与用法用量]溴丙胺太林片。内服,1次量:小型犬5.0~7.5 mg;中型犬15 mg;大型犬30 mg;猫5.0~7.5 mg。每8 h 1次。

5. 甲吡戊痉平(Glycopyrrolate)

又名格隆溴铵、胃长宁。

[理化性质]本品为白色结晶性粉末,味微苦,无臭。能溶于水。

[作用与应用]本品为节后神经抗胆碱药。作用基本同阿托品。能抑制胃酸和唾液分泌及调节胃肠蠕动。对胃肠道解痉作用很差。

一般用于治疗胃酸分泌过多、消化性溃疡、慢性胃炎等症。

[制剂与用法用量]胃长宁注射液。肌内或皮下注射,1次量:每千克体重,犬0.01 mg。

二、止吐药

止吐药是通过不同环节抑制呕吐反应的一类药物。兽医临床主要用于犬、猫、猪及灵长类等动物制止呕吐反应。

1. 氯苯甲嗪(Meclizine)

又名敏可静。

[理化性质]本品为白色或淡黄色结晶粉末,无臭,无味。易溶于水。

[作用与应用]本品能抑制前庭神经、迷走神经兴奋传导,对中枢神经有一定的抑制作用。

主要用于治疗过敏反应及晕动病所引起的犬、猫等动物的呕吐症。止吐作用可持续20 h左右。

[制剂与用法用量]盐酸氯苯甲嗪片。内服,1次量:犬25 mg;猫12.5 mg。

2. 甲氧氯普胺（Metoclopramide）

又名胃复安、灭吐灵。

［理化性质］本品为白色至淡黄色结晶或结晶性粉末,味苦。能溶于水及醋酸,水溶液无色澄明。遇光变成黄色,毒性增强,禁用。

［作用与应用］甲氧氯普胺有较好的止吐功效,主要抑制延髓催吐化学感受区,具有较强的镇吐作用。

主要用于胃肠胀满,消化不良,急性胃肠炎、慢性胃肠炎,恶心呕吐及药物所致的呕吐等。犬、猫妊娠时禁用。忌与阿托品、颠茄制剂等配合,以免使药效降低。

［制剂与用法用量］甲氧氯普胺片,5 mg/片,10 mg/片,20 mg/片。内服,一次量:犬、猫10~20 mg。

甲氧氯普胺注射液,20 mg/mL。肌内注射,1次量:犬、猫 10~20 mg。

3. 舒必利（Sulpiride）

又名止吐灵、硫苯酰胺。

［理化性质］本品为白色结晶性粉末,无臭,味苦。易溶于冰醋酸或稀醋酸,微溶于乙醇、丙酮,不溶于水、乙醚、氯仿与苯,易溶于碱性溶液。

［作用与应用］本品属中枢性止吐药,有很强的止吐作用,口服比氯丙嗪强166倍、皮下注射强142倍,比甲氧氯普胺强5倍。

兽医临床上主要用作犬的止吐药。止吐效果比甲氧氯普胺好。

［制剂与用法用量］舒必利片,100 mg/片;舒必利注射液,50 mg/mL、100 mg/2mL。内服,1次量:5~10 kg体重,犬用药 0.3~0.5 mg。

三、催吐药

催吐药是引起呕吐的一类药物。催吐作用可通过药物刺激神经中枢呕吐敏感区引起呕吐,如阿扑吗啡;也可通过刺激食道、胃等消化道黏膜,引起呕吐,如硫酸铜。催吐药主要用于犬、猫等具有呕吐机能的动物,进行中毒急救,排除胃内未吸收的毒物,以减少有毒物质的吸收。

阿扑吗啡（Apomorphine）

又名去水吗啡。

［理化性质］本品为白色或灰白色、细小、有光泽结晶或结晶性粉末,无臭。能溶于水和乙醇,水溶液呈中性。露置于空气或日光中缓慢变为绿色,禁用。

［作用与应用］本品为中枢反射性催吐药。能直接兴奋呕吐中枢,引起呕吐。口服药效缓慢,作用很弱。皮下注射 5~15 min 后可产生剧烈呕吐。

一般用于犬驱出胃内毒物。猫禁用。

［制剂与用法用量］阿扑吗啡注射液。以盐酸吗啡计。皮下、肌内注射：一次量，每千克体重，镇痛，马 0.1~0.2 mg，犬 0.5~1.0mg；麻醉前给药，犬 0.5~2.0 mg。

［不良反应］

（1）可引起组胺释放、呼吸抑制、支气管收缩、中枢神经系统抑制。

（2）胃肠道反应包括呕吐、肠蠕动减弱、便秘（犬），此外还有体温过高（马）或过低（犬）等反应。

［注意事项］

（1）胃扩张、肠阻塞及臌胀者禁用，肝、肾功能异常者慎用。

（2）禁与氯丙嗪、异丙嗪、氨茶碱、巴比妥类等药物混合注射。

（3）不宜用于产科阵痛。

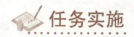 任务实施

催吐药的药效试验观察

［目的］正确理解催吐药的不同给药途径与药效反应关系。

［材料］试验用犬、阿扑吗啡。

［方法］先把试验用犬分成 2 个试验组，每组 5 只，分别以皮下注射 3 mg 和口服给药 3 mg 的方式，将阿扑吗啡投入试验犬体内，最后观察记录呕吐发生的时间及强度。

［记录］将试验结果记入表 2-4。

表 2-4　药物反应记录表

组别	呕吐出现的时间	呕吐强度
1		
2		

［讨论］催吐药在临床上的适用范围。

任务反思

中毒引起的呕吐，为防止水和电解质的流失，可以先选用止吐药止吐吗？为什么？

任务小结

抗酸药是通过吸附 CO_2，抑制胃酸分泌发挥药效作用；止吐药是通过抑制呕吐反射而发挥止吐作用；催吐药是通过刺激神经中枢呕吐敏感区引起呕吐。通过任务准备和实施，增强对抗酸药、止吐药和催吐药的认识。

项 目 总 结

作用于消化系统药物的合理选用

健胃药与助消化药，制酵药与消沫药，泻药与止泻药，抗酸药、催吐药、止泻药的合理选用，如图 2-1 至图 2-4 所示。

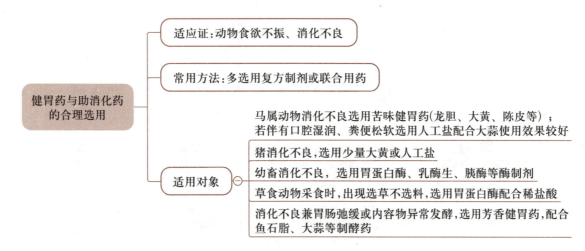

图 2-1　健胃药与助消化药的合理选用

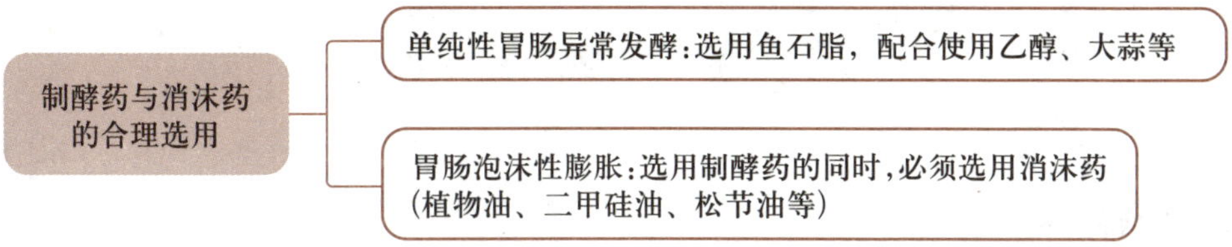

制酵药与消沫药的合理选用
- 单纯性胃肠异常发酵：选用鱼石脂，配合使用乙醇、大蒜等
- 胃肠泡沫性膨胀：选用制酵药的同时，必须选用消沫药（植物油、二甲硅油、松节油等）

图 2-2　制酵药与消沫药的合理选用

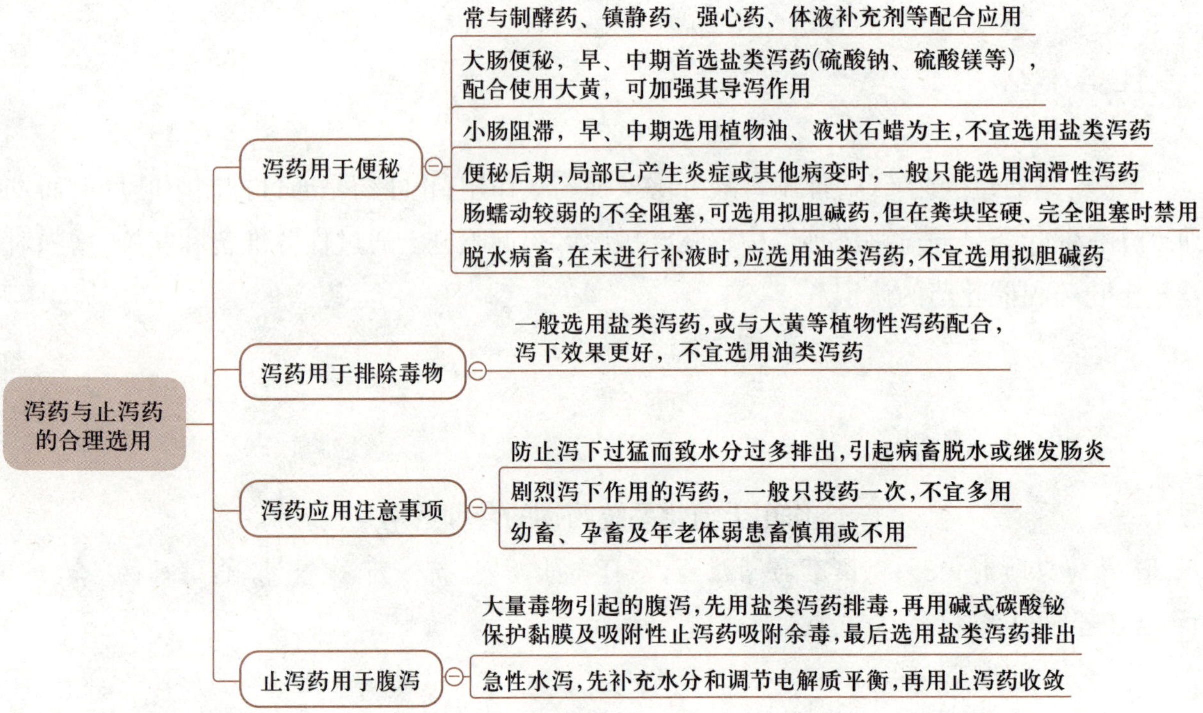

常与制酵药、镇静药、强心药、体液补充剂等配合应用

大肠便秘，早、中期首选盐类泻药(硫酸钠、硫酸镁等)，配合使用大黄，可加强其导泻作用

小肠阻滞，早、中期选用植物油、液状石蜡为主,不宜选用盐类泻药

便秘后期，局部已产生炎症或其他病变时，一般只能选用润滑性泻药

肠蠕动较弱的不全阻塞,可选用拟胆碱药,但在粪块坚硬、完全阻塞时禁用

脱水病畜，在未进行补液时，应选用油类泻药,不宜选用拟胆碱药

泻药用于便秘

一般选用盐类泻药，或与大黄等植物性泻药配合，泻下效果更好，不宜选用油类泻药

泻药用于排除毒物

泻药与止泻药的合理选用

防止泻下过猛而致水分过多排出,引起病畜脱水或继发肠炎

剧烈泻下作用的泻药，一般只投药一次,不宜多用

幼畜、孕畜及年老体弱患畜慎用或不用

泻药应用注意事项

大量毒物引起的腹泻,先用盐类泻药排毒,再用碱式碳酸铋保护黏膜及吸附性止泻药吸附余毒,最后选用盐类泻药排出

急性水泻,先补充水分和调节电解质平衡,再用止泻药收敛

止泻药用于腹泻

图 2-3   泻药与止泻药的合理选用

家畜胃酸过多而引起的便秘、腹胀，用溴丙胺太林、甲吡戊痉平、碳酸钙等较好

犬、猫、猪及灵长类等动物剧烈呕吐，易造成脱水及电解质失衡，应立即选用止吐药如甲氧氯普胺，并配合强心、输液等支持疗法

抗酸药、催吐药、止吐药的合理选用

呕吐是犬、猫排出胃内未吸收毒物的主要途径，在临床中使用催吐药可减少有毒物质的吸收，如用于犬的阿扑吗啡

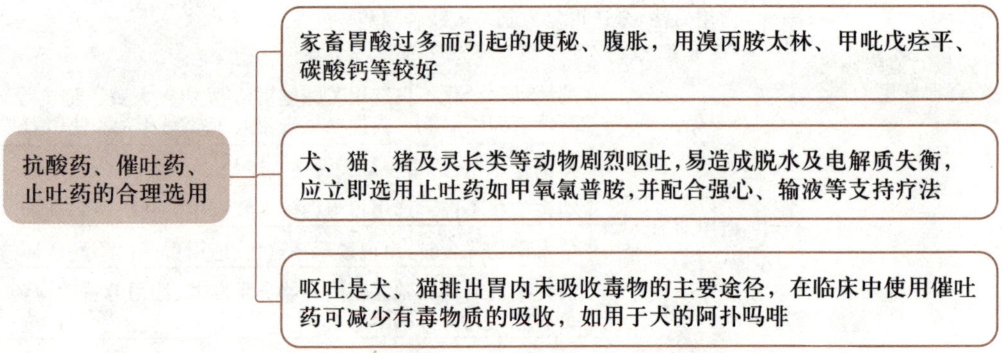

图 2-4   抗酸药、催吐药、止吐药的合理选用

项 目 测 试

一、名词解释

健胃药;助消化药;消沫药。

二、填空题

1. 根据健胃药作用机制不同,可分为_____、_____和_____三类。

2. 苦味健胃药必须经_____才能有效,不能通过胃管,应在_____用药。

3. 助消化药可分为_____、_____、_____和_____四类。

4. 助消化药主要是促进_____的分泌,治疗消化不良,临床上常与_____药配合使用。

5. 制酵药是指能抑制胃肠内_____的活力,防止胃肠内产生过量气体的药物。

6. 泻药是能促进肠道_____,增加肠内容积或润滑肠腔,软化粪便,从而促进_____顺利排出的药物。

7. 根据药物作用特点,泻药可分为_____、_____和_____三类。

8. 根据药理作用特点,止泻药可分为_____、_____和_____三类。

9. 抗酸药是一类能降低胃内容物_____的弱碱性无机物质或抑制_____分泌、减少胃酸生成量的化学物质。

10. 催吐药主要用于犬、猫等具有呕吐机能的动物,进行_____急救,排除胃内未吸收的_____,以减少有毒物质的吸收。

三、单项选择题

1. 下列选项中,为苦味健胃药的是( )。

　A. 龙胆　　　　　　　　　　B. 陈皮

　C. 姜　　　　　　　　　　　D. 人工盐

2. 氯化钠可作为( )应用。

　A. 健胃药　　　　　　　　　B. 助消化药

　C. 抗酸药　　　　　　　　　D. 止泻药

3. 助消化药浓氯化钠溶液属于( )。

　A. 胃动力助消化药　　　　　B. 促酶制剂及酶制剂助消化药

　C. 微生物制剂助消化药　　　D. 中药类助消化药

4. 用于助消化的稀盐酸为( )盐酸。

　A. 0.9%　　　　　　　　　　B. 10%

　C. 20%　　　　　　　　　　D. 40%

5. 下列选项中,为消沫药的是( )。

　A. 甲醛溶液　　　　　　　　B. 鱼石脂

　C. 大蒜酊　　　　　　　　　D. 二甲硅油

6. 鱼石脂内服用于制酵时,先用倍量的乙醇溶解,然后加水稀释成( )溶液。

　A. 1%~2%　　　　　　　　　B. 2%~5%

　C. 5%~9%　　　　　　　　　D. 10%

7. 下列为溶积性泻药的是( )。

　A. 硫酸钠　　　　　　　　　B. 蓖麻油

　C. 液状石蜡　　　　　　　　D. 植物油

8. 下列为吸附性止泻药的是(　　)。

    A. 碱式碳酸铋　　　　　　　　　　B. 活性炭

    C. 盐酸地芬诺酯　　　　　　　　　D. 鞣酸蛋白

9. 下列为止吐药的是(　　)。

    A. 氧化镁　　　　　　　　　　　　B. 甲氧氯普胺

    C. 氢氧化镁　　　　　　　　　　　D. 溴丙胺太林

10. 下列为催吐药的是(　　)。

    A. 氯苯甲嗪　　　　　　　　　　　B. 甲氧氯普胺

    C. 舒必利　　　　　　　　　　　　D. 阿扑吗啡

四、问答题

1. 健胃药对食欲不振的作用是什么?

2. 苦味健胃药为什么必须经口投服? 而不能用胃管投服?

3. 胃蛋白酶为什么要与稀盐酸合用? 胰酶为什么常与碳酸氢钠同服?

4. 硫酸钠和液状石蜡是如何产生泻下作用的? 其适应证主要有哪些?

5. 为什么腹泻可用鞣酸蛋白或药用炭止泻?

项目 3

作用于呼吸系统的药物

❖ 项 目 导 入

呼吸道是机体与外界环境之间连接的重要通道,人与动物无时无刻不在呼吸,随着机体的一呼一吸,外界环境因素的变化能直接影响呼吸系统的功能。尤其是当气温骤变时,畜禽容易发生呼吸道疾病,主要表现为呼吸困难、咳嗽、气喘等呼吸道症状,为了加快动物恢复健康,我们具体该怎么用药,怎么处理呢?

呼吸系统是机体与外界进行气体交换,维持机体各项机能持续更新的重要场所,很多病原微生物都能通过呼吸道进入机体从而引发一系列的呼吸系统疾病。呼吸系统疾病是常见病、多发病,动物呼吸系统疾病主要表现咳嗽、气管和支气管分泌物增加、呼吸困难、气喘等症状。一般由理化因素刺激、过敏,以及病毒、细菌和蠕虫感染等引起,首先应在对因治疗的同时,及时使用祛痰、镇咳、平喘药,以缓解症状,防止病情加重,促进康复。

本项目将学习 3 个任务:(1)祛痰药的认识与使用;(2)镇咳药的认识与使用;(3)平喘药的认识与使用。在学习过程中,逐步形成合作交流的意识和行为习惯;通过药物作用试验,增加动手操作能力和探究设计能力。

任务 3.1　祛痰药的认识与使用

📖 任务背景

某养殖户饲养一批鸡,近来出现鸡只食欲下降、张口伸颈、甩头、打喷嚏、咳嗽、呼吸困难等症状,打开口腔发现口咽部有大量黏稠的痰性分泌物,病情越来越严重。请同学们为其想想办法,帮助其排除黏稠痰性分泌物,缓解呼吸困难的症状。

🤚 任务目标

知识目标:1. 理解祛痰药的作用机制。

　　　　 2. 掌握常用的祛痰药种类并熟知其作用。

技能目标:结合临床症状能正确选择并使用祛痰药。

📖 任务准备

祛痰药是能增加呼吸道黏液分泌,使痰液变稀、黏性降低,并易于排出的药物。祛痰药有清除痰液,减少呼吸道黏膜的刺激和细菌的繁殖,间接起到镇咳、平喘、消炎的作用。

一、刺激性祛痰药

1. 氯化铵(Ammonium Chloride)

又名氯化垭、卤砂。

[理化性质]本品为白色结晶或无色结晶性粉末,无臭,味咸、凉。易溶于水,略溶于乙醇。有吸湿性。应密封保存于干燥处。

[作用与应用]氯化铵内服后能刺激胃黏膜迷走神经末梢,反射性地引起支气管腺体分泌增加,同时,吸收后的氯化铵,有小部分经呼吸道排出,带出一些水分,而使痰液变稀、黏度下降,产生祛痰作用。氯化铵还是一个有效的体液酸化剂,有酸化体液和尿液及轻微的利尿作用。

主要用于呼吸道炎症的初期、痰液黏稠而不易咳出的病例。也可用于纠正碱中毒。

氯化铵禁与碱或重金属盐及磺胺类药并用。有胃、肝、肾机能障碍的患畜慎用。

[制剂与用法用量]氯化铵片,0.3 g/片。祛痰,内服,1次量:牛10~25 g;马8~15 g;羊2~5 g;猪1~2 g;犬、猫0.2~1.0 g。

氯化铵酸化剂,内服,1次量:牛15~30 g;马4~15 g;羊1~2 g;犬0.2~0.5 g;猫0.8 g。

2. 碘化钾(Potassium Iodide)

又名灰碘。

[理化性质]本品为白色结晶或无色结晶性粉末,无臭,味咸,带苦味。微有引湿性。易溶于水,能溶于乙醇。

[作用与应用]同氯化铵。因该药刺激性较强,故不适用于急性支气管炎。对亚急性和慢性支气管炎疗效较好。

临床常用于慢性或亚急性支气管炎及局部病灶注射,如牛放线菌病;也可作为助溶剂,用于配制碘酊和复方碘溶液,并可使制剂性质稳定。

本品长期服用易发生中毒现象(皮疹、脱毛、黏膜卡他性炎症、消瘦和食欲不振等),应暂停用药 5~6 d。与甘汞混合后能生成金属汞与碘化汞,增加毒性。其溶液遇生物碱盐能产生沉淀,有肝、肾疾病的患畜禁用。

[制剂与用法用量]碘化钾片。内服,1 次量:牛、马 5~10 g;羊、猪 1~3 g;犬 0.2~1.0 g。

二、黏痰溶解药

乙酰半胱氨酸(Acetylcysteine)

又名痰易净、易咳净。

[理化性质]本品为白色结晶性粉末,性质不稳定,有类似蒜的臭气,味酸。有引湿性。易溶于水和乙醇。

[作用与应用]乙酰半胱氨酸结构中的巯基(—SH)能使痰液中的黏性成分糖蛋白多肽链中的二硫键(—S—S—)断裂,降低黏痰和脓痰的黏性,使之易于排出。

对脓性和非脓性痰液等有较好疗效。主要用于急性支气管炎、慢性支气管炎、支气管扩张、喘息、肺炎、肺气肿和眼的黏液溶解药等。

[制剂与用法用量]常用 10%~20% 溶液喷雾至咽喉部。中等大小的动物 2~5 mL,每天 2~3 次;气管滴入 5% 溶液,自气管插管或直接滴入气管内,牛、马 3~5 mL,每天 2~4 次;喷雾用乙酰半胱氨酸,犬、猫 50 mL/h,每 12 h 喷雾 30~60 min。

 任务实施

祛痰药对纤毛上皮细胞运动的影响

[目的]观察祛痰药氯化铵对纤毛上皮细胞运动的影响。

[材料]

(1) 动物 蛙或蟾蜍。

(2) 药品 1:3 000 氯化铵溶液(临用前配置)、生理盐水(含氯化钠 0.65%)。

(3) 器材 蛙板、镊子、秒表、滴管、图钉、大头针、棉线、小木屑。

[方法]

(1) 取较大的蛙或蟾蜍一只。仰卧固定于蛙板上。将下颌掰开,用针牵引粗棉线贯穿下颌与舌,拉向后方,固定在钉牢的两后肢之间的图钉上,并以大头针钉住上颌,充分暴露上颌黏膜面,使口腔大张开。用滴管吸取生理盐水,反复冲洗上颚黏膜上的黏液。

(2) 以两眼窝前缘所在口腔位置用细线横向标为起始线,于中间处的黏膜上用尖镊子放

置一块用生理盐水浸润的圆形芝麻粒大的小木屑,由于黏膜上皮的纤毛上皮细胞的纤毛运动,小木屑向咽部食道口方向移动,在上下颌之间横置一细线,作为终点线。当木屑移动到食道口,即终点线时,应立即用镊子取出木屑,以免进入食道。在木屑移动时,要准确测定木屑由始点至食道口终点所需要的时间(min),并记录。反复做3次实验,结果记入表3-1。

(3) 在黏膜上滴入浓度为1:3 000氯化铵溶液3滴,3~5 min后用生理盐水洗去药液,再将木屑置于原处,重新测定它们从某点移至食道口所需要的时间。再以同法测试3次,各求出所需时间的平均值,结果记入表3-1。

表3-1　祛痰药对纤毛上皮细胞运动的影响

试验次序	木屑从起始线到终点线时间 /min	
	给药前	给药后
第一次		
第二次		
第三次		
平均值		

[讨论] 比较用药前后的时间有何不同并解释原因。

任务反思

氯化铵和乙酰半胱氨酸在祛痰时药理作用有何不同? 该如何选择合适的祛痰药?

任务小结

祛痰药可分为刺激性祛痰药和黏痰溶解药,刺激性祛痰药主要是通过刺激胃黏膜迷走神经末梢,反射性地引起支气管腺体分泌增加,而使痰液变稀,黏度下降,产生祛痰作用;黏痰溶解药主要是降低黏痰和脓痰的黏性,使之易于排出。

任务 3.2　镇咳药的认识与使用

任务背景

一只2岁半泰迪犬,每年按时注射疫苗,因连续咳嗽3天来医院就诊,主诉该犬在家时咳嗽严重,已持续 3 天,咳嗽无明显规律。经问诊,了解到该犬出现咳嗽症状前,由于天气较好,主人在家里给它洗了个澡,并没有用热吹风吹干被毛,而是用毛巾擦拭了一下就直接带出去玩儿了,第二天就出现精神沉郁、食欲下降、咳嗽的情况。请同学们为其想想办法,选用什么药物帮助小泰迪缓解咳嗽症状。

任务目标

　　知识目标:1. 理解镇咳药的作用机制。
　　　　　　　2. 掌握常用的镇咳药种类并熟知其作用。
　　技能目标:结合临床症状能正确选择并使用镇咳药。

任务准备

　　凡能抑制咳嗽中枢,或抑制咳嗽反射弧中其他环节,从而减轻或制止咳嗽的药物,称为镇咳药或止咳药。咳嗽是呼吸系统的一种防御性反射,主要是呼吸道受异物或炎症产物的刺激而引起,可清除进入呼吸道的异物或炎性产物。因此,轻微的咳嗽有助于祛痰和排出异物,清洁呼吸道。咳嗽自然缓解,无须应用镇咳药。但频繁而剧烈的咳嗽或胸膜炎等引起的频咳,易加重呼吸道损伤,造成肺气肿、心功能障碍等不良后果。此时除积极采取对因治疗外,还应配合使用镇咳药。

一、中枢性镇咳药

1. 喷托维林(Pentoxyverine)

又名咳必清、维静宁。

[理化性质]本品为白色结晶粉末,无臭,味苦。有吸湿性。易溶于水。

[作用与应用]本品对咳嗽中枢具有选择性抑制作用,但作用较弱,药物有部分经呼吸道排出,对呼吸道黏膜产生轻度局部麻醉作用。大剂量有阿托品样作用,可松弛支气管痉挛。常与祛痰药合用,治疗伴有剧烈干咳的急性呼吸道炎症。其不良反应轻,有时表现为腹胀与便秘(阿托品样作用)。

[制剂与用法用量]枸橼酸喷托维林片,25 mg / 片。1 次量:内服,牛 0.5~1.0 g;羊、猪 50~100 mg,每天 3 次。

2. 可待因(Codeine)

又名甲基吗啡。

[理化性质]本品从阿片中提取,也可由吗啡甲基化而得。常用其磷酸盐,为无色细微的

针状结晶性粉末,无臭,味苦。易溶于水。

[作用与应用] 本品能抑制咳嗽中枢而产生较强的镇咳作用。多用于无痰、剧痛性咳嗽及胸膜炎等疾患引起的干咳,不适用于呼吸道有大量分泌物的患畜,以免造成呼吸道阻塞。易成瘾,对呼吸中枢有抑制作用,易引起便秘,慎用。

[制剂与用法用量] 磷酸可待因片,15 mg/片、30 mg/片。内服,1次量:牛、马0.2~2.0 g;羊、猪15~60 mg;犬15~30 mg;猫0.25~4.00 mg。

二、外周性镇咳药

复方甘草合剂(Licorice Mixture Compounds)

[来源与成分] 本品为棕色液体,由甘草流浸膏12%、复方樟脑酊12%、酒石酸锑钾0.024%、亚硝酸乙酯醑3%、甘油12%和蒸馏水适量制成。有香气,味甜。应避光密封保存。

[作用与应用] 本品所含的甘草次酸有镇咳作用,甘草还有解毒、抗炎等效果。甘草制剂能使呼吸道黏液分泌增加,具有祛痰作用。复方樟脑酊能镇咳祛痰,甘油有保护作用,亚硝酸乙酯醑能使支气管平滑肌松弛,酒石酸锑钾能增加支气管黏液分泌。故本品有镇咳、祛痰、平喘作用。

主要用于家畜呼吸道疾病所引起的咳嗽,作祛痰、镇咳药。

[制剂与用法用量] 内服,1次量:牛、马50~100 mL;羊、猪10~30 mL。

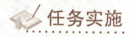 **任务实施**

喷托维林对试验动物镇咳作用的观察

[目的] 观察喷托维林对试验动物的镇咳作用。

[材料]

(1) 动物　大鼠或小白鼠。

(2) 药品　枸橼酸、喷托维林、蒸馏水。

(3) 器材　灌胃针、注射器。

[方法]

(1) 使用17.5%枸橼酸喷雾1 min,筛选试验动物,5 min内咳嗽次数少于10次者剔除。

(2) 将筛选合格的试验动物20只随机分为2组,每组10只,雌雄各半,分别为空白对照组和阳性对照组(喷托维林,25 mg/kg)。

(3) 对阳性对照组试验动物灌予喷托维林(用量按药物使用说明书而定),空白对照组灌服等体积的蒸馏水。每天灌胃1次,连续7 d。

（4）末次给药 1 h 后按(1)中的筛选方法重复诱咳,观察试验动物咳嗽潜伏期及 5 min 内咳嗽次数,记录入表 3–2。

表 3–2　喷托维林对枸橼酸引发试验动物咳嗽的影响

组别	咳嗽潜伏期 /s		5min 内咳嗽次数	
	给药前	给药前	给药前	给药前
空白对照组				
阳性对照组				

［讨论］喷托维林的镇咳作用机制。

任务反思

针对临床不同咳嗽症状应如何正确选用镇咳药?

任务小结

镇咳药可分为中枢性镇咳药和外周性镇咳药,中枢性镇咳药主要是通过抑制咳嗽中枢而产生镇咳作用,外周性镇咳药复方甘草合剂除有镇咳作用外,还具有祛痰、平喘的作用。

任务 3.3　平喘药的认识与使用

任务背景

某猪场猪只表现精神不振,食欲减退。病猪呼吸困难,呼吸次数剧增,严重者张口喘气,发出喘鸣声,呼吸节律异常,呈强烈腹式呼吸,请同学们根据此病症进行对症治疗。

任务目标

知识目标:1. 理解平喘药的作用机制。

2. 掌握常用的平喘药种类并熟知其作用。

技能目标:结合临床症状能正确选择并使用平喘药。

任务准备

凡能缓减或消除呼吸系统疾患所引起的气喘症状的药物,称为平喘药。

一、支气管扩张药

1. 氨茶碱(Aminophylline)

[理化性质]氨茶碱为嘌呤类衍生物,是茶碱和乙二胺的复盐。呈白色或淡黄色颗粒或粉末,易结块。微有氨臭,味苦。易溶于水,微溶于乙醇。

[体内过程]本品内服易吸收,分布于细胞外液和组织,能穿过胎盘并进入乳汁。

[作用与应用]氨茶碱具有兴奋中枢神经系统、心脏,舒张血管,松弛平滑肌和利尿等作用,对呼吸道平滑肌有较强的直接松弛作用。

主要用作支气管松弛药,常用于心力衰竭时的气喘、利尿及心性水肿的辅助治疗。

本品不宜与酸性药物配伍,皮下注射局部刺激性大,应深部肌内注射或静脉注射。但静脉注射太快或用量过大,易引起心悸、心律失常、血压骤降和惊厥等严重反应,甚至死亡。故静脉给药一定要限制用量,并用葡萄糖溶液稀释至2.5%以下浓度,缓慢注入。

[制剂与用法用量]氨茶碱注射液,1.25 g/5 mL、0.5 g/2 mL。深部肌内注射或静脉注射,1次量:牛、马1~2 g;羊、猪0.25~0.50 g;犬0.05~0.10 g。

氨茶碱片,0.1 g/片、0.2 g/片。内服,1次量:每千克体重牛、马5~100 mg;羊、猪0.25~0.50 g;犬、猫0.01~0.15 g。

2. 异丙阿托品(Ipratropium Bromide)

又称异丙托溴铵。

[理化性质]本品为人工合成的异丙阿托品的溴化物。本品系白色结晶,味苦。溶于水,略溶于乙醇,不溶于其他有机溶剂。

[作用与应用]作用优于阿托品,不能通过血脑屏障,应用气雾剂后也不吸收,故不良反应轻微。本药的支气管松弛作用是阿托品的两倍,但对唾液分泌影响较小,也不改变黏膜纤毛的运动速度。主要用于呼吸道炎症治疗。

[制剂与用法用量]溴化异丙阿托品气雾剂,含药0.025%喷雾吸入,2~3次/d,每次吸入40~80 μg。

二、抗炎平喘药

基于气喘发病机制的研究进展,对气喘的治疗逐渐形成新的概念,即治疗的重点已由传统的以缓解气道平滑肌痉挛为主转向以预防和治疗气道炎症为主。抗炎性平喘药通过抑制气道炎症反应,可以达到长期防止哮喘发作的效果,如地塞米松、倍氯米松。上述药物已在相关章节详细论述,本部分不作重点介绍。

三、过敏平喘药

色甘酸钠(Disodium Cromoglycate)

［作用与应用］色甘酸钠(又称为咽泰,Intal)的主要作用是对速发型过敏反应具有明显保护作用。本品能在抗原抗体的反应中,稳定肥大细胞膜、抑制肥大细胞裂解、脱粒,阻止过敏介质释放,预防哮喘的发作。本品有平喘作用,能抑制反射性支气管痉挛,抑制支气管的高反应性,抑制血小板活化因子引起的支气管痉挛。主要用于预防季节性哮喘发作,但本药奏效慢,数日甚至数周后才收到防治效果,对正在发作哮喘者无效。

本品是预防各型哮喘发作比较理想的药物,对过敏性(外源性)哮喘的效果最佳。

［制剂与用法用量］色甘酸二钠(干粉)胶囊,每粒 20 mg。吸入:马 80 mg/d,分 3~4 次吸入。

 **任务实施**

异丙肾上腺素对组胺－乙酰胆碱引发试验动物哮喘的影响

［目的］观察异丙肾上腺素对试验动物哮喘的影响。

［材料］

(1) 动物　大鼠或小鼠。

(2) 药品　0.1% 磷酸组胺、2.0% 氯乙酰胆碱、异丙肾上腺素。

(3) 器材　多功能诱咳引喘仪。

［方法］

(1) 筛选试验动物　利用多功能诱咳引喘仪制造喷雾(0.1% 磷酸组胺与 2.0% 氯乙酰胆碱等量混合),喷入箱内,喷雾时间为 10 s,观察和记录试验动物的引喘潜伏期(即从喷雾开始到试验动物抽搐、跌倒的时间),超过 120 s 未抽搐、跌倒者弃除。

(2) 将筛选合格的试验动物 20 只随机分为 2 组,每组 10 只,雌雄各半,分别为空白对照组、阳性药物组(异丙肾上腺素)。

(3) 两组动物均灌予 0.1% 磷酸组胺、2.0% 氯乙酰胆碱;阳性药物组于引喘前气雾吸入异丙肾上腺素 15 s,空白对照组灌服等体积的蒸馏水。每天灌胃 1 次,连续灌胃 5 d。

(4) 末次给药 1 h 后按(1)中的筛选方法重复引喘实验,观察和记录试验动物的引喘潜伏期。

［记录］将试验结果记入表 3-3。

表 3-3　异丙肾上腺素对组胺 - 乙酰胆碱引发试验动物哮喘的影响

单位:s

组别	给药前引喘潜伏期	给药后引喘潜伏期
空白对照组		
异丙肾上腺素组		

[讨论] 异丙肾上腺素的平喘机制。

任务反思

1. 简述氨茶碱的平喘作用机制。
2. 如何正确配伍祛痰药、镇咳药和平喘药?

任务小结

　　平喘药根据不同的作用机制可分为支气管扩张药、抗炎平喘药、过敏平喘药,在兽医临床上常用的是氨茶碱、异丙阿托品等支气管扩张药,主要是通过对呼吸道平滑肌产生较强的松弛作用而发挥平喘作用。在临床上,祛痰药、镇咳药、平喘药常配合使用用于呼吸系统疾病的治疗。

项 目 总 结

作用于呼吸系统药物的合理选用

　　动物呼吸系统疾病的主要表现是咳嗽、气管和支气管分泌物增多、呼吸困难,有人归纳为咳、痰、喘。呼吸系统疾病的病因包括物理化学因素刺激、过敏反应,以及病毒、细菌(支原体、真菌)和蠕虫感染等。对动物来说,更多的是微生物引起的炎症性疾病,所以一般首先应该对因治疗。在对因治疗的同时,也应及时使用镇咳药、祛痰药和平喘药,以缓解症状,防止病情发展,促进病畜的康复。

　　祛痰、镇咳、平喘药均为对症治疗药,用药时必须考虑对因治疗,并有针对性地选药(图 3-1)。

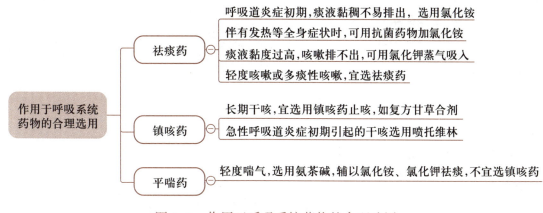

图 3-1　作用于呼吸系统药物的合理选用

项 目 测 试

一、名词解释

祛痰药;止咳药;平喘药。

二、填空题

1. 作用于呼吸系统的药分为_____、_____和_____。

2. 轻度咳嗽或多痰性咳嗽,宜选用_____。

3. 急性呼吸道炎症初期引起的干咳宜选用_____。

4. 动物呼吸系统疾病的主要表现是_____、_____和_____。

5. 平喘药根据作用机制可分为_____、_____和_____。

6. 祛痰药物根据作用机制可分为_____和_____。

7. 镇咳药物根据作用机制可分为_____和_____。

8. 用于预防季节性哮喘发作,对过敏性哮喘效果最佳的是_____。

9. 凡能缓减或消除呼吸系统疾患所引起的气喘症状的药物,称为_____。

10. 兽医临床上常用的支气管扩张平喘药有_____和_____。

三、单项选择题

1. 氨茶碱具有(　　　)。

　　A. 祛痰作用　　　　　　　　　　　B. 镇咳作用

　　C. 平喘作用　　　　　　　　　　　D. 止吐作用

2. 氯化铵具有(　　　)。

　　A. 祛痰作用　　　　　　　　　　　B. 镇咳作用

　　C. 平喘作用　　　　　　　　　　　D. 降体温作用

3. 咳必清具有(　　　)作用。

A. 中枢性镇咳   B. 祛痰镇咳

C. 消炎镇咳   D. 平喘镇咳

4. 下列属于中枢性镇咳药的是(　　　)

    A. 氯化铵   B. 乙酰半胱氨酸

    C. 复方甘草合剂   D. 喷托维林

5. 下列哪种药物能降低黏痰和脓痰的黏性?(　　　)

    A. 碘化钾   B. 乙酰半胱氨酸

    C. 氯化铵   D. 喷托维林

6. 平喘药中不宜于酸性药物配伍的是(　　　)。

    A. 色甘酸钠   B. 地塞米松

    C. 氨茶碱   D. 异丙阿托品

7. 通过抑制气道炎症而起到平喘作用的药物是(　　　)。

    A. 地塞米松   B. 色甘酸钠

    C. 氯化铵   D. 氨茶碱

8. 属于外周性镇咳药的是(　　　)。

    A. 氯化铵   B. 乙酰半胱氨酸

    C. 复方甘草合剂   D. 喷托维林

9. 主要用作支气管松弛药,常用于心力衰竭时的气喘、利尿及心性水肿的辅助治疗的是(　　　)。

    A. 色甘酸钠   B. 地塞米松

    C. 氨茶碱   D. 异丙阿托品

10. 属于过敏性平喘药的是(　　　)。

    A. 地塞米松   B. 色甘酸钠

    C. 异丙阿托品   D. 氨茶碱

四、问答题

1. 常用的祛痰药有哪些? 临床上应如何选用?

2. 在临床上,氯化铵为什么不能与磺胺类药物合并使用?

3. 常用的镇咳药有哪些? 临床上应如何选用?

4. 氨茶碱有哪些临床应用?

5. 如何有效地配伍使用祛痰、镇咳、平喘药?

项目 4

作用于心血管系统的药物

项目导入

　　心是机体血液循环的动力器官,有节奏地将血液泵至全身,血管是运输血液的通道,血液主要负责营养物质及机体代谢产物的运输。在某种情况下,当心、血管或血液受到损伤,不能发挥其正常作用时,机体将会面临死亡的考验,有哪些药物能够对其机能进行及时调理,有效缓解机体危机呢?

　　心血管系统是一个封闭的管道系统,由心脏和血管、血液所组成,其中任何一个环节出现问题都会导致心血管疾病的发生。根据兽医临床应用实际,作用于心血管系统的药物主要包括作用于心脏的药物、止血药与抗凝血药、抗贫血药等。

　　本项目将学习 3 个任务:(1)强心药和抗心律失常药的认识与使用;(2)止血药与抗凝血药的认识与使用;(3)抗贫血药的认识与使用。通过理解药物作用机制,合理选用止血药物,树立实事求是、溯果追因的工作观。

任务 4.1　强心药和抗心律失常药的认识与使用

任务背景

　　一只 13 岁的博美犬近日表现食欲下降、呼吸困难、张口呼吸、咳嗽,不喜运动,可视黏膜发绀,听诊心律不齐,心脏有杂音,胸部 X 射线显示该犬全心扩张肥大,遂初步诊断为急性心力衰竭,请同学们对该犬进行紧急救治。

任务目标

　　知识目标:1. 了解强心药和抗心律失常药的作用机制。

2. 掌握常用强心药和抗心律失常药种类并熟知其作用。

技能目标：结合临床症状能正确选择并使用强心药和抗心律失常药。

 任务准备

一、强心苷

强心苷是一类选择性加强心肌收缩力的药物。强心苷的作用有强弱、快慢、持续时间持久与短暂的区别。一般按其作用的快慢可分为两类：①慢作用类。有洋地黄和洋地黄毒苷。作用出现缓慢，维持时间较长，在体内代谢缓慢，蓄积性大，适用于慢性心功能不全。②快作用类。有毒毛旋花子苷、毛花丙苷、黄夹苷等。作用出现快，维持时间很短，在体内代谢较快，蓄积量小，适用于心功能不全的危急情况。

1. 洋地黄毒苷（Digitoxin）

又名狄吉妥辛、地芰毒。

［理化性质］本品为白色或类白色的结晶粉末，无臭。微溶于乙醇或乙醚，略溶于氯仿，不溶于水。洋地黄毒苷为玄参科植物紫花洋地黄的干叶或叶粉经提炼而成。含多种强心苷，主要为洋地黄毒苷、吉妥辛等。洋地黄叶粉为绿色或灰绿色粉末，味极苦，有特殊臭味。

［体内过程］内服后，能迅速在小肠吸收。酊剂吸收较好，可达 75%~90%，内服后 45~60 min 达高峰浓度；片剂吸收慢，内服 90 min 左右达高峰浓度，且血药浓度低，蛋白结合率高。

［作用与应用］本品可加强心肌收缩力，减慢心率，抑制心脏传导。主要用于慢性心功能不全（充血性心力衰竭），也用于某些心律失常。如马、犬有心力衰竭的心房颤动或室性心动过速。

本品易发生蓄积性中毒。用药前应详细询问病史，对 2 周内未曾用过洋地黄者，才能按常规给药。用药期间，不宜使用肾上腺素、麻黄碱及钙剂，以免增强毒性。中毒时，皮下注射阿托品解救。对有急性心肌炎、牛创伤性心包炎的患畜禁用。

［制剂与用法用量］洋地黄毒苷片，0.1 g/ 片（1 单位）。内服，1 次量，每千克体重：马 0.03~0.06 mg；犬 0.11 mg；1 日 2 次，连用 24~48 h。维持量，内服，每千克体重，1 次量：马 0.01 mg；犬 0.011 mg；1 日 1 次。

洋地黄酊，1 mL 效价相当于 1 个洋地黄毒苷单位。内服，1 次量，每千克体重：马、犬 0.3~0.4 mL；维持量，马、犬 0.03~0.04 mL。

洋地黄毒苷（地吉妥辛）注射液，1 mg/5 mL、2 mg/10 mL。静脉注射，1 次量，每千克体重：牛、马、犬 0.6~1.2 mg；维持量酌情减少。

2. 毒毛花苷 K（Strophanthin K）

又名绿毛毛旋花子苷或康吡箭毒子素。

［理化性质］本品为白色或微黄色结晶粉末，能溶于水和乙醇。在碱性溶液中易分解。

［体内过程］本品静脉注射后 3~10 min 起效，1~2 h 达血药高峰浓度，维持时间为 10~12 h。排泄快，蓄积少。

［作用与应用］本品与洋地黄毒苷相似，但比洋地黄毒苷作用快而强，维持时间较短，为快作用强心苷。内服与皮下注射吸收不良，只适宜于静脉注射。临床应用时以 5% 葡萄糖注射液稀释缓慢静脉注射。适用于急、慢性心力衰竭的危急病例。但对用过洋地黄毒苷的患畜，须经 1~2 周后才能使用。

［制剂与用法用量］毒毛花苷 K 注射液，0.25 mg/mL、0.5 mg/2 mL。静脉注射 1 次量，每千克体重：牛、马 0.25~3.75 mg；犬 0.25~0.50 mg。

3. 地高辛（Digoxin）

又名狄高辛。

［理化性质］本品为白色结晶或结晶性粉末，无臭，味苦。不溶于水和乙醚，易溶于吡啶中，微溶于稀醇，在氯仿中极微溶解。

［体内过程］本品内服吸收不良，血浆蛋白结合率较低，约为 25%。在体内分布广泛，最高浓度分布于肾、心、肠、胃、肝和骨骼肌，最低浓度分布于脑和血浆，在脂肪分布最少，主要从肾排泄消除，可通过肾小球滤过和肾小管分泌，有少量在肝代谢。

［作用与应用］本品可加强心肌收缩，减慢心率，抑制心脏传导。主要用于急性心力衰竭、慢性心力衰竭和室上性、快速性心律失常的治疗。

［制剂与用法用量］地高辛片，地高辛注射液。内服，1 次量，每千克体重：马 0.06~0.08 mg，每 8 h 1 次，连续 5~6 次；犬 0.025 mg，每 12 h 1 次，连续 3 次。

静脉注射，1 次量，每千克体重：猫 0.005 mg，分为 3 次剂量（首次为 1/2，第 2、3 次为 1/4，每小时给药 1 次）快速静注。

维持剂量，内服，1 次量，每千克体重：马 0.01~0.02 mg，犬 0.011 mg，每 12 h 1 次；猫 0.007~0.015 mg，1~2 次 /d。

二、抗心律失常药

1. 奎尼丁（Quinidine）

［理化性质］奎尼丁来源于金鸡纳树皮所含的生物碱，是抗疟药奎宁的右旋体，常用其硫酸盐。为白色有丝绸光泽的细小结晶，无臭，味苦，在光线中颜色渐变暗。难溶于水。

［体内过程］本品内服、肌内注射均能迅速有效吸收，在体内分布广，血浆蛋白的结合率高。

［作用与应用］奎尼丁对心脏节律有直接和间接的作用,能降低心肌兴奋性、传导性和收缩性,使心肌不应期延长,从而防止折返移动现象的发生和增加传导次数。奎尼丁还能增强抗胆碱能神经的活性,使迷走神经的张力变弱,并促进房室结的传导。

主要用于小动物或马的室性心律失常的治疗,阵发性心动过速、室上性心律失常伴有异常传导的综合征和急性心房纤维性颤动和早搏等。

［不良反应］犬主要表现为厌食、呕吐、腹泻、衰弱、低血压等。马静脉注射时可出现消化紊乱,伴有呼吸困难的鼻黏膜肿胀、蹄叶炎、荨麻疹、房室传导阻滞、心源性休克,甚至突然死亡。

［制剂与用法用量］硫酸奎尼丁片,0.2 g/片。内服,1次量,每千克体重:犬6~16 mg,猫4~8 mg,3~4次/d;马第1天服5 g(试验剂量,如无不良反应可继续治疗),第2、3天服10 g(2次/d),第4、5天服10 g(3次/d),第6、7天服10 g(4次/d),第8、9天服10 g(1次/5h),第10天以后服15 g(4次/d)。

2. 普鲁卡因胺(Procainamide)

又名普鲁卡因酰胺。

［理化性质］本品是普鲁卡因的衍生物,以酰胺键取代酯键的产物。本品盐酸盐为白色或淡黄白色结晶性粉末,无臭。有引湿性。pK_a 9.23,盐酸盐易溶于水或乙醇,略溶于氯仿、醚等。

［体内过程］本品内服给药为肠吸收,在脑脊髓液、肝、脾、肾、肺、心和肌肉浓度很高,食物或降低胃内pH均可延缓吸收。

［作用与应用］对心脏的作用与奎尼丁相似,但很弱,能延长心房和心室的不应期,降低心肌的兴奋性、自律性,使传导速度减慢,抗胆碱作用弱于奎尼丁。

主要用于室性早搏综合征、室性或室上性心动过速,常与奎尼丁交替使用。

［不良反应］与奎尼丁相似。静脉注射速度过快可引起血压明显下降,故宜缓慢注入,注意监测血压。肾衰患畜应适当减少剂量。

［制剂与用法用量］盐酸普鲁卡因胺片,0.125 g/片,0.25 g/片;普鲁卡因胺注射液,0.1 g/mL。内服,1次量,每千克体重:犬8~20 mg,4次/d。静脉注射,1次量:每千克体重,犬6~8 mg(在5 min内完成);然后改为肌内注射,1次量,每千克体重,6~20 mg,每4~6 h 1次。肌内注射,每千克体重:马0.5 mg,每10 min一次,直至总剂量为2~4 mg。

3. 异丙吡胺(Disopyramide)

又名丙吡胺、达舒平。

［理化性质］本品为白色结晶性粉末。易溶于水,常用其磷酸盐。

［体内过程］本品内服吸收良好,很快达到血药高峰浓度;静脉注射后5~10 min起效。犬的半衰期为2~3 h。

［作用与应用］本品作用与应用同奎尼丁,属广谱抗心律失常药。不良反应很小,为奎尼丁和普鲁卡因胺的替代用品。主要用于室性、房性早搏、阵发性心动过速、房颤等。

［制剂与用法用量］异丙吡胺片，100 mg/ 片；异丙吡胺注射液，50 mg/5 mL。内服，1 次量，每千克体重：犬 6~15 mg，4 次 /d。

任务实施

强心苷对体外蛙心作用的观察

［目的］学习斯氏离体蛙心灌流法，观察强心苷对离体蛙心收缩强度、频率和节律的影响，以及强心苷和钙离子的协同作用。

［材料］

（1）动物　蛙。

（2）药品　任氏液、低钙任氏液（所含 $CaCl_2$ 量为一般任氏液的 1/4，其他成分不变）、5% 洋地黄溶液（或 0.1% 毒毛花苷 K 溶液）、1% 氯化钙溶液。

（3）器材　生物信息处理系统（BL-410 系统）、张力传感器、蛙板、探针、锥子、镊子、手术剪、手术刀、滴管、缝针、注射器、蛙心套管、蛙心夹、双凹夹、铁架台、万能杠杆。

［方法］

（1）取蛙 1 只，用探针破坏脑及脊髓，背位固定于蛙板上。先剪开胸部皮肤，再剪除胸部肌肉及胸骨，打开胸腔，剪破心包膜，暴露心脏。

（2）制备离体蛙心

① 在主动脉分支处下穿一线，打好松结，以备结扎套管之用。

② 于左主动脉上剪一"V"形小口，插入盛有任氏液的蛙心套管，通过主动脉球转向左后方同时用镊子轻提动脉球，向插管移动的反方向拉，即可使套管尖端顺利进入心室。见到套管内的液面随着心搏上下波动后，将松结扎紧并固定在套管的小钩上。用滴管吸去套管内血液，以防止血块堵塞套管。

③ 结扎右侧主动脉，剪断主动脉，持套管提起心脏，自静脉窦以下把其余血管一起结扎（切勿伤及或结扎静脉窦），分离周围组织，在结扎处下剪断血管，使心脏离体。并用任氏液连续换洗，至无血色，使插管内保留 1.5 mL 左右的任氏液。

（3）将蛙心套管固定于铁架台，用带有长线的蛙心夹在心舒期夹住心尖部，将长线连于张力换能器。

（4）打开电脑及 BL-410 系统。记录一段正常心脏搏动曲线后，依次换加下列药液。每加一种药液后，密切注意心脏收缩强度、心率、房室收缩的一致性等方面的变化。

① 换入低钙任氏液。

② 当心脏收缩显著减弱时，向套管内加入洋地黄溶液 0.1~0.2 mL（或 0.1% 毒毛花苷 K 溶

液 0.2 mL)。

③ 当作用明显时,再向套管内加入 1% 氯化钙溶液 2~3 滴(过量)。

[注意事项]

(1) 本实验以青蛙心脏为好,因蟾蜍皮下腺体有强心苷样物质,可降低对强心苷的敏感性。

(2) 在整个实验过程中应保持套管内液面高度不变,以保证心脏固定的负荷。

(3) 在实验过程中,基线的位置、放大倍数、描记速度应始终一致。

(4) 在实验中以低钙任氏液灌注蛙心,使心脏的收缩减弱,可以提高心肌对强心苷的敏感性。

[讨论] 在本实验中可以看到强心苷的哪几种药理作用?

任务反思

如何正确选用强心类药和抗心律失常药?两类药作用有何不同?

任务小结

洋地黄毒苷、毒毛花苷 K、地高辛等可加强心肌收缩,主要用于急性心力衰竭、慢性心力衰竭的治疗。奎尼丁、普鲁卡因胺、异丙吡胺对心脏的作用相似,主要用于室性、房性早搏、阵发性心动过速、房颤等心律失常的治疗。

任务 4.2　止血药与抗凝血药的认识与使用

任务背景

给雏鸡断喙是很多养鸡场都会采取的一种措施,断喙之后鸡的攻击性下降,可以防止鸡长大后出现啄羽、打斗的情况。不过在给雏鸡断喙时会有出血的情况出现,如果不及时止血可能危及雏鸡的生命,为了防止其在断喙时失血过多,可以在断喙前给雏鸡喂一种维生素,大家想知道是什么维生素吗?

任务目标

知识目标:1. 理解止血药和抗凝血药的作用机制。

2. 掌握常用止血药和抗凝血药的种类并熟知其作用。

技能目标：结合临床症状能正确选择并使用止血药和抗凝血药。

任务准备

止血药是能够促进血液凝固和抑制出血的药物。抗凝血药是能够延缓或阻止血液凝固的药物。

一、止血药

1. 明矾（Alumen）

又名硫酸铝钾、白矾。

［理化性质］本品为无色透明结晶或白色结晶粉末。易溶于水，不溶于乙醇。

［作用与应用］明矾稀溶液以收敛作用为主，浓溶液或外用白矾粉末则可产生刺激与腐蚀作用。外用治疗各种黏膜炎症，如结膜炎、口腔炎、咽喉炎。内服能止血、收敛，主要用于胃肠出血、腹泻等。

［制剂与用法用量］内服，1 次量：牛、马 10~25 g；羊、猪 2~5 g；鸡 0.2~0.5 g。外用 0.5%~4% 溶液涂抹。

2. 安特诺新（Adrenosin）

又名安络血、肾上腺色腙。

［理化性质］本品是肾上腺色素缩氨脲与水杨酸钠生成的水溶液复合物，为橙红色粉末或片状结晶。易溶于水。

［作用与应用］本品主要作用于毛细血管，能缩短止血时间，增强断裂毛细血管断端回缩作用，降低毛细血管的通透性，减少血液外渗。

适用于因毛细血管损伤或通透性增高的出血，如鼻出血、血尿、产后出血、手术出血、紫癜。不影响凝血过程。对大出血或动脉出血同其他止血药一样，疗效差。

［制剂与用法用量］

① 安特诺新注射液，5 mg/mL、10 mg/2 mL。肌内注射，1 次量：牛、马 5~20 mL；羊、猪 2~4 mL。2~3 次 /d。

② 安特诺新片，2.5 mg/ 片，5 mg/ 片。内服，1 次量：牛、马 25~50 mg；羊、猪 5~10 mg。2~3 次 /d。

3. 酚磺乙胺（Etamsylate）

又名止血敏。

［理化性质］本品呈白色结晶或结晶性粉末，无臭，味苦。有引湿性。能溶于水，怕热怕光。

［作用与应用］本品能促进血小板凝集和增强黏附力,促进凝血活性物质的释放,缩短凝血时间;还能增强毛细血管的抵抗力,降低毛细血管壁的通透性,防止血液外渗。本品作用迅速,静脉注射后 1 h 作用最强,一般可维持 4~6 h。

适用于各种出血,如消化道出血、子宫出血及手术前后的止血等。也可与其他止血药合用。

［制剂与用法用量］酚磺乙胺注射液,0.25 g/2 mL、1.25 g/10 mL。肌内或静脉注射,1 次量:牛、马、骆驼 1.25~2.50 g;羊、猪、犬 0.25~0.50 g;猫、貂、兔 0.125~0.250 g。用于一般出血性疾病,2~3 次 /d。为了减少手术出血,可于手术前 15~30 min 注射。

4. 维生素 K(Vitamin K)

［理化性质］维生素 K_3 为白色结晶性粉末,无臭或微有特殊臭味。有吸湿性。易溶于水,微溶于乙醇,不溶于乙醚、苯。遇光分解。

［体内过程］维生素 K_1、维生素 K_2 为脂溶性物质,胆汁有利于维生素 K 的吸收和利用;维生素 K_3、维生素 K_4 为水溶性物质,在低脂日粮中能被机体很好地吸收和利用。本品在体内储存量有限,需要经常供给,但一次过多地补充,就会有一部分通过粪便和尿液排出体外。

［作用与应用］肝脏是合成凝血酶原的场所,而合成凝血酶原必须要有维生素 K 参与。故维生素 K 不足或肝功能障碍,都会使血液中凝血酶原减少而致出血。严重的肝脏疾病、胆汁排泄障碍及肠道吸收机能减弱等疾病,也会发生维生素 K 缺乏而致低凝血酶原性出血倾向或出血。

临床常用于毛细血管性及实质性出血(胃肠、子宫、鼻及肺出血等),阻塞性黄疸及急性肝炎;用于维生素 K 缺乏症及因缺乏维生素 K 所引起的出血性疾患。

［制剂与用法用量］维生素 K_3(亚硫酸氢钠甲萘醌)注射液,4 mg/mL、40 mg/10 mL。肌内或静脉注射,1 次量,每千克体重:家畜 0.5~2.5 mg;犊 1 mg;犬、猫、兔 0.2~2.0 mg;貂 0.5~1.0 mg。2~3 次 /d。内服,混饲,雏鸡可在 8 周龄以前每 1 000 kg 饲料添加 400 mg,产蛋鸡、种鸡添加 2 000 mg。

5. 氨甲苯酸(p-Aminomethylbenzoic Acid)与氨甲环酸(Tranexamic Acid)

氨甲苯酸又称止血芳酸、对羧基苄胺,氨甲环酸又称凝血酸、止血环酸。

［理化性质］氨甲苯酸为白色或类白色的鳞片状结晶或结晶性粉末,无臭,味微苦。易溶于沸水,在水中略溶。氨甲环酸为白色结晶性粉末,无臭,味微苦。易溶于水。

［作用与应用］氨甲苯酸和氨甲环酸都是纤维蛋白溶解抑制剂,能抑制血液中的纤溶酶原激活因子,阻碍纤溶酶原转变为纤溶酶,减弱纤维蛋白的溶解性,呈现止血作用。氨甲环酸的药理作用比氨甲苯酸略强。

主要用于纤维蛋白溶酶活性升高引起的出血和手术时异常出血等,如外科手术出血;产科出血,肝、肺、脾及消化道出血,因为子宫、卵巢等器官、组织中有较高含量的纤溶酶原激活因子。对纤维蛋白溶解活性不增高的出血则无效,故一般出血不要滥用。

本类药物副作用较小,但过量能引起血栓形成。

［制剂与用法用量］氨甲苯酸注射液,0.1 g/10 mL;氨甲环酸注射液,0.25 g/5 mL;氨甲环酸

片,0.25 g/片。静脉注射,1 次量:牛、马 0.5~1.0 g;羊、猪 0.5~0.2 g。以 1~2 倍量的葡萄糖注射液稀释后,缓慢静注。

二、抗凝血药

抗凝血药简称抗凝剂,其通过抑制凝血过程中的凝血因子,使血液凝固时间延长或防止血栓形成。在输血或血样检验时,为了防止血液在体外凝固,需加抗凝剂,称为体外抗凝;当手术后或患有形成血栓倾向的疾病时,为防止血栓形成和扩大,向体内注射抗凝剂,称为体内抗凝。

1. 肝素(Heparin)

[理化性质]肝素因首先从肝脏发现而得名,天然存在于肥大细胞中,现主要从牛肺或猪小肠黏膜提取,为白色粉末。易溶于水。1 mg 的效价相当于 100~130 IU。

[体内过程]内服不易吸收,只能注射给药,皮下注射时缓慢释放吸收,静脉注射则有很高的初始浓度。在体内通过肝的肝素酶进行代谢,部分以尿肝素形式从尿排出。

[作用与应用]肝素作用于内源性和外源性凝血途径的凝血因子,所以在体内和体外均有抗凝血作用,对凝血过程每一步几乎都有抑制作用。

常用于马和小动物的弥散性血管内凝血、血栓栓塞性或潜在的血栓性疾病,如肾综合征、心肌疾病的治疗。小剂量给药可用于降低心丝虫病用杀虫药治疗的并发症和预防性治疗马的蹄叶炎。也可用于体外血液样本的抗凝血。

动物对肝素的不良反应主要是长期使用可引起出血,不宜肌内注射。肝素轻微超量的,停药即可,不必做特殊处理;如因过量发生严重出血,除停药外,还需注射肝素特效解毒剂鱼精蛋白。

[制剂与用法用量]肝素钠注射液,125 000 IU/mL。高剂量方案(治疗血栓性栓塞症),静脉或皮下注射,1 次量,每千克体重:犬 150~250 IU;猫 250~375 IU。3 次 /d。低剂量方案(治疗弥散性血管内凝血),静脉或皮下注射,1 次量,每千克体重:马 25~100 IU;小动物 75 IU。

2. 枸橼酸钠(Sodium Citrate)

又名柠檬酸钠。

[理化性质]本品为无色结晶或白色结晶性粉末,味咸,露置潮湿空气中能被潮解,在干燥空气中又能风化。易溶于水,其 3% 溶液为等渗液。不溶于乙醇。

[作用与应用]钙离子参与凝血过程的每一个步骤,缺乏时血液便不会凝固。枸橼酸钠能与钙离子形成难解离的可溶性复合物枸橼酸钠钙,因而迅速降低了血液中的钙离子浓度,从而产生抗凝血作用。

适用于体外抗凝血,每 100 mL 全血中加入枸橼酸钠 10 mL,即可避免血液凝固。

[注意事项]输血时不宜过快,否则易引起血钙降低,患畜表现颤抖,严重时可抑制心肌而引起死亡。枸橼酸钠呈强碱性,不适于血液生化检查。

　　［制剂与用法用量］枸橼酸钠注射液为含枸橼酸钠 2.5% 与氯化钠 0.85% 的灭菌水溶液，0.25 g/10 mL。一般配成 2.5%~4% 溶液使用。

3. 华法林（Warfarin）

　　又名苄丙酮香豆素。

　　［理化性质］本品钠盐为白色结晶性粉末，无臭，味微苦。易溶于水或乙醇。

　　［体内过程］血浆蛋白结合率高，主要在肝羟基化而失去活性，从尿和胆汁中排出。

　　［作用与应用］华法林通过干扰维生素 K_1 合成凝血因子而起间接的抗凝作用，能阻碍血中凝血酶原的形成，使凝血酶原的含量降低，在体外没有抗凝血作用。其抗凝血作用缓慢，用药后 1~2 d 才显现药效，效应维持 4~14 d。足量的维生素 K_1 能逆转华法林的作用。

　　保泰松、肝素、水杨酸盐、广谱抗生素和同化激素能使华法林的抗凝血作用增强；巴比妥类、水合氯醛、灰黄霉素等能使华法林的抗凝血作用减弱。

　　本品适用于长期治疗（或预防）血栓性疾病，主要用于犬、猫和马。副作用是可能引起出血。

　　［制剂与用法用量］华法林钠片，2 mg/ 片，5 mg/ 片，10 mg/ 片。内服，1 次量：马 450 kg 体重 30~75 mg；犬、猫每千克体重 0.1~0.2 mg，1 次 /d。

 任务实施

不同药物对血液凝固效果的对比观察

　　［目的］了解加速和延缓血液凝固的一些因素。

　　［材料］

　　（1）动物　家兔。

　　（2）药品　25% 氨基甲酸乙酯溶液、酚磺乙胺、肝素（8 IU/mL）、2% 草酸钾溶液、生理盐水。

　　（3）器材　采血器具（动脉夹、兔动脉插管）、试管架、试管 4 支、秒表、小烧杯等。

　　［方法］

　　（1）静脉注射氨基甲酸乙酯溶液，按 5.0 mL/kg 的量，将兔麻醉，仰卧固定于兔手术台上。从正中切开颈部，分离一侧颈总动脉，远心端用线结扎阻断血流，近心端夹上动脉夹。在动脉上斜向剪一小切口，插入动脉插管（或细塑料导管），结扎固定，以备取血，需要放血时开启动脉夹即可。

　　（2）取 4 支试管，按"记录"中的要求准备各种不同的实验用品。

　　（3）每管加入血液 2 mL。

　　［记录］记录凝血时间，每个试管加血 2 mL 后，即刻开始计时，每隔 30 s 倾斜一次，观察血液是否发生凝固，至血液成为凝胶状不再流动为止，记录所经历的时间，并填入表 4-1。

表 4-1　不同药物对血液凝固效果的对比观察表

实验管号	实验处理	凝血时间
1	不加任何处理（对照管）	
2	加酚磺乙胺（加血后摇匀）	
3	加肝素 8 IU（加血后摇匀）	
4	加 2% 草酸钾 1~2 mL（加血后摇匀）	

［注意事项］

（1）采血过程要尽量快，以减少操作计时误差。

（2）计时、加血样、倾斜试管等可以数位同学参与，各负其责，分工合作。

［讨论］为什么正常动物体内的血液不会凝固？

任务反思

1. 若动物出现大血管出血，能否使用止血药？该如何进行处理？
2. 如何根据需求正确选用肝素和枸橼酸钠作为抗凝剂？

任务小结

止血药在临床上主要用于各种出血性疾病的治疗及外科手术后的止血；抗凝血药主要用于血栓栓塞性疾病的治疗和预防，但用量过多均会引起出血，肝素过量引起的出血用鱼精蛋白解毒，足量的维生素 K_1 能逆转华法林的作用。枸橼酸钠主要用于体外抗凝。

任务 4.3　抗贫血药的认识与使用

任务背景

小明家的母猪产了 18 只小猪，在出生 10 天后，小明发现小猪出现精神沉郁，食欲减退，营养不良，极度消瘦，耳静脉不显露，可视黏膜苍白，被毛逆立，呼吸加快、心跳加速，体温不高等表现。小明请来兽医，兽医初步诊断为营养不良性贫血。通过本任务的学习，请你拟定一个防治仔猪营养不良性贫血的方案。

任务目标

知识目标:1. 理解抗贫血药的作用机制。

2. 掌握常用抗贫血药的种类并熟知其作用。

技能目标:结合临床症状能正确选择并使用抗贫血药。

任务准备

抗贫血药是指增强机体造血机能、补充造血必需物质、改善贫血状态的药物。引起贫血的原因很多,临床上可分为四类:缺铁性贫血、失血性贫血、溶血性贫血和再生障碍性贫血。治疗时应先查明原因,首先进行对因治疗,抗贫血药只是一种补充疗法。根据兽医临床的特点,这里只详细介绍缺铁性贫血的治疗药物。

一、铁制剂

临床常用的铁制剂,内服的有硫酸亚铁、三氯化铁、氯化亚铁、三氧化二铁、碳酸铁、乳酸铁、氧化亚铁、富马酸亚铁(富血铁)和枸橼酸铁铵等;注射的有右旋糖酐铁。

[理化性质]硫酸亚铁为透明蓝绿色柱状结晶或颗粒,无臭,味咸;易溶于水。枸橼酸铁铵为半透明赤褐色小叶片状,无臭,味先咸而后呈铁味;易吸湿,能溶于水,呈弱碱性反应;含铁16%~18%。右旋糖酐铁为深褐色至黑色无定性粉末,溶于水。

[体内过程]铁制剂内服后,主要在十二指肠和空肠上段吸收,进入血液后分布于机体各组织,肠道黏膜和皮肤细胞脱落是铁的主要排泄途径。

[作用与应用]铁制剂主要应用于缺铁性贫血的治疗和预防。临床上常见的缺铁性贫血有两种:一是哺乳仔猪贫血,二是慢性失血性贫血(如吸血寄生虫的严重感染)。

哺乳仔猪贫血是临床常见的疾病。仔猪出生时铁贮存量较低(每头含铁 45~50 mg),猪母乳日供应量约 1 mg,而仔猪日需要量约 7 mg。如果不及时给予额外的补充,则 2~3 周内就可发生贫血,并且因贫血而使仔猪对腹泻的易感性提高。哺乳仔猪贫血多注射右旋糖酐铁,成年家畜贫血多内服铁剂治疗,如硫酸亚铁,常见恶心、呕吐、腹泻等不良反应,过量易引起中毒。

[制剂与用法用量]右旋糖酐铁注射液,以 Fe 计,2 mL∶100 mg。硫酸亚铁片,0.3 g/片。肌内注射,1 次量:仔猪 100~200 mg;猫 50 mg;犬 10~20 mg。内服,1 次量:牛、马、骆驼 2~10 g;羊、猪、鹿 0.5~3 g;犬、兔、猫 0.05~0.5 g(配成 0.2%~1% 溶液使用);鸡按每千克饲料混合 130~200 mg。

二、维生素类

维生素 B_{12}

维生素 B_{12} 主要用于维生素 B_{12} 缺乏症,如巨幼红细胞贫血,也可辅助治疗神经炎、神经萎缩、再生障碍性贫血等。详述见项目 7 影响组织代谢的药物。

任务实施

常用抗贫血药临床应用的调查

[目的]了解临床常用抗贫血药的种类。

[材料]笔记本、笔。

[方法]通过网络或到附近兽药店进行调查。

[记录]将调查结果记入表 4-2。

表 4-2　常用抗贫血药物临床应用的调查

药物名称	作用	作用动物	应用效果

[讨论]抗贫血药就是补血药吗?

任务反思

哺乳仔猪缺铁性贫血该选用何种抗贫血药物进行治疗?

任务小结

铁制剂主要用于缺铁性贫血的治疗和预防,哺乳仔猪贫血是临床常见的疾病,多注射右旋糖酐铁,成年家畜贫血多内服硫酸亚铁进行治疗。

项 目 总 结

作用于心血管系统药物的合理选用

一、强心苷类药及抗心律失常药的合理选用

强心苷类药及抗心律失常药的合理选用如图 4-1 所示。

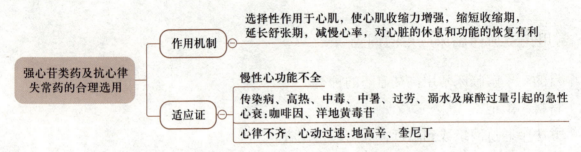

图 4-1　强心苷类药及抗心律失常药的合理选用

二、止血药的合理选用

出血的原因很多,在应用止血药时,要根据出血原因、性质并结合各种药物的功能和特点选用(图 4-2)。

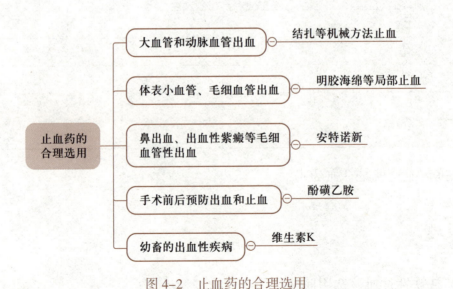

图 4-2　止血药的合理选用

三、抗凝血药和抗贫血药的选用

抗凝血药和抗贫血药应视情况,根据药物的性质、作用进行选用。

项 目 测 试

一、名词解释

强心苷;止血药;抗凝血药;抗贫血药。

二、填空题

1. _____是能够促进血液凝固和抑制出血的药物。_____是能够延缓或阻止血液凝固的药物。

2. 可用于抗凝血的药物有_____和_____。

3. 引起贫血的原因很多,临床上可分为四类:_____、_____、_____和_____。

4. 可用于局部止血的止血药是_____。

5. 可用于代血浆的药物有_____。

6. 肝素过量引起的出血用_____解毒。

7. 枸橼酸钠主要用于_____抗凝。

8. 枸橼酸钠的抗凝血作用为络合血中的_____。

9. _____适用于因毛细血管损伤或通透性增高的出血,如鼻出血、血尿、产后出血、手术出血、紫癜。

10. 哺乳仔猪贫血多注射_____,成年家畜贫血多内服_____治疗。

三、单项选择题

1. (　　)主要用于慢性心功能不全(充血性心力衰竭),也用于某些心律失常。
　　A. 洋地黄毒苷　　　　　　　　　B. 毒毛花苷 K
　　C. 地高辛　　　　　　　　　　　D. 奎尼丁

2. (　　)主要用于小动物或马的室性心律失常的治疗,阵发性心动过速、室上性心律失常伴有异常传导的综合征和急性心房纤维性颤动和早搏等。
　　A. 洋地黄毒苷　　　　　　　　　B. 毒毛花苷 K
　　C. 地高辛　　　　　　　　　　　D. 奎尼丁

3. (　　)外用治疗各种黏膜炎症,如结膜炎、口腔炎、咽喉炎,内服能止血、收敛,主要用于胃肠出血、腹泻等。
　　A. 明矾　　　　　　　　　　　　B. 安特诺新
　　C. 酚磺乙胺　　　　　　　　　　D. 维生素 K

4. 为了减少手术出血,可于手术前 15~30 min 注射(　　)。
　　A. 明矾　　　　　　　　　　　　B. 安特诺新
　　C. 酚磺乙胺　　　　　　　　　　D. 维生素 K

5. 动物使用广谱抗生素所致全身出血性疾病时,应选用的维生素是( )。

    A. 维生素 A   B. 维生素 B_1

    C. 维生素 C   D. 维生素 K

6. 常用于治疗马和小动物的弥散性血管内凝血、血栓栓塞性或潜在的血栓性疾病的药物是( )。

    A. 肝素   B. 枸橼酸钠

    C. 酚磺乙胺   D. 维生素 K_1

7. 可用于动物体失血性的血容量扩充药是( )。

    A. 葡萄糖盐水注射液   B. 右旋糖酐 70

    C. 浓氯化钠注射液   D. 氯化钾注射液

8. ( )适用于长期治疗(或预防)血栓性疾病,主要用于犬、猫和马,副作用是可能引起出血。

    A. 肝素   B. 枸橼酸钠

    C. 酚磺乙胺   D. 华法林

9. 巨幼红细胞贫血可选用( )进行治疗。

    A. 葡萄糖盐水注射液   B. 右旋糖酐 70

    C. 维生素 B_{12} D. 氯化钾注射液

10. 血液生化检查常用的抗凝剂是( )。

    A. 肝素   B. 枸橼酸钠

    C. 酚磺乙胺   D. 华法林

四、问答题

1. 强心苷的作用特点是什么?临床上应如何有效地选用强心药?

2. 常用的止血药有哪些?应如何选用?

3. 肝素钠与枸橼酸钠临床应用中应如何选用?

4. 维生素 K 抗凝血机制是什么?

5. 常用于缺铁性贫血的制剂有哪些?

项目 5

作用于泌尿、生殖系统的药物

项目导入

泌尿系统通过调节机体水盐代谢的平衡来维持机体内环境的相对稳定,能够起到动态调节的作用。当尿液形成受阻或机体某些疾病导致机体出现水肿时,为了保证机体的正常运行,需要让体内潴留的液体尽快排出体外,这时我们该怎么办呢? 生殖系统的主要作用是维持机体的正常繁殖能力和第二性征。当动物出现不发情或过度发情,以及难产等症状时,是否可以采用药物来提高动物的繁殖水平,增长经济效益呢?

作用于泌尿、生殖系统的药物主要包括利尿药、脱水药、性激素与促性腺激素,以及子宫兴奋药。利尿药是直接作用于肾脏,促进电解质及水的排出,使尿量增加的药物;脱水药主要是通过增加血浆渗透压,消除组织水肿;性激素、促性腺激素及子宫兴奋药主要用于治疗部分产科疾病。

本项目将完成 3 个学习任务:(1)利尿药与脱水药的认识与使用;(2)性激素与促性腺激素的认识与使用;(3)子宫兴奋药的认识与使用。通过理解激素调节机体生理活动机制,体会系统思维方式。

任务 5.1　利尿药与脱水药的认识与使用

任务背景

一只拉布拉多犬肚子鼓胀已经有好几天了,去过三家宠物医院都没有治好,主诉该犬近几天老是喝水,但尿不多。对病犬腹部进行触诊,发现感到肚子里没有多少气,初诊为由尿闭引起的水胀,遂使用氢氯噻嗪进行利尿,第二天见该犬好转。

任务目标

知识目标:1. 理解不同利尿药及脱水药的作用机制。
　　　　2. 掌握不同强度利尿药及脱水药的种类并熟知其作用。

技能目标:结合临床症状能正确选择并使用利尿药。

任务准备

利尿药是作用于肾脏,影响电解质及水的排出,使尿量增多的药物。利尿药种类较多,按其作用强度一般分为三类,即高效利尿药、中效利尿药、低效利尿药。

一、利尿药

1. 呋塞米(Furosemide)

又名速尿、利尿磺胺、尿灵、呋喃苯胺酸、腹安酸。

[理化性质]本品是具有邻氯磺胺结构的化合物,白色粉末,无臭,无味。不溶于水,溶于乙醇,易溶于碱性氢氧化物。

[体内过程]本品内服易吸收,静脉注射后数分钟有明显效果,0.5~1.5 h 达血药高峰浓度,持续 4~6 h,小部分经肝从胆汁排出,大部分从肾排出。

[作用与应用]本品为高效利尿药,可减弱髓袢升支粗段对 Cl^- 和 Na^+ 的重吸收,影响尿的浓缩过程。利尿作用强大、迅速。

适用于充血性心力衰竭、肺充血、腹腔积液、胸腔积液、尿毒症、高血钾症及各种原因引起的水肿,如全身水肿、乳房水肿、喉部水肿,尤其对肺水肿疗效较好。禁用于无尿症。易出现电解质紊乱。

[注意事项]由于本品利尿作用较强,反复应用时应注意掌握剂量,以免过度利尿造成机体脱水。故长期重复给药,可出现低血氯症和低血钾症等碱血症,应与氯化钾合用。

[制剂与用法用量]呋塞米片,20 mg/ 片、40 mg/ 片。内服,1 次量,每千克体重:牛、马、羊、猪 2 mg;犬、猫 2.5~5.0 mg。2 次 /d,连服 3~5 d,停药 2~4 d 再用。

呋塞米注射液,20 mg/2 mL、50 mg/5 mL、100 mg/10 mL。肌内注射或静脉注射,1 次量,每千克体重:牛、马、羊、猪 0.5~1.0 mg;犬、猫 1~5 mg。1 次 /d,必要时 6~12 h 1 次。

2. 螺内酯(Spironolactone)

又名螺旋内酯固醇、安体舒通。

[理化性质]本品是人工合成的醛固酮拮抗剂。为白色或类白色的细微结晶性粉末,无臭

或略有硫醇臭,味微苦。不溶于水,可溶于乙醇,易溶于苯、氯仿、醋酸、乙酯。

[作用与应用]本品为低效利尿药,化学结构与醛固酮相似,可与其竞争远曲小管和集合管细胞浆内的醛固酮受体,从而干扰醛固酮的留钠排钾作用,使尿中 Na^+、Cl^- 增多而利尿。利尿作用较弱,缓慢而持久,有保钾作用,兽医临床应用较少,可用于因使用其他利尿药发生低血钾症的患畜。常与中、强效利尿药合用治疗各种水肿。

[制剂与用法用量]螺内酯片,20 mg/ 片。内服,1 次量,每千克体重:犬、猫 2~4 mg。

3. 噻嗪类(Thiazides)

[理化性质]噻嗪类利尿药的基本结构是由苯并噻二嗪与磺酰胺基组成的。按等效剂量进行比较,本类药物利尿的效价强度相差很大,有的相差近千倍,从弱到强的顺序依次为:氯噻嗪＜氢氯噻嗪＜苄氟噻嗪＜环戊氯噻嗪。本类药物作用基本相似,只是作用强度和作用时间不同。目前兽医临床上常用的是氢氯噻嗪,又名双氢克尿噻、双氢氯消疾、双氢氯散疾。氢氯噻嗪为白色结晶性粉末,无臭,味微苦。溶于丙酮,微溶于乙醇,在氢氧化碱溶液中溶解,极易水解。不溶于乙醚和氯仿。

[体内过程]内服后吸收快而完全,2 h 左右呈现作用,4~6 h 达血药高峰浓度,可维持 12 h 以上,以肾脏分布最多,肝脏次之,最后经肾排出。

[作用与应用]氢氯噻嗪为中效利尿药,主要作用于髓袢升支皮质部(远曲小管开始部位),抑制 Na^+ 的重吸收,使尿量增加。本品大量或长期使用可引起低血钾症。

适用于各种类型水肿,对心性水肿效果较好,是中、轻度心性水肿的首选药。对肾性水肿的效果与肾功能有关,轻者效果好,严重肾功能不全者效果差。还是牛的产后乳房水肿和胸腹部炎性肿胀及创伤性肿胀的辅助治疗药。

[不良反应]最常见的是低血钾症,也可能发生低血氯性碱中毒、胃肠道反应等,故用药期间应注意补钾。本品不能与洋地黄合用,以防由于低血钾而增加洋地黄的毒性。

[制剂与用法用量]氢氯噻嗪片,25 mg/ 片、50 mg/ 片;氢氯噻嗪注射液,125 mg/5 mL、250 mg/10 mL。内服,1 次量,每千克体重:牛、马 1~2 mg;羊、猪 2~3 mg;犬、猫 3~4 mg。肌内或静脉注射,1 次量:牛 100~250 mg;马 50~150 mg;羊、猪 50~75 mg;犬 10~25 mg。

二、脱水药

脱水药是指能消除组织水肿的药物,因其兼有利尿作用,故又称为渗透性利尿药。本类药物包括甘露醇、山梨醇、尿素和高渗葡萄糖等。尿素不良反应多,葡萄糖可被代谢并有部分转运到组织,持续时间短,疗效很差,故临床上甘露醇、山梨醇用得较多。

1. 甘露醇(Mannitol)

[理化性质]本品为白色结晶性粉末,无臭,味微甜。能溶于水。微溶于乙醇。等渗液为5.07%,临床多用 20% 高渗液。

［体内过程］本品内服不能吸收，静脉注射后 20 min 即可见效，能维持 6~8 h。

［作用与应用］以本品高渗液静脉注射后，能升高血浆渗透压，使组织间液水分转入血浆，引起组织脱水，导致循环血量增加，提高了肾小球滤过率。甘露醇使排出水量增加的同时，也使电解质、尿酸和尿素的排出增加。

用于治疗脑瘤、颅脑外伤、脑部感染、脑组织缺氧、食盐中毒等引起的脑水肿，降低颅内压，缓解神经症状。用于急性少尿症肾衰竭，以促进利尿作用，还用于加快阿司匹林、巴比妥类和溴化物等毒物的排泄。

本品宜缓慢静脉注射，不能漏出血管外，心功能不全或心性水肿的患畜不宜使用。

［制剂与用法用量］甘露醇注射液，20 g/100 mL、50 g/250 mL，可用热水（80 ℃）加温振摇溶解后再用。静脉注射，1 次量：牛、马 1 000~2 000 mL；羊、猪 100~250 mL；2~3 次 /d。每千克体重，犬、猫 0.25~0.50 mg，一般稀释成 5%~10% 溶液（缓慢静脉注射，4 mL/min）。

2. 山梨醇（Sorbitol）

［理化性质］本品是甘露醇的同分异构体，为白色结晶性粉末，无臭，味略甜。易溶于水，5.4% 溶液为等渗溶液。

［作用与应用］山梨醇的作用与甘露醇相似。山梨醇进入体内后，有一部分在肝脏转化为果糖，因而其高渗性减弱，药效也减弱，但其价格便宜，水溶性较大，不良反应较轻，临床上也常使用，常配成 25% 注射液静脉注射。

［制剂与用法用量］山梨醇注射液，25 g/100 mL、62.5 g/250 mL、125 g/500 mL。静脉注射，1 次量：牛、马 1 000~2 000 mL；羊、猪 100~250 mL。

 任务实施

利尿药与脱水药对家兔尿量的影响

［目的］观察呋塞米和甘露醇对家兔的利尿作用；学习急性利尿实验方法。

［材料］

（1）动物　雄性家兔 3 只。

（2）药品　液状石蜡、丁卡因、生理盐水、呋塞米、甘露醇。

（3）器材　体重秤、家兔导尿管、灌喂器、胶布。

［方法］

（1）取雄性家兔 3 只，称重标号。按 50 mL/kg 温水灌胃。

（2）将家兔固定于手术台上，30 min 后，将导尿管用液状石蜡和丁卡因浸润后从尿道慢慢插入膀胱。当进入膀胱后，即有尿液滴出，再插入 1~2 cm，共计插入 7~9 cm，然后用胶布固定

于家兔上。最初 5 min 内滴出的尿液弃去不计。

（3）收集 20 min 尿液，记其尿量（mL）。

（4）比较药物对家兔尿量的影响。

① 1 号兔耳圆静脉注射生理盐水 1 g/kg 体重；2 号兔耳圆静脉注射 1% 呋塞米溶液 5 mg/kg 体重；3 号兔耳圆静脉注射 20% 甘露醇注射液 1 g/kg 体重。

② 比较 3 只兔给药前后尿量的变化，并记录 20min、40min 内的尿量。数据填入表 5-1。

表 5-1　利尿药与脱水药作用观察

时间	1 号家兔			2 号家兔			3 号家兔		
	给药前	给药后 20 min	给药后 40 min	给药前	给药后 20 min	给药后 40 min	给药前	给药后 20 min	给药后 40 min
尿量 /mL									

［讨论］比较甘露醇与呋塞米对家兔尿量影响的不同之处。

任务反思

1. 什么是利尿药，根据利尿效能可分为哪几类？
2. 在治疗脑水肿或降低颅内压时选用哪种药物最好？

任务小结

利尿药可分为高效、中效和低效三类。高效、中效属排钾利尿药，低效属保钾利尿药。呋塞米主要用于充血性心力衰竭、肺充血、腹水、胸膜积水、尿毒症、高血钾症及各种原因引起的水肿；螺内酯因为有一定局限性，常与其他利尿药合用；氢氯噻嗪对心性水肿效果较好，是治疗心性水肿的首选药。脱水药甘露醇、山梨醇用于治疗脑瘤、颅脑外伤、脑部感染、脑组织缺氧、食盐中毒等引起的脑水肿。

任务 5.2　性激素与促性腺激素的认识与使用

任务背景

某规模化种猪场，刚有 500 头母猪结束妊娠期，计划让该批母猪在同一时间段发情，实现同期配种妊娠,以便更好地生产管理,请问同学们,怎么处理可以实现这个生产目标?

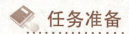 任务目标

知识目标:1. 理解性激素与促性腺激素的作用机制。

2. 掌握常用性激素与促性腺激素种类并熟知其作用。

技能目标:结合临床症状能正确选择并使用性激素及促性腺激素。

任务准备

一、性激素

性激素是由动物性腺分泌的一些类固醇激素,包括雌激素、孕激素与雄激素。目前兽医临床及畜牧业生产中主要用于补充体内不足,防治产科疾病,诱导同期发情及提高畜禽繁殖力等。

(一) 雌激素

雌激素又称动情激素,由卵巢的成熟卵泡上皮细胞所分泌。常用天然激素雌二醇。

雌二醇(Estradiol)

又名求偶二醇。

[理化性质]本品为天然雌激素。为白色结晶性粉末,无臭。难溶于水,略溶于丙酮,易溶于油。

[体内过程]内服无效,必须肌内注射,临床用其灭菌油溶液。

[作用与应用]本品对生长期母畜有促进性器官形成及第二性征发育的作用。对成年母畜,可维持第二性征和增强输卵管、子宫的肌肉及黏膜生长发育。公畜应用雌二醇后,能使第二性征发育受到抑制,使性欲减弱。雌二醇能维持生殖道的正常功能和形态结构,还能使子宫、输卵管、阴道等器官血管增生和腺体分泌,出现发情征象。雌二醇能使处女母牛和母羊乳房发育和泌乳,也可促进食欲,促进蛋白质合成。但由于肉品中残留的雌二醇对人体有致癌作用,并危害儿童及未成年人的生长发育,所以禁用雌激素类药物作为各类动物的饲料添加剂和皮下埋植剂。

临床常用于胎衣不下,排出死胎及子宫炎和子宫蓄脓,排出子宫内的炎性物质,配合催产素治疗分娩时子宫无力等。小剂量可用于牛发情征象较弱或无发情征象时催情。对前列腺肥大、老年犬或犬阉割后的尿失禁、母畜性器官发育不全、雌犬过度发情、假孕、犬乳房胀痛诱导泌乳等均可采用本药物进行治疗。

大剂量、长期或不恰当使用,可引起牛发生卵巢囊肿或"慕雄狂"、流产、母畜卵巢萎缩、性周期停止等不良反应。

[制剂与用法用量]苯甲酸雌二醇注射液,1 mg/mL、2 mg/mL。肌内注射,1 次量:牛 5~20 mg;马 10~20 mg;羊 1~3 mg;猪 3~10 mg;犬、猫 0.2~0.5 mg。

(二)孕激素

黄体酮(Progesterone)

又名孕酮、助孕素。

[理化性质]本品为白色或微黄色结晶性粉末,无臭,无味。不溶于水,溶于乙醇、植物油、氯仿等。

[体内过程]本品内服吸收后,在肝脏迅速被灭活。故口服疗效差,多以肌内注射给药。肌内注射后,药效维持时间可达 1 周。

[作用与应用]在雌激素作用的基础上,促使子宫黏膜内腺体生长与分支,子宫内膜充血、增厚,由增生期转入分泌期,为受精卵着床及胚胎发育做好准备,同时减少妊娠子宫的兴奋性,抑制其活动,使子宫安静及胎儿安全生长,起保胎作用。还可使子宫颈口闭合,分泌黏稠液体,阻止精子或病原体进入子宫。也可抑制发情及排卵。大剂量的黄体酮,可抑制黄体生成素和促性腺激素释放激素,孕激素的这一作用与雌激素协同,用于母畜同期发情,还能刺激乳腺腺泡发育,为泌乳做准备。

临床常用于预防或治疗先兆性或习惯性流产。与维生素 E 同用效果更好。卵巢囊肿所引起的"慕雄狂",可皮下埋植黄体酮以对抗发情。母畜的同期发情,用药后,在数日内即可发情排卵,但第一次发情受胎率低(一般只有 30% 左右),故在第二次发情时配种,受胎率可达 90%~100%,以促进品种改良和便于人工授精,提高家畜繁殖率等。泌乳奶牛不用于抑制发情,孕畜应用本品后,预产期可能推迟。动物屠宰前 3 周应停药。

[制剂与用法用量]黄体酮注射液,10 mg/mL、20 mg/mL、50 mg/mL。肌内注射(间隔 48 h 注射一次),1 次量:牛、马 50~100 mg;羊、猪 15~25 mg;犬 2~5 mg;骆驼 1~2 g;貂 1~2 mg;母鸡醒抱 2~5 mg。

(三)雄激素

1. 丙酸睾酮(Testosterone Propionate)

又名丙酸睾丸素。

[理化性质]本品为人工合成品。呈白色或黄色结晶性粉末状。不溶于水,能溶于油。

[体内过程]本品内服效力差,肌内注射效力较持久。

[作用与应用]丙酸睾酮能促进雄性器官的发育,维持雄性第二性征,保证精子正常发育成熟,维持精囊腺和前列腺的分泌功能,促进性欲。大剂量能抑制垂体前叶分泌促性腺激素,对抗雌激素抑制母畜发情作用。有明显的促进蛋白质合成的作用,并可使体内蛋白质分解减

少,增加氮、钙和磷在体内潴留,促进肌肉发育和骨骼致密、体重增加。当骨髓功能低下时,直接刺激骨髓的造血机能,促进红细胞和白细胞的生成。

主要用于公畜睾丸发育不全和机能不足所致的性欲缺乏,诱导发情,还用于去势牛、马役力早衰,骨折愈合缓慢,抑制母畜发情,再生障碍性或其他原因的贫血,母鸡抱窝时的醒巢等。

本品长期大量使用易导致雌性畜禽雄性化,能使精子生成减少,故应及时检查精液,一旦发现异常,立即停药。还具有一定程度的肝脏毒性,能损害雌性胎儿及乳腺发育。孕畜、前列腺肿患犬和泌乳母畜禁用,并禁用于所有食品动物的促生长及饲料添加剂。

[制剂与用法用量]丙酸睾酮注射液,5 mg/mL、10 mg/mL、25 mg/mL。肌内和皮下注射,1次量:牛、马 100~300 mg;羊、猪 100 mg;犬 20~50 mg;家禽 10 mg。每 2~3 d 注射 1 次。

2. 甲睾酮(Methyltestosterone)

又名甲基睾酮、甲基睾丸素。

[理化性质]本品即 17α- 甲基睾酮,为白色结晶性粉末。不溶于水。

[作用与应用]与丙酸睾酮相同。只适用于猪和肉食动物内服使用,但内服吸收后仍有大部分为肝脏所破坏,故药效与作用时间均不如肌内注射丙酸睾酮。本品禁用于所有食品动物的促生长及饲料添加剂。

[制剂与用法用量]甲睾酮片、甲睾酮胶囊,5 mg/ 片、10 mg/ 片。内服,1次量:家畜 10~40 mg;犬 10 mg;猫 5 mg。

3. 苯丙酸诺龙(Nandrolone Phenylpropionate)

又名苯丙酸去甲睾酮、多乐宝灵。

[理化性质]本品为人工合成的蛋白质同化剂。呈白色或乳白色结晶性粉末,有异臭。不溶于水,易溶于乙醇、脂肪油。

[作用与应用]苯丙酸诺龙能促进蛋白质合成代谢,使肌肉发达,体重增加,促进生长。但雄性激素作用小。主要用于严重热性病及各种消耗性疾病引起的体质衰弱、营养不良、贫血和发育迟缓的恢复及老年动物的衰老症,如严重的寄生虫病、犬瘟热;还可用于手术后、骨折及创伤。在畜牧业生产中禁用于食品动物的促生长及饲料添加剂。

[制剂与用法用量]苯丙酸诺龙注射液,10 mg/mL、25 mg/mL。肌内或皮下注射,1次量,每千克体重,家畜 0.2 ~1.0 mg,2 周 1 次。

二、促性腺激素

促性腺激素分为两类:一类是垂体前叶分泌的促卵泡素(FSH,又称精子生成素)和黄体生成素(LH,又称间质细胞生成素)。另一类是非垂体促性腺激素,主要有绒毛膜促性腺激素和孕马血清促性腺激素等。

1. 孕马血清促性腺激素(Pregnant Mare Serum Gonadotropin, PMSG)

[理化性质]本品是从怀孕40~120 d马血清中分离制得的一种糖蛋白,为白色或灰白色无定形粉末。溶于水,水溶液不太稳定。

[作用与应用]对母畜有卵泡刺激素样作用,能加快卵泡的发育和成熟,使母畜发情;也表现轻微的黄体生成素样作用,能增强成熟卵泡排卵甚至超数排卵。对公畜,能提高雄激素分泌,产生性兴奋。

临床常用于诱导母畜发情和排卵,提高母畜同期发情受胎率。也可使母牛超数排卵,用于胚胎移植及绵羊促进多胎。本品不宜重复使用,以免降低效力而产生过敏性休克。

[制剂与用法用量]孕马血清促性腺激素注射剂,500 IU/支、1 000 IU/支。皮下或静脉注射,1次量:牛、马1 000~2 000 IU;羊、猪200~1 000 IU;犬、猫25~200 IU。

2. 卵泡刺激素(Follicle Stimulating Hormone, FSH)

又名垂体促卵泡素、促卵泡素。

[理化性质]本品是从羊、猪的垂体前叶提取的,为白色或类白色的冻干状物或粉末。易溶于水。

[作用与应用]本品能刺激卵泡的生长发育,引起多发性排卵。与促黄体生成素合用,能促进卵泡成熟和排卵,使卵泡分泌雌激素促进母畜发情;对公畜,能促进精原细胞增生,促进精子的生成和成熟。

主要用于卵巢发育不良、卵泡发育停止、多卵泡症及持久黄体等疾病的治疗,也可用于增强发情同期化的超数排卵和增加公畜精子密度,提高产仔率。

本品的不良反应是引起单胎动物多发性排卵。

[制剂与用法用量]卵泡刺激素注射液。静脉、肌内、皮下注射,1次量:牛、马10~50 mg;羊、猪5~25 mg;犬5~15 mg;兔3~6 mg。临用时以5 mL灭菌生理盐水稀释后注射。

3. 黄体生成素(Luteinizing Hormone, LH)

又名促黄体素,垂体促黄体素。

[理化性质]本品是从羊、猪垂体前叶提取的,为白色或类白色的冻干块状物。易溶于水。

[作用与应用]本品可促进母畜卵泡成熟和排卵,形成黄体,分泌黄体酮,产生雌激素。具有早期安胎作用。还可作用于公畜睾丸间质细胞,分泌睾酮,提高性欲,促进精子的形成,增加精液量。

主要用于治疗成熟卵泡排卵障碍、卵巢囊肿、早期胚胎死亡、习惯性流产、不孕、产后泌乳不足或缺乏及公畜性欲减退、精子生成障碍、精液少及隐睾等。

[制剂与用法用量]黄体生成素注射液。静脉或皮下注射,1次量:牛、马25 mg;羊2.5 mg;猪5 mg;犬1 mg。可在1~4周内重复使用。

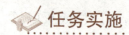 **任务实施**

常用性激素与促性腺激素的种类及其用途调查

[目的] 了解临床常用性激素与促性腺激素的种类及其用途。

[材料] 笔记本、笔。

[方法] 通过网络或到附近兽药店进行调查。

[记录] 将调查结果记入表5-2。

表5-2 常用性激素与促性腺激素临床应用的调查

药物名称	作用	作用动物	应用效果

[讨论] 性激素与促性腺激素在应用上有哪些区别?

任务反思

1. 哪种药物可用于母畜的同期发情?

2. 促性腺激素有哪些,各有什么作用?

任务小结

雌激素主要由卵细胞分泌,能维持雌性生殖系统的正常功能和形态,使动物发情,临床主要用于胎衣不下,排出子宫内的恶露,小剂量还可用于催情。黄体酮能抑制妊娠子宫的兴奋性,有一定的保胎作用,常用于预防和治疗先兆性或习惯性流产。雄激素能促进雄性器官的发育,促进性欲,可诱导公畜发情。促性腺激素主要促进母畜排卵和卵泡的成熟,促进公畜精子形成和提高性欲,临床常用于诱导母畜排卵,及治疗公畜性欲减退、精液少等问题。

任务 5.3　子宫兴奋药的认识与使用

任务背景

某猪场一头临产母猪产下第一头仔猪 40 分钟后,母猪表现烦躁不安,时起时卧,频繁出现分娩动作,但不见胎儿产出,慢慢地陷于疲倦,横卧于地面,并表现疼痛。请大家帮帮它,脱离当前困难。

任务目标

知识目标:1. 理解子宫兴奋药的作用机制。

2. 掌握常用子宫兴奋药的种类并熟知其作用。

技能目标:结合临床症状能正确选择并使用子宫兴奋药。

任务准备

子宫兴奋药是一类能兴奋子宫平滑肌的药物。主要有缩宫素、麦角新碱、垂体后叶素和益母草等。临床上用于催产、排除胎衣和死胎,或治疗产后子宫出血。

一、垂体后叶素类

1. 缩宫素(Oxytocin)

又名催产素。

[理化性质]本品是从牛或猪的垂体后叶中提取,现已人工合成,为白色无定形粉末或结晶性粉末。能溶于水,水溶液显酸性,为无色透明或接近透明的液体。

[体内过程]本品内服效果差,易被消化液破坏,故不宜内服。肌内注射吸收良好,3~5 min 产生作用,持续 20~30 min,大部分在肝、肾迅速破坏,少量经尿排出。

[作用与应用]能选择性兴奋子宫,加强子宫平滑肌收缩。对于非妊娠子宫,小剂量能加强子宫的节律性收缩,大剂量可引起子宫的强直性收缩。对妊娠早期不敏感,妊娠后期敏感性逐渐增强,临产时达到高峰,产后对子宫的作用又逐渐减弱。本品对子宫的收缩作用强,而对子宫颈的收缩作用较小,有利于胎儿娩出。此外,还能使乳腺平滑肌收缩加强,促进排乳,使乳汁的分泌增加。

　　临床常用于产前子宫收缩无力的母畜引产,治疗产后出血、胎盘滞留或子宫复原不全、排除死胎等,在分娩后 24 h 内使用。胎位不正、产道狭窄、宫颈口未开放时禁用。

　　[制剂与用法用量]缩宫素注射液,10 IU/mL、50 IU/mL。子宫收缩,皮下、肌内或静脉注射,1 次量:牛 75~100 IU;马 75~150 IU;羊、猪 10~50 IU;犬 2~25 IU;猫 5~10 IU。需要时可间隔 15 min 重复使用。排乳:牛、马 10~20 IU;羊、猪 2~10 IU;犬 2~10 IU。治疗子宫出血时,用生理盐水或 5% 葡萄糖注射液 500 mL 稀释后,缓慢静脉滴注。

　　2. 垂体后叶素(Hypophysin,Pituitrin)

　　又名脑垂体后叶素。

　　[理化性质]本品是从牛或猪垂体后叶中提取的水溶性成分,含缩宫素和加压素(抗利尿素)。为近白色粉末,微有臭。能溶于水,不稳定。

　　[作用与应用]本品的作用与应用同缩宫素,但有抗利尿、收缩小血管引起血压升高的副作用。

　　[制剂与用法用量]垂体后叶素注射液,5 IU/mL、10 IU/mL。静脉、肌内或皮下注射,1 次量:牛、马 50~100 IU;羊、猪 10~50 IU;犬 5~30 IU;猫 5~10 IU。静脉注射时用 5% 葡萄糖稀释。

二、麦角生物碱类

麦角新碱(Ergometrine)

　　[理化性质]本品是从麦角中提取出的生物碱。常用其马来酸盐。为白色或微黄色细微结晶性粉末,无臭。略有吸湿性。能溶于水和乙醇。遇光易变质。

　　[作用与应用]本品对子宫平滑肌有很强的选择性兴奋作用,持续时间可达 2~4 h。与缩宫素不同的是能引起子宫体和子宫颈同时兴奋,小剂量加强其节律性收缩,剂量稍大即引起强直性收缩。故不宜用于催产或引产,否则会压迫胎儿不易娩出、使胎儿窒息及子宫破裂。

　　常用于子宫需要长时间的强烈收缩的情况,如产后出血、产后子宫复旧和胎衣不下。治疗产后子宫出血时,胎衣未排出前禁用。

　　[制剂与用法用量]马来酸麦角新碱注射液,5 mg/10 mL、0.5 mg/2 mL、0.5 mg/mL、0.2 mg/mL。静脉或肌内注射,1 次量:牛、马 5~15 mg;羊、猪 0.5~1.0 mg;犬 0.1~0.5 mg;猫 0.07~0.20 mg。

三、其他

益母草流浸膏(Extractum Leonuri Liquidum)

　　[来源与成分]本品为唇形科植物益母草的全草,含益母草碱、水苏碱等多种生物碱,以及芸香苷、β- 谷甾醇、有机酸、维生素 A。

　　[作用与应用]益母草碱能增强子宫的收缩力,增加收缩频率,加强子宫张力,作用同麦角

新碱,但弱而副作用少。

主要用于产后子宫出血、产后子宫复旧不全和胎衣不下。

［制剂与用法用量］益母草片,0.5 g/ 片,相当于益母草 1.67 g。益母草流浸膏内服,1 次量:牛、马 10~50 mL;羊、猪 4~8 mL。2 次 /d。

 **任务实施**

临床常用子宫兴奋药的种类及用途调查

［目的］了解临床常用子宫兴奋药的种类及其用途。

［材料］笔记本、笔。

［方法］通过网络或到附近兽药店进行调查。

［记录］将调查结果记入表 5-3。

表 5-3　子宫兴奋药的种类及用途调查表

药物名称	作用	作用动物	应用效果

［讨论］子宫兴奋药是否可用于催产?

任务反思

缩宫素和麦角新碱的作用机制是什么? 在使用时有何不同?

任务小结

缩宫素使子宫平滑肌兴奋,主要用于产前子宫收缩无力的母畜引产和催产,治疗产后出血、胎盘滞留或子宫复原不全、排除死胎等,胎位不正、产道狭窄、宫颈口未开放时禁用;麦角新碱和益母草流浸膏主要用于产后出血、产后子宫复旧和胎衣不下,不宜用于催产或引产;垂体后叶素作用与缩宫素相同,但有抗利尿、收缩小血管引起血压升高的副作用。

项 目 总 结

作用于泌尿、生殖系统药物的合理选用

一、利尿药与脱水药的合理选用

利尿药与脱水药的合理选用见图 5-1。

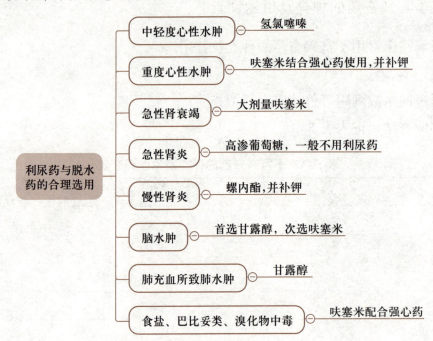

图 5-1 利尿药与脱水药的合理选用

二、性激素与促性腺激素的合理选用

性激素与促性腺激素的合理选用见图 5-2。

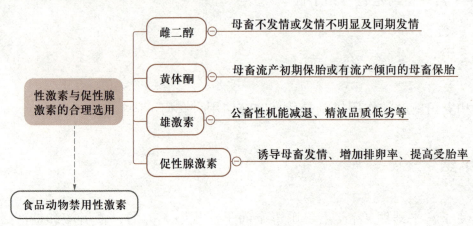

图 5-2 性激素与促性腺激素的合理选用

三、子宫兴奋药的合理选用

子宫兴奋药的合理选用见图 5-3。

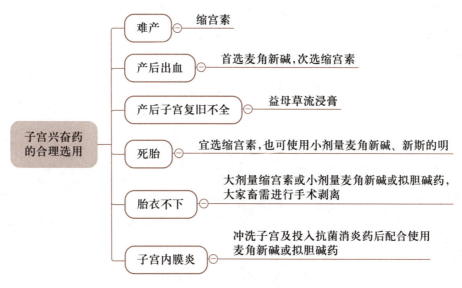

图 5-3　子宫兴奋药的合理选用

项 目 测 试

一、名词解释

利尿药;脱水药;子宫兴奋药。

二、填空题

1. 充血性心力衰竭、肺充血、腹腔积液、胸腔积液、尿毒症、高血钾症及各种原因引起的水肿选用_____进行利尿。

2. 最常用的强效利尿药为_____。

3. 最常用的中效利尿药为_____。

4. 有纠正强效利尿药不良反应,加强利尿作用的低效利尿药是_____。

5. 常用于渗透性利尿作用的脱水药有_____和_____。

6. _____用于治疗脑瘤、颅脑外伤、脑部感染、脑组织缺氧、食盐中毒等引起的脑水肿,降低颅内压,缓解神经症状。

7. 多用于习惯性流产、安胎保胎的性激素药是_____。

8. 多用于产后子宫止血、胎衣不下的子宫兴奋药是_____。

9. 临床常用于胎衣不下,排出死胎及子宫炎和子宫蓄脓,排出子宫内的炎性物质,配合缩宫素治疗分娩时子宫无力等的是_____。

10. _____与促黄体生成素合用,能促进卵泡成熟和排卵,使卵泡分泌雌激素促进母畜发情。

三、单项选择题

1. 在无尿或尿闭时应禁用哪种利尿药?（　　）
   A. 呋塞米　　　　　　　　　　B. 螺内酯
   C. 氢氯噻嗪　　　　　　　　　D. 甘露醇

2. 动物多次使用高效利尿药易出现的不良反应是（　　）。
   A. 低血糖症　　　　　　　　　B. 低血钾症
   C. 高氯性血症　　　　　　　　D. 高血钾症

3. 临床中通常使用高浓度甘露醇注射液用于（　　）。
   A. 利尿　　　　　　　　　　　B. 脱水
   C. 扩充血容量　　　　　　　　D. 促进毒物排出

4. 促进动物正常产道生产应选用（　　）。
   A. 缩宫素　　　　　　　　　　B. 麦角新碱
   C. 乙酰胆碱　　　　　　　　　D. 黄体酮

5. 兽医临床用于治疗持久黄体和催产或引产的药物是（　　）。
   A. 前列腺素 $F_{2\alpha}$　　　　　　B. 缩宫素
   C. 脑垂体后叶素　　　　　　　D. 雌二醇

6. 对生长期母畜有促进性器官形成及第二性征发育的激素是（　　）。
   A. 前列腺素 $F_{2\alpha}$　　　　　　B. 缩宫素
   C. 脑垂体后叶素　　　　　　　D. 雌二醇

7. 可用于母畜同期发情的激素是（　　）。
   A. 孕激素　　　　　　　　　　B. 缩宫素
   C. 脑垂体后叶素　　　　　　　D. 黄体生成素

8. 临床常用（　　）诱导母畜发情和排卵,提高母畜同期发情受胎率。
   A. 孕激素　　　　　　　　　　B. 缩宫素
   C. 脑垂体后叶素　　　　　　　D. 孕马血清促性腺激素

9. （　　）不宜用于催产或引产。
   A. 缩宫素　　　　　　　　　　B. 麦角新碱
   C. 乙酰胆碱　　　　　　　　　D. 黄体酮

10. （　　）主要用于公畜睾丸发育不全和机能不足所致的性欲缺乏,诱导发情。
    A. 前列腺素 $F_{2\alpha}$　　　　　　B. 丙酸睾酮
    C. 脑垂体后叶素　　　　　　　D. 雌二醇

四、问答题

1. 常用利尿药分几类？利尿药和脱水药各有什么特点？它们的主要用途是什么？使用时应注意什么问题？

2. 甘露醇有什么临床应用？其作用机制是什么？

3. 子宫兴奋药缩宫素与麦角新碱的临床应用有何不同？

4. 黄体生成素对生殖系统有哪些作用？

5. 孕激素黄体酮的临床应用是什么？

项目 6

作用于神经系统的药物

📚 项目导入

我们都知道神经系统能控制和调节机体各器官、系统的活动,是机体的重要调节系统。当神经系统出现功能紊乱时,机体通常会出现惊厥、痉挛、狂躁、兴奋、急性心力衰竭,甚至休克等症状,而在某些手术时,需要阻滞神经活动,对其进行麻醉,麻醉该怎么做呢?有没有相应的药物可治疗神经系统功能紊乱? 通过本部分内容的学习,大家就能够找到想要的答案。

神经系统是机体内外平衡的调节系统,作用于神经系统的药物主要是通过选择性地抑制或兴奋不同的神经中枢或受体而发挥作用。根据临床应用作用于神经系统的药物包括麻醉药、镇静与抗惊厥药、解热镇痛药、中枢神经兴奋药及作用于传出神经末梢部位的药物。

本项目将完成 5 个学习任务:(1)镇静药与抗惊厥药的认识与使用;(2)麻醉药的认识与使用;(3)解热镇痛药的认识与使用;(4)中枢神经兴奋药的认识与使用;(5)作用于传出神经系统的药物的认识与使用。通过镇静药等药物的作用观察,提高实验观察能力和操作技能,逐步形成崇尚科学、一丝不苟的科学态度。

任务 6.1 镇静药与抗惊厥药的认识与使用

📖 任务背景

某病犬,据主诉该犬在上周从楼梯上摔下,当时并无任何异常,到了第 4 天下午该犬突然倒地,口吐白沫,四肢抽搐,呈划水状,面部肌肉还出现轻微的痉挛。请问同学们该如何减轻该病犬的痛苦?

 任务目标

知识目标：1. 理解镇静药和抗惊厥药的作用机制。

2. 掌握常用镇静药和抗惊厥药的种类并熟知其作用。

技能目标：结合临床症状能正确选择并使用镇静药和抗惊厥药。

任务准备

一、镇静药

镇静药是指能加强大脑皮质的抑制过程，使大脑的兴奋过程和抑制过程得以恢复平衡的药物。大剂量时也适用于因大脑过度兴奋而引起的惊厥。

1. 盐酸氯丙嗪（Chlorpromazine Hydrochloride）

又名冬眠灵、氯普马嗪、可乐静。

［理化性质］盐酸氯丙嗪是人工合成品。为白色或乳白色结晶性粉末，有微臭，味极苦。有吸湿性。易溶于水、乙醇、氯仿，不溶于苯、醚等。水溶液呈酸性反应，遇光变为蓝紫色。应遮光、密闭保存。

［体内过程］本品内服或注射均易吸收。单胃动物内服后 3 h、肌内注射后 1.5 h 血液中达到高峰浓度。药物吸收后有首过效应，吸收后 90%~95% 与血浆蛋白结合。大部分由尿排出，本品排出很慢，在动物体内残留时间可达数月。

［作用与应用］

（1）能使精神不安或狂躁的动物转入安定和嗜睡的状态，使性情凶猛的动物易于驯服，表现对中枢神经有很强的安定作用。此时，动物还能感觉各种刺激，但反应迟钝。加大剂量也达不到满意的效果。

（2）小剂量时能抑制延髓的化学催吐感受区，大剂量时能直接抑制延髓的呕吐中枢，有很强的镇吐作用。不能对抗前庭刺激所引起的呕吐。

（3）氯丙嗪与中枢抑制药（如硫酸镁注射液）合用，能使全身麻醉、催眠、抗惊厥、镇静和镇痛的作用增强。

（4）大剂量时能抑制体温调节中枢和自主神经中枢，使体温下降 1~2 ℃，使各器官活动和基础代谢减弱，降低组织耗氧量，使动物呈现深睡状态，有利于中枢神经及各重要生命器官的机能得到保护与改善。在抢救严重传染病、大面积烧伤、严重创伤、中毒性休克、高热惊厥、中暑时作为辅助治疗。

（5）本品在对内分泌系统及自主神经的作用中,可抑制下丘脑多种释放因子,能影响垂体前叶的分泌机能。长期大量应用时,可出现口腔干燥、便秘等副作用。临床常用于:①作镇静安定药。可使暴躁的动物安定,如对有恶癖的母猪,可使其安静、驯服,便于保定与治疗;也可用于缓解脑炎、破伤风和中枢神经兴奋药中毒,以及食道梗塞、痉挛疝的症状。②作麻醉前给药。麻醉前 20~30 min 肌内注射,能显著增强全麻药的作用强度,延长麻醉时间和减弱毒性,并可使麻醉药用量减少一半。③作镇痛、降温和抗休克药。本品可用于外科小手术及严重外伤、烧伤、骨折等,有止痛和防止发生休克及治疗母猪分娩后的无乳症的作用。高温季节运输畜禽时,应用本品可降低死亡率。但不能应用于屠宰动物。因排泄缓慢,易产生药物残留,故禁用于所有食品动物的促生长及饲料添加剂。

［不良反应］临床应用氯丙嗪,常表现大出汗,用药过程中需注意补液。应用过量时,马及其他动物易发生中毒,表现为心率加快、呼吸浅表、黏膜发绀、肌肉震颤、血压下降,以至休克。可用强心药进行解救(肾上腺素除外)。

［制剂与用法用量］盐酸氯丙嗪注射液,0.05 g/2 mL、0.25 g/10 mL。静脉注射,每千克体重,1 次量:牛、马 0.5~1.0 mg;羊、猪 0.5~1.0 mg。宜用 10% 葡萄糖溶液稀释成 0.5% 的浓度使用。肌内注射,1 次量,每千克体重:牛、马 1~2 mg;羊、猪 1~2 mg;犬、猫 1~3 mg;虎 4 mg;熊 2.5 mg;单峰骆驼 1.5~2.5 mg;野牛 2.5 mg;恒河猴、豺 2 mg。片剂,12.5 mg/片、25 mg/片、50 mg/片。内服,1 次量:每千克体重,犬、猫 2~3 mg。

2. 乙酰丙嗪(Acepromazine, Maleate, Acetylpromazine)

又名乙酰普马嗪。

［理化性质］药用其马来酸盐,为黄色结晶性粉末,无臭。溶于水、乙醇、氯仿,微溶于乙醚。

［体内过程］本品口服后 2~6 h 达高峰浓度,持续约 72 h;静脉注射约 15 min 起效,30~60 min 内作用达高峰。在肝内代谢,大部分由尿排出。

［作用与应用］乙酰丙嗪的作用与氯丙嗪相似。具有镇静、降低体温、降低血压及镇吐等作用,但镇静作用比氯丙嗪强,麻醉、催眠作用强度比氯丙嗪好。毒性反应及局部刺激性很小。

应用与氯丙嗪相似。与哌替啶配合治疗痉挛疝,起安定镇痛作用,此时用各药量的 1/3 即可。

［制剂与用法用量］内服,1 次量,每千克体重:犬 0.5~2.0 mg;猫 1~2 mg。肌内、皮下或静脉注射,1 次量,每千克体重:牛、羊、猪、犬 0.5~1.0 mg;猫 1~2 mg;象 0.03~0.07 mg。

3. 水合氯醛(Chloral Hydrate)

又名水化氯醛、含水氯醛。

［理化性质］本品为无色透明的棱柱形或白色结晶,有刺激性特殊气味,味微苦。在空气中逐渐挥发,易潮解,易溶于水或乙醇。水溶液呈中性,遇热、碱和日光能分解产生三氯醋酸和

盐酸,因此配制注射剂时不可煮沸灭菌。应密封,于阴凉暗处保存。

[体内过程]本品口服或直肠给药均易吸收,大部分在肝内经还原作用后,经肾迅速排泄,少部分以原形排出。

[作用与应用]本品能较强地抑制中枢神经系统。小剂量镇静,中等剂量催眠,大剂量可产生抗惊厥和麻醉作用。其优点是吸收快,兴奋期短,麻醉期长(1~2 h),无蓄积作用等。临床中多用作基础麻醉,也可与乙醇或硫酸镁合用,或用水合氯醛进行浅麻醉,同时配合使用盐酸普鲁卡因。

本品较小剂量能抑制大脑皮质,但感觉和意识不受影响,能使患畜安静,促进平滑肌和骨骼肌的痉挛得以解除,减轻疼痛,呈现镇静、镇痛和解痉作用。

临床常用于马、骡、驴、骆驼、犬、禽类作麻醉药和基础麻醉药,可内服、灌肠或静脉注射,广泛用于各种外科手术中,牛、羊敏感,慎用。对动物过度兴奋、痉挛性疝痛、痉挛性咳嗽、母猪异嗜癖、子宫脱出或直肠脱出的整复、肠阻塞、胃扩张、消化道和膀胱括约肌痉挛以及破伤风、士的宁中毒等,有良好的镇静、解痉和抗惊厥作用。

[注意事项]①本药对局部组织有强烈刺激性,不能皮下或肌内注射。静脉注射时,先注入 2/3 的剂量,余下 1/3 剂量缓慢注入,待动物出现后躯摇摆、站立不稳时,即停止注射。因为经 10~15 min 后麻醉深度能继续加深。不能漏出血管,以免引起局部组织的炎症和坏死。内服或灌肠时应配成 1%~5% 的水溶液或加入适量淀粉。②水合氯醛能抑制体温调节中枢,使体温下降 1~3 ℃,故在寒冷季节要注意保温。本品刺激性强,易引起恶心、呕吐,对肝、肾有一定损害,有心、肝、肾疾病的患畜禁用。③牛、羊用药前应注射阿托品。④水合氯醛高温灭菌分解失效,必须临用时无菌制备,一般用生理盐水或等渗葡萄糖溶液为溶剂,配成 5%~10% 的溶液。

[制剂与用法用量]水合氯醛,水合氯醛硫酸镁注射液,水合氯醛乙醇注射液。内服、灌肠(镇静),1 次量:牛、马 10~25 g;羊、猪 2~4 g;犬 0.3~1.0 g。内服、灌肠(催眠),1 次量:马 30~60 g;羊、猪 5~10 g。静脉注射,1 次量,每千克体重:牛、马 0.08~0.12 g;水牛 0.13~0.18 g;猪 0.15~0.17 g;骆驼 0.10~0.12 g。

二、抗惊厥药

抗惊厥药又名抗痉挛药或解痉药,是指能抑制或缓解中枢神经过度兴奋症状,解除或缓解骨骼肌非自主性强烈收缩的药物。主要有巴比妥类(如苯巴比妥钠、戊巴比妥钠)、硫酸镁注射液、水合氯醛等。

1. 苯巴比妥(Phenobarbital)

又名鲁米那。

[理化性质]本品为白色结晶颗粒或白色结晶性粉末,无臭,味苦。微溶于水,在乙醇和乙醚中溶解。

　　［体内过程］本品内服、肌内注射均易吸收,广泛分布于各组织及体液中,透过血脑屏障速率很低,释放慢。内服后 1~2 h、注射后 20~30 min 发挥作用,在体内排泄慢,作用时间在 6 h 以上。

　　［作用与应用］本品能抑制中枢神经系统,特别是大脑皮质运动区,故有抗惊厥作用,是抗惊厥药物中毒性较小的一种药物。

　　适用于减轻脑炎、破伤风等疾病引起的兴奋、惊厥,以及缓解中枢神经过度兴奋引起的中毒症状。也可作犬、猫镇静药,常用于马、犬、猫癫痫治疗。

　　［制剂与用法用量］苯巴比妥钠片、苯巴比妥钠粉针剂,0.1 g/ 安瓿、0.5 g/ 安瓿。内服,1 次量,每千克体重:犬、猫6~12 mg,临用前用注射用水或生理盐水溶解。肌内注射或静脉注射,1 次量,每千克体重:羊、猪 5~15 mg;犬、猫 6~12 mg。静脉注射(抗惊厥),各种动物每千克体重 25 mg。

2. 硫酸镁(Magnesium Sulfate)

　　又名泻盐。

　　［理化性质］固体硫酸镁,为无色菱形小结晶。无臭,味苦咸。水溶液呈中性反应,难溶于乙醇。易风化。硫酸镁注射液为无色透明液体。

　　［作用与应用］硫酸镁内服,具有与硫酸钠作用相似的容积性泻药作用。硫酸镁注射液肌内注射或静脉注射,其离子可抑制中枢神经系统,随着剂量的增加而产生镇静、抗惊厥和全身麻醉作用。但产生麻醉作用剂量时即可麻痹呼吸中枢,故不适于单独作麻醉药,常与水合氯醛配伍使用。

　　常用于缓解破伤风、脑炎和士的宁中毒引起的惊厥,膈肌痉挛,胆管、胆道痉挛;缓解分娩时子宫颈痉挛,尿潴留,慢性汞、砷、钡中毒等。内服常用于健胃、导泻。

　　［注意事项］硫酸镁注射液安全范围窄,稍有过量或注射速度过快,易发生呼吸抑制。若发现呼吸麻痹时,应立即静注 5% 氯化钙注射液解救。

　　［制剂与用法用量］硫酸镁注射液,5 g/2 mL、12.5 g/50 mL、25 g/100 mL。肌内注射或静脉注射,1 次量:牛、马 10~25 g;羊、猪 2.5~7.5 g;犬、猫 1~2 g。

　　内服(健胃),1 次量:牛、马 15~50 g;羊、猪 3~10 g。内服(导泻),用 6%~8% 溶液:牛300~800 g;马 200~500 g;羊 50~100 g;猪 20~50 g;犬 10~20 g;猫 2~5 g;貂 5~8 g。

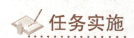 任务实施

盐酸氯丙嗪强化麻醉作用的观察

　　［目的］观察盐酸氯丙嗪强化麻醉的作用。

[材料]

(1) 动物　家兔。

(2) 药品　盐酸氯丙嗪、速眠新。

(3) 器材　注射器、台秤。

[方法]

(1) 取健康家兔 3 只,称重并观察其正常情况,如呼吸、脉搏、体温、痛觉反射、翻正反射、瞳孔大小、角膜反射、骨骼肌紧张度。

(2) 分别给各只家兔注射药物。甲兔按 0.1~0.2 mL 速眠新进行全麻;乙兔按甲兔一半的给药剂量进行给药;丙兔先按每千克体重 0.12 mL 的剂量静脉注射 2.5% 盐酸氯丙嗪注射液,然后再按甲兔一半的给药剂量注射速眠新。

(3) 分别观察各家兔的反应及体征。结果计入表 6-1。

表 6-1　盐酸氯丙嗪强化麻醉作用的观察

兔号	体重 /kg	药物	麻醉时间		痛觉反射		角膜反射		肌肉紧张度	
			出现时间	麻醉持续时间	用药前	用药后	用药前	用药后	用药前	用药后
甲		全麻量速眠新								
乙		半麻量速眠新								
丙		氯丙嗪 + 半麻量速眠新								

[讨论]

1. 全身麻醉要观察哪些体征?有何临床意义?

2. 盐酸氯丙嗪作为麻醉前给药有什么好处?

任务反思

1. 不同剂量的水合氯醛在使用时有什么不同?

2. 根据给药途径的不同,硫酸镁有何不同作用?

任务小结

盐酸氯丙嗪与乙酰丙嗪作用类似,具有镇静、催眠、镇吐、辅助麻醉、调节体温及影响内分泌的作用,但其用药过程中需注意补液。水合氯醛小剂量镇静,中等剂量催眠,大剂量可产生抗惊厥和麻醉作用。在治疗破伤风、脑炎、中枢神经兴奋药中毒等引起的狂躁和惊厥时,选用苯巴比妥类。

任务 6.2　麻醉药的认识与使用

任务背景

　　某萨摩耶犬在马路边玩耍时不慎被车撞倒,遂瘫痪不起,其主人立即带该犬到动物医院就诊。体表无明显可见伤痕,触诊膀胱充盈,针刺后躯及腰椎等部均无反应,遂怀疑为脊柱骨折。而后进行脊柱侧位 X 射线照射,显示胸腰椎骨折,骨断端重叠移位,将进行手术将骨折复位。为了保证手术过程中人畜安全,请大家考虑在手术前应给犬注射哪种麻醉药最合适。

任务目标

　　知识目标:1. 理解麻醉药的作用机制。
　　　　　　　2. 掌握常用局部麻醉药和全身麻醉药的种类并熟知其作用。
　　技能目标:结合临床症状能正确选择并使用局部麻醉药或全身麻醉药。

任务准备

一、局部麻醉药

　　局部麻醉药简称局麻药,是指能在用药局部可逆性地暂时阻断感觉神经发出的冲动传导、使局部组织感觉消失的药物。

　　根据手术及用药目的,局部麻醉药常采用以下方式给药:

　　(1)表面麻醉　将穿透性较强的局部麻醉药液用于皮肤或黏膜的表面,使黏膜下的感觉神经末梢被麻醉。可采用滴入、涂布或喷雾等方法用于眼、鼻、咽喉、气管及尿道等黏膜部位的浅表手术麻醉。

　　(2)浸润麻醉　将药液注入手术部位的皮下、肌肉组织中,使用药部位的神经纤维和神经末梢被麻醉。适用于脓肿的切开、肿瘤的切除、局部封闭疗法等各种小手术。

　　(3)传导麻醉　又称区域麻醉或神经干麻醉。将药液注入神经干周围,使神经干支配的区域产生麻醉。此法用药量少,麻醉范围广,与全身麻醉药配合而被广泛使用。适用于四肢手术、剖宫术或跛行诊断等。

(4) 硬膜外腔麻醉　将药液注入硬脊膜外腔(常在腰椎与荐椎之间、荐椎与尾椎之间的凹陷处),使附近的脊髓神经所支配的区域产生麻醉。适用于难产、剖腹产、阴茎及后躯其他大手术。

(5) 封闭麻醉　将药液注入患部周围或神经干,以阻断病灶的不良刺激向中枢的传导,可减轻疼痛,改善神经营养。主要用于治疗疝痛、烧伤、蜂窝织炎、久不愈合的创伤、风湿病等。此外,还可进行四肢环状封闭和穴位封闭。

1. 盐酸普鲁卡因(Procaine Hydrochloride, Novocaine)

又名奴佛卡因。

[理化性质] 本品为白色、细微的针状结晶性粉末,无臭,味微苦,继而有麻醉感。易溶于水,水溶液呈中性反应,不稳定,略溶于乙醇。遇光、久贮、受热后效力下降。应遮光、密闭保存。

[体内过程] 本品吸收快,注射给药后 1~3 min 呈现局部麻醉反应,持续 45~60 min,能透过血脑屏障和胎盘。

[作用与应用] 普鲁卡因毒性小,应用广泛,除不适宜作表面麻醉外,可适用于其他各种麻醉方式。加入肾上腺素,可延长麻醉时间。小剂量表现轻微中枢抑制,出现镇静、镇痛作用;大剂量时出现中枢神经兴奋,能降低心脏兴奋性和传导性;对平滑肌有抑制作用,使血管扩张,解除平滑肌痉挛。

一般用作局部麻醉药和创伤、炎症等的封闭疗法,应用时常加入 1 : 10 万的盐酸肾上腺素溶液。局部封闭时,可与青霉素配伍使用。

也用于解除痉挛与镇痛,如治疗马痉挛疝,用 5% 溶液,缓慢静滴,一般 5~10 min 后可止痛。本品不宜与磺胺类药、洋地黄、拟胆碱药(如新斯的明)、肌松药(如琥珀酰胆碱)、碳酸氢钠、氨茶碱、巴比妥类、硫酸镁等合并应用。高浓度盐酸普鲁卡因不能静脉注射,在使用中若出现中毒症状时,可用巴比妥类药物解救。

[制剂与用法用量] 盐酸普鲁卡因注射液,0.15 g/5 mL、0.3 g/10 mL、1.25 g/50 mL、2.5 g/50 mL。浸润麻醉、封闭疗法,0.25%~0.50%;传导麻醉,2%~5% 溶液,大动物 10~20 mL,小动物 2~5 mL;硬脊膜外麻醉,2%~5% 溶液,牛、马 20~30 mL。

2. 盐酸利多卡因(Lidocaine Hydrochloride, Xylocaine)

又名昔罗卡因。

[理化性质] 本品为白色结晶性粉末,无臭,有苦麻味。易溶于水和乙醇。应密封保存。

[体内过程] 本品易吸收,表面给药或注射给药 3 min 发挥药效,维持 1~2 h。能透过血脑屏障和胎盘。

[作用与应用] 本品的局部麻醉作用和穿透力比普鲁卡因强,是普鲁卡因的 1~3 倍,用于表面麻醉。作用快、扩散广且持久,对组织无刺激性,安全范围大。吸收后对中枢神经系统有

抑制作用,并能抑制心室自律性,延长不应期,故可治疗室性心动过速。此外,对普鲁卡因过敏的动物可改用利多卡因。

本品适用于局部麻醉的各种麻醉方法,应用时常加入1:10万的盐酸肾上腺素。静脉滴注或静脉注射,用于治疗心律失常。患畜有严重心传导阻滞的禁用,肝、肾功能不全及充血性心衰的慎用。

[制剂与用法用量]盐酸利多卡因注射液,0.2 g/10 mL、0.4 g/20 mL。浸润麻醉,0.25%~0.50%溶液;表面麻醉,2%~5%溶液;传导麻醉,2%溶液,每个注射点,牛、马8~12 mL,羊3~4 mL;硬脊膜外麻醉,2%溶液,牛、马8~12 mL,犬1~10 mL,猫2 mL。均可加入适量盐酸肾上腺素。

3. 盐酸丁卡因(Tetracaine Hydrochloride)

又名的卡因、四卡因、潘托卡因。

[理化性质]本品为白色或近白色结晶性粉末,无臭,味微苦,带麻木感。有吸湿性,易溶于水。

[体内过程]本品用药后,作用迅速,5~15 min产生作用,持续时间为1~3 h。

[作用与应用]本品对组织穿透力强,脂溶性高,麻醉效果好,适用于表面麻醉。局部麻醉作用和毒性比普鲁卡因强10~12倍。表面麻醉0.5%~1.0%溶液用于眼科,1%~2%溶液用于鼻、喉黏膜,0.5%~1.0%溶液用于泌尿道黏膜。丁卡因毒性大,作用出现缓慢,不宜单独作浸润或传导麻醉。故需在药液中加0.1%盐酸肾上腺素(1:10万),用0.2%~0.3%等渗溶液用于硬膜外麻醉。

[制剂与用法用量]盐酸丁卡因注射液,50 mg/5 mL。运用于各种动物表面麻醉。

二、全身麻醉药

全身麻醉药简称全麻药,指被吸收后能抑制中枢神经系统功能,使意识、感觉、反射活动和肌肉张力出现不同程度的减弱或丧失,但仍然保持延髓生命中枢功能的药物。一般用于外科手术前的麻醉。

全麻药根据给药途径不同,分为吸入麻醉药和非吸入麻醉药。

全身麻醉药作用机制有多种学说,如类脂质学说、网状结构学说、神经突触学说、麻醉分子学说。电生理研究表明,用小剂量的全麻药能抑制或完全阻断脑干网状结构上行激活系统,使脑电活动减少及觉醒反应消失。由于网状结构上行激活系统受到抑制,使外周神经与大脑皮质的冲动传递受到阻抑,于是产生镇静、催眠以至麻醉作用。

麻醉过程分以下几期:

第一期:又称镇痛期或随意运动期,指从麻醉给药开始,至意识消失的时期。

第二期:又称兴奋期或不随意运动期,指从意识丧失开始,动物表现不随意运动性兴奋、嘶鸣、挣扎、呼吸极不规则。兴奋期易发生意外事故,不宜进行任何手术。镇痛期与兴奋期合称诱导期。

第三期:又称外科麻醉期,指从兴奋转为安静、呼吸转为规则开始,麻醉进一步加深,大脑、间脑、中脑、脑桥依次被抑制,脊髓机能由后向前逐渐抑制,但延髓中枢机能仍保持。根据麻醉深度可分为浅麻醉和深麻醉,兽医临床一般宜在浅麻醉期进行手术。

第四期:又称麻痹期或中毒期,指从呼吸肌完全麻痹至循环完全衰竭为止。外科麻醉禁止达到此期。

麻醉后的苏醒则按相反的顺序逐渐进行。

兽医临床上常用以下几种麻醉方式:

(1)麻醉前给药 在应用全麻药前,先用一种或几种药物来补救麻醉药的不足或增强麻醉效果。如给予阿托品等抗胆碱药能减少乙醚刺激呼吸道的分泌,预防迷走神经兴奋引起的心跳减慢。

(2)诱导麻醉 为避免全麻药诱导期过长,一般选用诱导期短的硫喷妥钠或氧化亚氮,使之快速进入外科麻醉期,然后改用吸入性麻醉药维持麻醉。

(3)基础麻醉 先用巴比妥类药物、水合氯醛等做基础麻醉,然后再用其他麻醉药物,这样可减轻麻醉不良反应及增强麻醉效果。

(4)配合麻醉 常用局麻药与全麻药配合。以减少全麻药用量及毒性。为满足手术对肌肉松弛的要求,往往在麻醉的同时应用肌松药。

(5)混合麻醉 用两种或两种以上药物配合在一起进行麻醉,以达到取长补短目的。如氟烷与乙醚混合使用、使用水合氯醛硫酸镁注射液等。

(一)吸入性麻醉药

吸入性麻醉药由挥发性液体和气体经呼吸由肺吸收,并主要以原形经肺排出的药物。

吸入性麻醉药物的可控性比非吸入性麻醉药好,吸收速度与肺血流量、通气量及吸入气中药物浓度有关,但在使用时需要一定的麻醉设备、训练有素的麻醉师与严格的监护,并且有些麻醉药具有引燃引爆性及刺激呼吸道等副作用。

1. 氟烷(Halothane,Fluothane)

又名三氟氯溴乙烷、氟罗生。

[理化性质]本品为无色透明的流动液体,挥发性强,质重,无引燃性,性质不稳定。遇光、热和潮湿空气会缓慢分解。

[体内过程]氟烷进入体内后只少量被转化,大部分以原形由呼气排出。其余可再分多次反复分布,经尿、汗排出。

[作用与应用]本品麻醉作用比乙醚强,对黏膜无刺激性,诱导期短,麻醉起效时间短,苏醒快,麻醉作用强,但肌肉松弛及镇痛作用很弱。本品可使支气管平滑肌松弛,能减小呼吸道阻力。对黏膜无刺激性。当呼吸中枢逐渐抑制时,呼吸浅而快,潮气量与通气量下降,二氧化

碳蓄积,易发生呼吸性酸中毒。

适用于马、犬、猴等大、小动物全身麻醉。麻醉前应给予肌松药做辅助麻醉及基础麻醉,以促进肌松效果,使动物平稳地进入麻醉期。氟烷可与乙醚混合使用,能减轻两药的毒副作用,增强麻醉协同效果。

氟烷价格较贵,一般用于封闭式吸入麻醉。

[制剂与用法用量]闭合式或半闭合式给药。牛用硫喷妥钠诱导麻醉后再用,1次量:每千克体重,0.55~0.66 mL(可持续麻醉 1 h)。马 1 次量:每千克体重,0.045~0.180 mL(可持续麻醉 1 h)。犬、猫先吸入不含氟烷的 70% 氧化亚氮和 30% 氧,经 1 min 后,再加氟烷于上述合剂中,其体积分数为 0.5%,经 30 min 后逐渐增大至 1%,约经 4 min 达 5% 为止,此时氧化亚氮体积分数减至 60%,氧的体积分数为 40%。犬、猫预先须肌内注射阿托品。

2. 氧化亚氮(Nitrous Oxide)

又名笑气。

[理化性质]本品为无色气体,无显著臭,味微甜,较空气重。在 20 ℃与气压 101.3 kPa (760 mmHg)下,易溶于水或乙醇中,在乙醚中亦溶。

[作用与应用]本品为气体麻醉剂,对呼吸道及机体各重要器官均无明显刺激性。麻醉强度约为乙醚的 1/7,但毒性小,作用快,无兴奋期,镇痛作用强。缺点是肌肉松弛度差。

主要用于诱导麻醉或配合其他全麻药使用,但本身麻醉效能较弱。如氧化亚氮与氟烷混合应用,以减少麻醉剂用量,可减轻氟烷对心、肺系统的抑制作用。

应用氧化亚氮主要危险是缺氧,故吸入麻醉很少使用全封闭形式。在停止麻醉后,应给予吸入纯氧 3~5 min。

[制剂与用法用量]麻醉:小动物用 75% 氧化亚氮与 25% 氧混合,通过面罩给予 2~3 min,然后再加入氟烷,使其在氧化亚氮与氧混合气体中达 3%,直至出现下颌松弛等麻醉体征为止。

3. 恩氟烷(Enflurane,Ethrane)

又名安氟醚、易使宁。

[理化性质]本品为无色液体,有果香,难燃难爆,性质稳定,无须加入稳定剂。微溶于橡胶内,对金属略有腐蚀性。

[体内过程]易通过肺泡进入血液循环,吸收量达 85%,其中 83% 以呼气排出。仅 2.5%~10% 随尿排出。

[作用与应用]本品是新的卤族强效吸入麻醉药,对黏膜无刺激性。麻醉诱导与苏醒皆迅速,马停止给药后,8~15 min 即可站立。对神经肌肉的阻断比氟烷强,对循环系统和呼吸系统有抑制作用,对肝、肾损害性较轻,易于恢复。对胃肠蠕动及子宫平滑肌有抑制作用。

可用作马、犬等动物手术和全麻药。

［制剂与用法用量］溶液剂,250 mL/瓶。诱导期吸入从 0.5% 逐渐增加至 4.5%,维持期采用 3%。

(二) 非吸入性麻醉药

非吸入性麻醉药是指不经吸入而多数经静脉注射产生麻醉效应的一类药物,故又称静脉麻醉药。

本类药物给药途径有很多,如静脉注射、肌内注射、腹腔注射、口服及直肠灌注。其中静脉注射麻醉法因作用迅速、疗效确实,是兽医临床常用的方法。

非吸入性麻醉药应用时的优点是易于诱导,快速进入外科麻醉期,操作简便,一般不需要特殊的麻醉装置。缺点是不易控制麻醉深度,用药过量不易排除与解毒,排泄慢,苏醒期长。

常用的非吸入性麻醉药有巴比妥类药物(如戊巴比妥、硫喷妥钠)、水合氯醛、乙醇、氯胺酮等。

1. 戊巴比妥 (Pentobarbital)

［理化性质］本品为白色、结晶性的颗粒或白色粉末,无臭,味微苦。有引潮性。极易溶于水和醇,不溶于乙醚。水溶液呈碱性反应,久置易分解,加热分解更快。常用其钠盐。

［体内过程］本品口服易吸收,会迅速分布全身各组织与体液中。易通过胎盘屏障,容易通过血脑屏障。作用可持续 3 h。

［作用与应用］戊巴比妥属中效巴比妥类药物。巴比妥类药物对抑制脑干网状结构上行系统具有高度选择性,对丘脑新皮层通路无抑制作用。

常用于中、小动物的全身麻醉,成年牛、马的复合麻醉(即戊巴比妥与水合氯醛或硫喷妥钠配合,也可与盐酸氯丙嗪、盐酸普鲁卡因等进行复合麻醉),还可用作各种动物的镇静药、基础麻醉药、抗惊厥药,以及中枢神经兴奋药中毒的解救。

［制剂与用法用量］戊巴比妥钠注射剂,0.1 g/瓶、0.5 g/瓶。用于麻醉。静脉注射,1 次量,每千克体重:牛、马 15~20 mg;羊 30 mg;猪 10~25 mg;犬 25~30 mg。腹腔注射,1 次量,每千克体重:猪 10~25 mg。肌内注射,1 次量,每千克体重:犬 25~30 mg,临用前配成 3%~6% 溶液供注射。

基础麻醉或镇静:肌内或静脉注射,每千克体重,牛、马、羊、猪 15 mg,临用前配成 5% 的溶液。

2. 硫喷妥钠 (Thiopental Sodium)

又名戊硫巴比妥钠。

［理化性质］本品为乳白色或淡黄色粉末,有引爆性,有蒜臭,味苦。有潮解性。易溶于水和乙醇,水溶液不稳定,放置后逐渐分解。煮沸时产生沉淀。常用其钠盐。

［体内过程］本品脂溶性高,容易透过血脑屏障。静脉注射后 15~20 min 产生作用,但因其迅速转移到脂肪组织,作用仅维持 15~30 min,经尿排出。

［作用与应用］本品具有高度亲脂性,属超短时作用的巴比妥类药。静脉注射后迅速抑制

大脑皮层,表现麻醉状态,无兴奋期。但肌肉松弛及镇痛作用很差。对呼吸中枢呈明显抑制,抑制程度与用量、注射速度有关。能直接抑制心脏和血管运动中枢,使血压下降。可通过胎盘屏障影响胎儿血液循环及呼吸。

适用于静脉麻醉、诱导麻醉、基础麻醉、抗惊厥及复合麻醉等,可用于牛、猪、犬、马属动物的基础麻醉和全身麻醉。用于治疗中枢神经兴奋中毒、脑炎及破伤风等,抗惊厥作用强于戊巴比妥。

反刍动物在麻醉前需注射阿托品,以减少腺体分泌。不能用于肝、肾功能不全的家畜。因本品引起的呼吸与血液循环抑制,可用戊四氮等解救。

[制剂与用法用量]硫喷妥钠注射液,0.5 g/瓶、1 g/瓶。用于麻醉。静脉注射,1次量,每千克体重:牛 10~15 mg;犊 15~20 mg;马 7.5~11.0 mg;羊 10~25 mg;大猪 10 mg,小猪 25 mg;犬 20~30 mg;猫 9~11 mg;兔 25~50 mg;大鼠 50~100 mg;鸟类 50 mg。腹腔注射,1次量,每千克体重:猪 20 mg;猫 60 mg。

临用时用注射用水或生理盐水配制成 2.5%~10% 溶液:用于犬、猫、兔时,配成 2% 溶液;用于大鼠与鸟类时,配成 1% 溶液。

3. 氯胺酮(Ketamine)

又名开他敏。

[理化性质]本品为白色结晶性粉末,无臭。能溶于水,水溶液呈酸性(pH 3.5~5.5)。微溶于乙醇。不溶于乙醚和苯。应遮光、密闭保存。

[体内过程]氯胺酮吸收快而广,脑组织、肝和脂肪内的浓度很高,静脉注射 1 min 后或肌内注射 3~5 min 即可产生作用。作用时间较短。在肝内迅速地代谢为苯环乙酮随尿排出。代谢产物也有轻度的麻醉作用。易通过胎盘屏障。

[作用与应用]氯胺酮是一种新型镇痛性麻醉药,其脂溶性高,强于硫喷妥钠 5~6 倍。其主要作用部位在丘脑,而不是抑制整个中枢神经系统。麻醉期间主要表现为:意识模糊而不完全丧失,眼睛睁开,骨骼肌张力增强,但痛觉完全消失,使感觉与意识分离,故又称"分离麻醉"。麻醉临床表现区别于传统麻醉药,动物意识模糊而不完全丧失,睁眼凝视或眼球转动。咳嗽与吞咽反射仍然存在,麻醉过程中无肌松作用,表现肌张力增强,呈木僵状态。但痛觉完全消失,因此,不能用反射反应与肌肉松弛度来判定麻醉深度。氯胺酮毒性较小,常用剂量对心血管系统无明显抑制作用。对呼吸影响轻微。

用作牛、马、羊、猪及野生动物的基础麻醉药、麻醉药及化学保定药。

本品对驴、骡不敏感。用大于马 3 倍的剂量也不显现麻醉效果,甚至表现出兴奋症状;禽类用氯胺酮可致惊厥。故对驴、骡及禽类不适宜于用氯胺酮。

本品静脉注射宜缓慢,以免心动过速引起不良反应。

[制剂与用法用量]盐酸氯胺酮注射液,10 mg/mL、50 mg/mL。静脉注射,1次量,每千克体重:牛、马 2~3 mg;羊、猪 2~4 mg。肌内注射,1次量,每千克体重:羊、猪 10~15 mg;犬 10~20 mg;

猫 20~30 mg；灵长类动物 5~10 mg；熊 8~10 mg；鹿 10 mg；水貂 6~14 mg。

4. 速眠新（Xylazine）

又称846合剂。为保定宁（静松灵 +EDTA）、氟哌啶醇和双氢埃托啡等药物制成的复方制剂。

［理化性质］该药为无色透明液体，性质稳定，耐储藏，使用方便。

［作用与应用］是全身麻醉剂，具有中枢性镇痛镇静和肌肉松弛作用，麻醉时间为 40~90 min。东莨菪碱和阿托品类药物可以颉颃本药对心血管功能的抑制作用。本品用于大、小动物的保定及麻醉，常与氯胺酮配合使用。

对心血管系统、呼吸系统有一定的抑制作用，使心率减慢、呼吸次数减少，危重病例和有心脏病、呼吸系统疾病者禁用。

［不良反应］麻醉维持时间短，上呼吸道分泌物较多，易继发肺水肿，导致死亡；对心肺功能有抑制作用，从而导致死亡；苏醒慢且不平稳；在麻醉和苏醒的各个环节，都有可能发生麻醉意外（即麻药过敏性死亡）。

［制剂与用法用量］速眠新注射液，1.5 mL。一次量，每千克体重：纯种犬 0.04~0.08 mL，杂种犬 0.08~0.10 mL，兔 0.1~0.2 mL，大鼠 0.8~1.2 mL，小鼠 1.0~1.5 mL，猫 0.3~0.4 mL，猴 0.1~0.2 mL。肌内注射，一次量，每 100 千克体重：黄牛、奶牛、马属动物 1.0~1.5 mL，牦牛 0.4~0.8 mL，熊、虎 3~5 mL。用于镇静或静脉给药时，剂量应降至上述剂量的 1/3~1/2。

5. 舒泰（Zoletil）

本品为含唑拉西泮（肌松剂）和替拉他明（静剂）的分离麻醉剂。具备良好的麻醉、止痛、肌松作用，且安全性高、苏醒快、副作用少、无心肺功能抑制、无癫痫反应和短暂的体温下降，无肝与肾毒性，喉头、脸部与咽部的反射仍然维持。本品常制成注射液。

［理化性质］白色至淡黄色结晶性冻干粉末。加注射用水溶解后的溶液应澄清。

［作用与应用］麻醉迅速，静脉注射后 1 min 即可进入外科麻醉状态，肌内注射后 5~8 min 麻醉；用药后，动物处于熟睡状态，肌肉松弛，不会有疼痛感觉，安全而且恢复迅速，身体麻醉的同时伴随着轻微地失去知觉和意识；本品降低痛觉反射达到了深度止痛，肌肉松弛效果与吸入型麻醉剂类似。

主要用于小动物的外科手术。

［注意事项］①用药前建议禁食 12 h。②体温必须时时检测，注意保温。③用药期间眼睛张开并伴有瞳孔扩张，可用眼膏避免角膜干燥。④舒泰混合后可以在 4 ℃冰箱中保存 8 d。⑤舒泰可用于癫痫症患畜、糖尿病患畜和心脏功能不佳患畜。⑥麻醉前给药，阿托品每千克体重 0.04 mg 或胃长宁（又称格隆溴铵，抗胆碱药）每千克体重 0.01 mg，抗胆碱药能松弛平滑肌、抑制腺体分泌，利于呼吸道通畅，可降低迷走神经的兴奋，使心率加快。

［制剂与用法用量］舒泰注射液，20 mL：20 mg、50 mL：50 mg、100 mL：100 mg。

小于 30 min 的小手术，静脉注射，每千克体重 4 mg；肌内注射，每千克体重 7 mg，追加剂量是每千克体重 2.5 mg。

大于 30 min 的大手术,静脉注射,每千克体重 7 mg;肌内注射,每千克体重 10 mg,追加剂量是每千克体重 2~3 mg。健康动物大手术:静脉注射,每千克体重 5 mg,追加剂量是每千克体重 5 mg。老年动物大手术:静脉注射,麻醉前给药,每千克体重 2.5 mg;进行基础麻醉,麻醉剂量是每千克体重 5 mg;追加剂量是每千克体重 2.5 mg。

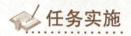 **任务实施**

戊巴比妥钠的全身麻醉作用观察

[目的] 观察戊巴比妥钠的全身麻醉作用及主要体征变化。

[材料]

(1) 动物　家兔。

(2) 药品　注射用戊巴比妥钠。

(3) 器材　注射器、测瞳尺、体温计、听诊器、乙醇棉球、台秤。

[方法]

(1) 取健康家兔一只,首先称取体重,然后观察其正常生理特征(呼吸数、脉搏数、瞳孔大小、肌肉紧张度、角膜反射、痛觉、体温等)并记录。

(2) 由耳静脉缓慢注入戊巴比妥钠注射液。剂量为每千克体重 0.25~0.5 g。记录进入麻醉的时间及开始苏醒的时间,并观察记录其生理特征(呼吸数、脉搏数、瞳孔大小、肌肉紧张度、角膜反射、痛觉、体温等),填写表 6-2。

表 6-2　戊巴比妥钠对家兔的麻醉效果观察

项目	正常	静脉注射给药
呼吸数 /(次 /min)		
脉搏数 /(次 /min)		
瞳孔大小 /mm		
肌肉紧张度		
痛觉		
体温 /℃		
角膜反射		
开始给药时间 /(h 或 min)		
产生麻醉时间 /(h 或 min)		
开始苏醒时间 /(h 或 min)		

［讨论］

(1) 为什么戊巴比妥钠静脉注射时必须缓慢操作？

(2) 在麻醉时为什么要时刻观察试验动物的体征变化？

任务反思

1. 根据手术及用药目的，局部麻醉药常采用哪些方式给药？

2. 在使用速眠新和舒泰进行全身麻醉时需注意什么问题？

任务小结

在外科手术过程中使用的麻醉药分为局部麻醉药和全身麻醉药，局麻药可使给药局部产生麻醉作用，全麻药作用于神经中枢使全身产生麻醉效果。在临床中根据手术的需求选择合适的麻醉方式、麻醉药物及使用剂量。

任务 6.3　解热镇痛药的认识与使用

任务背景

因数日阴雨连绵，某奶牛场病牛食欲废绝，停止反刍。四肢关节发生浮肿，伴有疼痛，呆立不动，出现跛行，甚至无法站立。请问同学们，可以用什么药物减轻它们的痛苦？

任务目标

知识目标：1. 理解解热镇痛药的作用机制。

2. 掌握常用解热镇痛药种类并熟知其作用。

技能目标：结合临床症状能正确选择并使用解热镇痛药。

任务准备

解热镇痛药是具有解热、镇痛作用，多数还有抗炎、抗风湿作用的药物。

解热镇痛药能抑制体内前列腺素（PG）的合成，选择性地作用于动物体温调节中枢，降低发热动物的体温,而对正常体温几乎无影响。

前列腺素既是使体温升高的致热原,又是一种炎症介质,具有使动物痛觉增敏作用,以及使局部炎症产生红、肿、热、痛等一系列反应。解热镇痛药的作用机制是抑制 PG 的合成,故既能使动物的体温恢复正常,又能达到消炎镇痛的目的。

一、苯胺类

对乙酰氨基酚(Paracetamol, Acetaminophen)

又名扑热息痛、醋氨酚。

[理化性质]本品是苯胺的衍生物,人工合成品。为白色或淡白色结晶性粉末,无臭,味微苦。在热水或乙醇中易溶,在水中微溶。

[体内过程]本品内服易吸收,0.5~1 h 达血药高峰浓度。在体内经肝代谢,肾排出。半衰期为 1~3 h。

[作用与应用]本品具有较强而持久的解热作用,副作用小,镇痛消炎作用弱,无抗风湿作用。临床中常作为中、小动物的解热镇痛药。

[不良反应]大剂量或长期反复使用,可引起高铁血红蛋白血症,出现组织缺氧、发绀。猫及肾功能损害的家畜禁用。

[制剂与用法用量]对乙酰氨基酚片,以对乙酰氨基酚计,5 g/片。内服,1 次量:牛、马 10~20 g;羊 1~4 g;猪 1~2 g;犬 0.1~1.0 g。肌内注射,1 次量:牛、马 5~10 g;羊 0.5~2.0 g;猪 0.5~1.0 g;犬 0.1~0.5 g。

二、吡唑酮类

吡唑酮类常用药物都是安替比林的衍生物,有氨基比林、安乃近、保泰松、羟基保泰松等。均有解热、镇痛、消炎、抗风湿作用。其中氨基比林和安乃近解热作用强,保泰松消炎效果好。

1. 氨基比林(Aminophenazone, Aminopyrine)

又名匹拉米洞。

[理化性质]本品为白色结晶性粉末,无臭,味微苦。遇光渐变质,能溶于水,水溶液呈碱性。

[体内过程]本品内服吸收迅速,很快达到血药高峰浓度,半衰期为 1~4 h。

[作用与应用]本品与巴比妥类合用能增强镇痛效果,有利于缓和疼痛症状。常用于治疗肌肉痛、神经痛和关节痛。对马、骡疝痛,发热病畜和急性风湿性关节炎也有一定的疗效,但镇痛效果弱。长期连续使用,易致白细胞减少症。

[制剂与用法用量]氨基比林片;复方氨基比林注射液,2 mL/支、5 mL/支、10 mL/支。内服,1 次量:牛、马 8~20 g;羊、猪 2~5 g;犬 0.13~0.40 g。皮下、肌内注射,1 次量:牛、马 0.6~1.2 g;

羊、猪 50~200 mg;兔 5~10 mg。

安痛定注射液,由 5% 氨基比林、2% 安替比林、0.9% 巴比妥制成的灭菌水溶液,为无色或带极微黄色的澄明溶液,2 mL、5 mL、10 mL。皮下、肌内注射:牛、马 0.6~1.2 g;羊、猪 50~200 mg。

2. 安乃近(Metamizole Sodium,Analgin)

又名罗瓦尔精、诺瓦经。

[理化性质] 本品为氨基比林与亚硫酸钠结合而成的化合物,为白色或黄色结晶性粉末,无臭,味微苦。易溶于水,溶液久置逐渐变黄,虽不影响药效,但刺激性增强。略溶于乙醇,不溶于乙醚。应遮光、密闭保存。

[体内过程] 本品肌内注射吸收迅速,10~20 min 出现药效。作用可持续 3~4 h。

[作用与应用] 安乃近解热作用较显著、镇痛效果强而快,有抗炎和抗风湿作用。在制止腹痛时不影响肠蠕动。常用于肠痉挛、肠臌气、关节疼、肌肉疼及神经痛等作为对症止痛药。长期使用本品可引起颗粒性白细胞减少,还有抑制凝血酶原形成、加重出血的倾向,剂量过大易导致大汗产生虚脱,应慎用。

[制剂与用法用量] 安乃近片、安乃近注射液,0.25 g/ 片、0.5 g/ 片、0.25 g/mL、0.5 g/2 mL、1.5 g/5 mL、3 g/10 mL。内服,1 次量:牛、马 4~12 g;羊、猪 2~5 g;犬 0.5~1.0 g。肌内注射,1 次量:牛、马 3~10 g;猪 1~3 g;羊 1~2 g;犬 0.3~0.6 g。静脉注射,1 次量:牛、马 3~6 g。

3. 保泰松(Phenylbutazone,Butazolidin)

又名布他酮、布他唑丁。

[理化性质] 本品为白色或微黄色结晶性粉末,味微苦。难溶于水,能溶于乙醇和乙醚,易溶于碱及氯仿。性质比较稳定。

[体内过程] 本品口服吸收迅速而完全,血药高峰浓度为 2 h,肌内注射吸收缓慢,血药高峰浓度可达 6~10 h。

[作用与应用] 保泰松具有较强的消炎抗风湿作用。解热作用较差,因毒性较大,一般不作解热镇痛药用。临床主要用于风湿病、关节炎、腱鞘炎、黏液囊炎及睾丸炎等。在治疗风湿病时,必须连续应用,直至病情好转为止。犬、猫对保泰松敏感,慎用。患畜有胃肠溃疡,心、肝、肾疾病者及食品动物、泌乳奶牛等禁用。

[制剂与用法用量] 保泰松片,0.1 g/ 片;保泰松注射液。内服,1 次量,每千克体重:马 2.2 mg,首量加倍;羊、猪 33 mg;犬 20 mg。2 次 /d,3 d 后用量酌减。

4. 氟尼辛葡甲胺(Flunixin Meglumine)

[理化性质] 本品为白色或黄白色结晶性粉末,无臭,易潮解。能溶于水、甲醇、乙醇,不溶于乙酸、乙酯。

[体内过程] 本品内服后迅速完全吸收,给药后 2 d 起效,有效血药浓度可维持 36 d,马属

动物内服吸收快,30 min 可达到血药高峰浓度,生物利用率为 80%。牛、猪、犬等动物内服、肌内给药吸收迅速,血浆蛋白结合率高。

[作用与应用] 本品是一种强效环氧化酶抑制剂,作用与非甾体抗炎药效果相同,所以不与非甾体抗炎药同时使用。本品解热、镇痛、抗炎和抗风湿作用明显。主要用于家畜及小动物的发热性、炎性疾病,肌肉疼或软组织疼等。内服可治疗马属动物的肌肉炎症及疼痛;注射给药可控制牛呼吸道疾病和内毒素血症所致的高热,马、牛、犬的内毒素血症所致的炎症,马属动物的骨骼肌炎症及疼痛。

[不良反应] 大剂量或长期使用,马、犬可发生胃肠溃疡(按推荐剂量连用 2 周以上,马也可能发生口腔溃疡)。牛连用 3 d 以上,可能会出现便血、血尿。

[注意事项] 本品不得用于泌乳期或哺乳期奶牛、肉牛和供人食用的马,种马和种公牛,脱水、胃肠道疾病和其他组织出血以及对氟尼辛葡甲胺过敏的动物。

犬对本品极敏感,因此对犬建议只用 1~2 次或连用不超过 5 d。马、牛不宜肌注,静注要缓慢,猪休药期为 28 d。

[制剂与用法用量] 氟尼辛葡甲胺片,氟尼辛葡甲胺针剂。内服,1 次量,每千克体重:犬、猫 2 mg,1~2 次 /d,连用不超过 5 d。肌内、静脉注射,1 次量,每千克体重:猪 2 mg;犬、猫 1~2 mg。1~2 次 /d,连用不超过 5 d。

三、水杨酸类

水杨酸类是苯甲酸类的衍生物,有水杨酸、水杨酸钠和阿司匹林等。水杨酸钠由于有刺激性,犬不适宜内服,只供外用,有抗真菌和溶解角质的作用。水杨酸钠和阿司匹林内服有解热镇痛和消炎、抗风湿作用。

阿司匹林(Aspirin, Acetylsalicylic Acid)

又名乙酰水杨酸、醋柳酸。

[理化性质] 本品为白色结晶或结晶性粉末,无臭或略带醋酸臭,味微酸。微溶于水,易溶于乙醇。能溶解于氯仿或乙醚。应密封,在干燥处保存。

[体内过程] 本品内服后 30~45 min 显效,经 2~3 h 达高峰,广泛分布于各组织,在肝脏代谢,主要以代谢物形式自尿排出,很少部分以水杨酸形式排出。维持时间 4~6 h。

[作用与应用] 阿司匹林是水杨酸的衍生物,解热、镇痛效果好,消炎、抗风湿作用强,还有促进尿酸排泄及抑制炎性渗出作用。常用于多种原因引起的高热、感冒、关节痛、风湿痛、神经肌肉痛、痛风症和软组织炎症等。对急性风湿症疗效迅速、确实。但只能缓解症状,不易根治。目前对人的治疗已用于防止血栓形成、术后心肌梗死等症。本品对猫有严重的毒性反应,不宜用于猫。本品长期使用易引起消化道出血,可用维生素 K 治疗,故不宜空腹投药。长期使用易引发胃肠溃疡。胃炎、胃溃疡、胃出血、肾功能不全患畜慎用。

［制剂与用法用量］阿司匹林片,0.3 g/片、0.5 g/片;复方阿司匹林（APC）片,每片含阿司匹林 0.226 g、非那西汀 0.162 g、咖啡因 0.032 4 g。内服:牛、马 15~30 g;羊、猪 1~3 g;犬 0.2~1.0 g。

四、其他

1. 吲哚美辛（Indometacin,Indocid）

又名消炎痛。

［理化性质］本品为人工合成的吲哚衍生物,呈白色或微黄色结晶性粉末,几乎无臭,无味。溶于丙酮,略溶于甲醇、乙醇、氯仿和乙醚,不溶于水。

［体内过程］本品单胃动物内服吸收迅速而完全,达血药高峰浓度时为 1.5~2 h。血浆蛋白结合率达 90%,一部分经肝代谢。排泄快,主要经尿排泄,少量经胆汁排出。

［作用与应用］本品具有消炎、解热、镇痛和肌肉松弛作用,其中抗炎作用最强,比保泰松强 84 倍,比氢化可的松也强。与这些药物合用,可减少它们的用量及副作用。解热、镇痛效果较差,但对炎性疼痛的效果比保泰松、安乃近和水杨酸钠强。对痛风性关节炎和骨关节炎的效果最强。能有效地减轻症状。主要用于慢性风湿性关节炎、神经痛、腱炎、腱鞘炎及肌肉损伤等。

［不良反应］能引起犬、猫恶心、腹痛、下痢等,有时还可引起溃疡。可致肝和造血功能损害。肾病及胃肠溃疡患畜慎用。

［制剂与用法用量］吲哚美辛片,25 mg/片。内服,1 次量,每千克体重:牛、马 1 mg;羊、猪 2 mg。

2. 苄达明（Benzydamine,Benzyrin）

又名炎痛静、消炎灵。

［理化性质］本品为白色结晶性粉末,无臭,味辛辣。易溶于水、乙醇或氯仿。

［作用与应用］本品具有解热、消炎、镇痛作用,对炎性疼痛的镇痛效果强于吲哚美辛,抗炎效果与保泰松相似或稍强,对急性炎症、外伤和术后炎症的效果明显。

主要用于手术伤、外伤和风湿性关节炎等炎性疼痛。副作用主要有食欲不振、恶心、呕吐。

［制剂与用法用量］炎痛静片,25 mg/片。内服,1 次量,每千克体重:牛、马 1 mg;羊、猪 2 mg。

3. 萘普生（Naproxen,Naprosyn）

又名萘洛芬、消痛灵、甲氧萘丙酸。

［理化性质］本品为白色或类白色结晶性粉末,无臭。溶于甲醇、乙醇或氯仿,略溶于乙醚,不溶于水。水溶解度与 pH 有关,pH 高时易溶,pH 低时不溶。

［体内过程］本品内服吸收完全,2~4 h 达血药高峰浓度,在血中 99% 以上与血浆蛋白结合,约 95% 自尿中以原形及代谢产物排出。半衰期为 46 h,药效在 5~7 h 后出现。

［作用与应用］本品具有镇痛、消炎或解热作用,抗炎作用比保泰松强 11 倍,镇痛作用为

阿司匹林的 7 倍,解热作用是阿司匹林的 22 倍。临床用于解除肌炎和软组织炎症的疼痛及跛行、风湿、痛风和关节炎。

狗对本品敏感,可见出血或胃肠道毒性。

[制剂与用法用量] 萘普生片,250 mg/ 片。内服,1 次量,每千克体重:马 5~10 mg;犬 2~5 mg。首量加倍。萘普生注射液,0.1 g/2 mL、0.2 g/2 mL。马静脉注射,1 次量:每千克体重 5 mg。

4. 布洛芬(Ibuprofen,Fenbid)

又名异丁苯丙酸、芬必得、拨怒风、异丁洛芬。

[理化性质] 本品为白色结晶性粉末,稍有特异臭,几乎无味。易溶于乙醇、乙醚、丙酮、氯仿,在水中几乎不溶,易溶于氢氧化碱或碳酸碱溶液中。

[体内过程] 本品犬内服吸收迅速,0.5~3 h 达血药高峰浓度,半衰期为 4~6 h。

[作用与应用] 本品解热、镇痛、抗炎作用比阿司匹林、保泰松强,镇痛作用比阿司匹林弱,但毒副作用比阿司匹林小。主要用于犬的运动系统(肌肉、骨骼)功能障碍伴发的炎症、疼痛及风湿性关节炎等。使用后 2~6 h 犬可见呕吐,2~6 周可见胃肠受损。

[制剂与用法用量] 布洛芬片,0.2 g/ 片。内服,1 次量,每千克体重:犬 10 mg。

5. 赛拉嗪(Xylazine,Rompun)

又名隆朋、甲苯噻嗪。

[理化性质] 本品为白色或类白色结晶性粉末,味微苦。不溶于水,溶于有机溶剂、药用盐酸盐。

[体内过程] 本品肌内注射或皮下注射吸收快。一般 1~5 min 起效,10~30 min 达血药高峰浓度,半衰期为 1~2 h。

[作用与应用] 本品具有镇静、镇痛和中枢性肌肉松弛作用。可使心脏传导抑制,心率、心搏出量减弱,降低心肌含氧量。对呼吸系统有抑制作用,使体温降低。能直接兴奋犬、猫的呕吐中枢,导致呕吐,故可作犬、猫的催吐药。

本品可作为牛、马、羊、犬、猫及鹿等野生动物的镇静与镇痛药,也可用于长途运输、去角、锯茸、去势、剖腹术、穿鼻术、子宫复位等复合麻醉及化学保定。

[注意事项] 马静脉注射速度宜慢,给药前可先注射小剂量阿托品(100 kg 体重 1 mg),以防心脏传导阻滞。牛用本品前应停食数小时,注射阿托品,手术时应采用伏卧姿势,并将头放低,以防异物性肺炎及减轻瘤胃气胀压迫心肺。中毒时,可用阿托品解救。

[不良反应] 本品可导致心率及血压失常;易引起牛呼吸抑制,对家畜妊娠后期不宜应用;能降低血清中 γ- 球蛋白,免疫系统受到影响而使免疫功能减弱。

[制剂与用法用量] 盐酸赛拉嗪注射液。肌内注射,1 次量,每千克体重:牛 0.1~0.3 mg;马 1~2 mg;羊 0.1~0.2 mg;犬、猫 1~2 mg;鹿 0.1~0.3 mg。

6. 柴胡（Bupleuri Radix）

[来源与成分] 本品为伞形科植物柴胡或狭叶柴胡的干燥根或全草。柴胡含有挥发油、柴胡皂苷、脂肪油、柴胡醇等。茎叶中还含有芸香苷。

[体内过程] 柴胡内服或肌内注射吸收迅速，1~1.5 h 达血药高峰浓度。

[作用与应用] 本品具有镇痛、镇静、镇咳、抗炎及降低血液中胆固醇的作用。常用于感冒及上呼吸道感染等的治疗。

[制剂与用法用量] 柴胡注射液，每 1 mL 相当于生药 1 g。肌内注射，1 次量：牛、马 20~40 g；羊、猪 5~10 g。内服，1 次量：牛、马 15~45 g；羊、猪 10~20 g。

 **任务实施**

常用解热镇痛药物临床应用的调查

[目的] 了解临床常用解热镇痛药的种类及其用途。

[材料] 笔记本、笔。

[方法] 通过网络或到附近兽药店进行调查。

[记录] 将调查结果记入表 6-3。

表 6-3　解热镇痛药临床应用情况的调查

药物名称	作用	作用动物	应用效果

[讨论] 何种情况应避免使用解热镇痛药阿司匹林？

任务反思

1. 解热镇痛类药物的主要作用有哪些？
2. 长期服用阿司匹林后机体会出现什么不良反应？

任务小结

对乙酰氨基酚、安乃近解热镇痛效果较好,适用于中、小动物感冒,各种炎症感染引起的发热,伴有疼痛性的疾病;阿司匹林除具有解热镇痛作用外还具有较强的消炎、抗风湿作用,主要用于家畜关节痛、风湿病、神经肌肉痛等,但长期使用易引起消化道溃疡。

任务 6.4 中枢神经兴奋药的认识与使用

任务背景

一病犬因过量注射苯巴比妥导致中毒,表现为昏迷、呼吸频率减慢。同学们,我们该使用什么药物对该犬进行急救?

任务目标

知识目标:1. 理解中枢神经兴奋药的作用机制。
　　　　　2. 掌握常用中枢神经兴奋药的种类并熟知其作用。
技能目标:结合临床症状能正确选择并使用中枢神经兴奋药。

任务准备

中枢神经兴奋药是指能提高中枢神经系统机能活动的一类药物。在常用治疗剂量时对中枢神经具有一定的选择性。根据药物的主要作用部位分为三类:

(1) 大脑皮质兴奋药,能提高大脑皮质神经兴奋性,改善大脑功能。如咖啡因。

(2) 延髓呼吸中枢兴奋药,能兴奋延髓中枢,直接或间接提高脊髓兴奋作用。如尼可刹米、回苏灵(二甲弗林)。

(3) 脊髓兴奋药,能提高脊髓兴奋作用。如士的宁。

一、大脑皮质兴奋药

咖啡因(Caffeine)
又名咖啡碱。

［理化性质］本品为白色或带极微黄绿色,质轻,柔软,有丝光的针状结晶或结晶性粉末,无臭。有风化性,略溶于水,难溶于醇。应密封保存。

［体内过程］咖啡因内服或注射给药,均易吸收,在各组织中分布均匀,易通过血脑屏障。

［作用与应用］

(1) 对中枢神经系统的作用　咖啡因对中枢神经系统各主要部位均有兴奋作用,特别是对大脑皮质有选择性兴奋作用。小剂量能增强对外界的感应性,精神表现兴奋症状;治疗量时,兴奋大脑皮质,能消除疲劳,加强肌肉收缩力;大剂量时,直接兴奋脊髓,易引起呼吸中枢麻痹,甚至死亡。

(2) 对心血管系统的作用　具有对中枢神经和外周神经的双重作用,且两方面作用表现相反。小剂量兴奋延髓的迷走神经中枢;中等剂量时,直接兴奋心肌,使心率增高;大剂量时,直接松弛外周血管(除脑血管)平滑肌,促使血管舒张。

(3) 利尿作用　咖啡因能增强肾血流量,提高肾小球滤过作用,抑制肾小管对钠离子的重吸收,具有利尿作用,并能直接兴奋骨骼肌,使其作用加强,还能影响糖和脂肪代谢等。

主要应用于高热、中毒或中暑(日射病、热射病)等引起的急性心力衰竭,做强心药。可调整病畜机能,使心脏收缩力加强,增加心排血量。亦可用于中枢神经抑制药物中毒、危重传染病和过度劳役引起的呼吸循环障碍等。与溴化物合用,可调节大脑皮层的活动,恢复大脑皮层的兴奋与抑制过程的平衡,还可用于心、肝、肾病引起的水肿等。

咖啡因用量过大、用药过频时,易引起中毒。中毒时,可用溴化物、水合氯醛、戊巴比妥等对抗兴奋症状,禁与鞣酸、苛性碱、碘银盐及酸性药物配伍,以免发生沉淀。

［制剂与用法用量］咖啡因粉。内服,1 次量:牛 3~8 g;马 2~6 g;羊、猪 0.5~2.0 g;犬 0.2~0.5 g;猫 0.05~0.10 g;鸡 0.05~0.10 g。一般给药 1~2 次 /d,严重的病畜给药间隔 4~6 h。

二、延髓呼吸中枢兴奋药

尼可刹米(Nikethamide,Coramine)

又名可拉明、二乙酰胺。

［理化性质］本品为人工合成品。为无色澄清或淡黄色油状液,置冷处,即成结晶性团状块,有轻微的特殊臭味,味苦。有引湿性。能与水、乙醇、乙醚或氯仿任意混合。

［体内过程］本品内服或注射均易吸收,通常以注射法给药。作用时间短,一次静脉注射仅持续 5~10 min。

［作用与应用］本品能直接兴奋延髓呼吸中枢,也可通过刺激颈动脉和主动脉,反射性兴奋呼吸中枢,使呼吸加深加快,并提高呼吸中枢对 CO_2 的敏感性,呼吸中枢受到抑制时作用更显著。对大脑皮质、血管运动中枢和脊髓兴奋作用弱,对其他器官无直接兴奋作用。

本品作用温和,持续时间短,安全范围广。常用于各种原因及某些疾病引起的呼吸抑制。如中枢神经抑制药中毒、因疾病引起的中枢性呼吸抑制、CO 中毒、溺水、新生仔畜窒息等。

经验证明，本品在解救中枢抑制药中毒方面，对吗啡中毒效果比对巴比妥类中毒效果好。

本品以静脉注射间歇给药方法为佳。注射速度不宜过快，剂量不宜过大，以免引起不良反应。

[制剂与用法用量] 尼可刹米注射液，0.25 g/mL、0.375 g/1.5 mL、0.5 g/2 mL、2.5 g/10 mL。静脉、肌内或皮下注射，1 次量：牛、马 2.5~5.0 g；羊、猪 0.25~1.00 g；犬 0.125~0.500 g。

三、脊髓兴奋药

士的宁（Strychnine）

又名番木鳖碱。

[理化性质] 本品是从植物番木鳖或马钱子的种子中提取的一种生物碱。硝酸士的宁为无色针状结晶或白色结晶性粉末，无臭，味极苦。溶于水，微溶于乙醇，不溶于乙醚。应遮光密闭保存。

[体内过程] 本品内服或注射均能迅速吸收，并较均匀地分布。排泄缓慢，易在体内蓄积。

[作用与应用] 士的宁能高度选择性地增强脊髓兴奋性。治疗量的士的宁能提高脊髓反射兴奋性，缩短脊髓反射时间，易传导神经冲动，使骨骼肌紧张度增强。中毒剂量可使全身肌肉强烈收缩，动物呈现强直性惊厥。

士的宁能兴奋延髓的呼吸中枢、血管运动中枢、大脑皮层和视觉分析器、听觉分析器等。

用小剂量可治疗因挫伤或跌打损伤等引起的脊髓性不全麻痹，如后躯麻痹、四肢不全麻痹及颜面神经不全麻痹、阴茎下垂等。

士的宁的毒性大，安全范围窄，若剂量过大或反复使用，易造成蓄积中毒。中毒时可用水合氯醛或巴比妥类药物解救，并应保持环境安宁，避免光、声音等各种刺激。

[制剂与用法用量] 硝酸士的宁注射液，2 mg/mL、20 mg/10 mL。皮下注射，1 次量：牛、马 15~30 mg；羊、猪 2~4 mg；犬 0.5~0.8 mg。

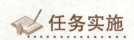 任务实施

家兔硝酸士的宁中毒及其解救试验

[目的] 观察致死剂量的硝酸士的宁对家兔的毒性作用及静脉注射水合氯醛注射液进行

解救的效果。

［材料］

（1）动物　家兔。

（2）药物　1% 硝酸士的宁注射液、10% 水合氯醛注射液。

（3）器材　注射器（2 mL、10 mL）、针头（6.5 号、6 号）、台秤、乙醇棉球等。

［方法］

（1）取家兔一只首先称取其体重，然后按每千克体重 0.6 mL 耳部皮下注射 0.1% 硝酸士的宁注射液。当以手击打家兔背部出现反射兴奋性增高、但未呈现全身痉挛症状（角弓反张）时，立即按每千克体重 1.5 mL 静脉注射 10% 水合氯醛注射液，注射水合氯醛后，家兔处于睡眠状态，如果仍然有明显惊厥，可再补给适量的水合氯醛注射液。

（2）另取一只家兔首先称取体重，然后按每千克体重 0.6 mL 耳部皮下注射 0.1% 硝酸士的宁注射液，至出现角弓反张症状后，立即静脉注射 10% 水合氯醛注射液并观察其效果。

［记录］结果记入表 6-4。

表 6-4　硝酸士的宁、水合氯醛的作用观察

家兔	药物	症状	解救药物	结果
1	硝酸士的宁	未出现惊厥	水合氯醛	
2	硝酸士的宁	出现惊厥	水合氯醛	

［讨论］临床应用士的宁及其制剂应当注意哪些问题？为什么？

任务反思

中枢神经兴奋药根据药物的主要作用部位可分为哪几类？各类代表药物是什么？主要有什么作用？

任务小结

中枢神经兴奋药根据药物的作用部位分为大脑皮质神经兴奋药、延髓呼吸中枢兴奋药、脊髓兴奋药。咖啡因主要用于高热、中毒或中暑（日射病、热射病）等引起的急性心力衰竭；尼可刹米主要用于治疗各种原因引起的呼吸抑制；跌打损伤导致的脊髓性不全麻痹可用小剂量的士的宁治疗。

任务 6.5　作用于传出神经系统的药物的认识与使用

📖 任务背景

小王家的小狗在昨天晚上喂了大量的爆米花后开始不吃食,于是就带到了附近的宠物诊所去看病,在输完液后大约 20 min,小狗出现张口呼吸、失去意识、抽搐、弓角反张、瞳孔散大、粪尿失禁等表现,情况十分严重。当值医生迅速查看了处方,说可能是用了青霉素后引起的过敏反应,并马上给小狗紧急注射了一针药物,请问他是用什么药物进行急救的呢?

☀ 任务目标

知识目标:1. 了解作用于传出神经系统的药物的作用机制。

　　　　　2. 掌握常用于传出神经系统的药物种类并熟知其作用。

技能目标:能结合临床症状正确选择使用作用于传出神经系统的药物。

🖌 任务准备

作用于传出神经末梢部位的药物种类颇多,临床运用较广,但都是通过作用于神经末梢的突触部位,影响突触传递的生理生化过程而产生拟似或拮抗传出神经功能的效应。

传出神经包括支配内脏器官的内脏神经(又称自主神经、植物性神经)和支配骨骼肌的运动神经。内脏神经又分为交感神经和副交感神经。内脏神经需要在神经节内的突触更换神经元,才能达到所支配的效应器。因此,所有的内脏神经都具有节前纤维和节后纤维。

传出神经末梢与效应器的接头或与一级神经元的接头称为突触。神经冲动达到传出神经末梢时,由突触外膜释放一种化学物质,称为递质或介质。

传出神经末梢释放的递质有乙酰胆碱和去甲肾上腺素。

释放乙酰胆碱的神经称为胆碱能神经。能与乙酰胆碱递质结合的受体称为胆碱受体。胆碱受体又分为以下两种:

毒蕈碱型胆碱受体(M 受体、M 胆碱受体)为副交感神经节后纤维所支配的效应器细胞膜上的胆碱受体,因对毒蕈碱敏感而得名。阿托品类药物能选择性地阻断 M 受体兴奋。

烟碱型胆碱受体(N 受体)为内脏神经节细胞膜和骨骼肌细胞膜上的胆碱受体。因对烟碱敏感而得名。

释放去甲肾上腺素的神经称为肾上腺素能神经。凡能与去甲肾上腺素结合的受体称为肾上腺素受体。

肾上腺素受体又分为 α 受体与 β 受体。β 受体又分为 $β_1$ 受体与 $β_2$ 受体。腹腔内脏的血管平滑肌以 α 受体为主，并分布有 $β_2$ 受体。心脏主要以 $β_1$ 受体为主，支气管和血管平滑肌以 $β_2$ 受体为主。

作用于传出神经末梢的药物根据对受体或递质的作用不同，分为拟胆碱药、抗胆碱药、拟肾上腺素药、抗肾上腺素药。

一、拟胆碱药

拟胆碱药是指能呈现同胆碱能神经兴奋时相似作用的药物。

1. 毛果芸香碱（Pilocarpine）

又名匹鲁卡品。

［理化性质］本品为非洲产的毛果芸香属植物毛果芸香叶中提取的一种生物碱。现已人工合成。临床上使用的是硝酸毛果芸香碱。为白色有光泽的结晶性粉末，无臭，味略苦。易溶于水，遇光易变质。

［体内过程］本品皮下注射吸收迅速，10 min 后作用最明显，持续 1~3 h。

［作用与应用］毛果芸香碱能直接地选择性兴奋 M 胆碱受体，引起类似节后胆碱能神经兴奋的效应，表现为体内副交感神经兴奋样作用。

对各种腺体和胃肠道平滑肌有强烈的兴奋作用。最强的是唾液腺、泪腺、支气管腺，其次是胃肠腺体和胰腺，然后是汗腺。对心血管系统及其他器官影响较小，一般不引起心率、血压变化。

对眼部作用明显，无论注射还是点眼，都能使虹膜括约肌收缩而使瞳孔缩小。致使虹膜括约肌收缩，使眼前房角间隙扩大，房水容易通过巩膜静脉窦进入循环，从而使眼内压降低。

临床常用于治疗大动物不全阻塞的便秘、前胃弛缓、瘤胃不全麻痹、手术后肠麻痹、猪食道梗塞等；用 1%~3% 溶液滴眼作为缩瞳剂，与阿托品交替使用，治疗虹膜炎或周期性眼炎，以防止虹膜与晶状体粘连。

［注意事项］

（1）治疗肠便秘时，用药前应大量灌水、补液，并注射强心剂，以缓解循环障碍。

（2）应用本品后如出现呼吸困难或肺水肿，应保持患畜安静，积极采取对症治疗，可用注射氨茶碱以扩张支气管，注射氯化钙以制止渗出。

（3）禁用于老年、体弱、妊娠、心肺疾患及完全阻塞、便秘的患畜。本品中毒时可用阿托品解救。

［制剂与用法用量］硝酸毛果芸香碱注射液，10 mg/mL、20 mg/2 mL。皮下注射：马 30~

300 mg；羊、猪 5~50 mg；犬 3~20 mg。兴奋瘤胃：牛 40~60 mg。

2. 新斯的明（Neostigmine，Proserine）

又名普洛色林、普洛斯的明。

［理化性质］本品呈白色结晶性粉末，无臭，味苦。易潮解，极易溶于水，在乙醇中易溶。遇光易变成粉红色。应遮光、密封保存。

［体内过程］本品口服不易吸收，且吸收不规则，很难通过血脑屏障，滴眼也不易通过角膜，血浆蛋白结合率低。

［作用与应用］本品为人工合成的毒扁豆碱的代用品。通过可逆性地抑制胆碱酯酶的活性，使体内乙酰胆碱的浓度增高，呈现完全拟胆碱作用。对胃肠道和膀胱平滑肌作用较强，对骨骼肌的兴奋作用最强，对心血管系统、各种腺体和虹膜等作用较弱，对中枢神经作用不明显。

临床主要用于治疗重症肌无力、反刍动物前胃弛缓或马肠道弛缓、子宫收缩无力和胎衣不下、便秘疝、肠弛缓、前胃迟缓、术后腹部气胀、尿潴留、箭毒中毒和大剂量氨基苷类抗生素引起的呼吸衰竭等。

机械性肠梗阻、胃肠完全阻塞或麻痹、痉挛疝及孕畜等禁用。本品中毒可用阿托品解毒。

［制剂与用法用量］甲基硫酸新斯的明注射液，0.5 mg/mL、1 mg/mL、10 mg/10 mL。皮下注射或肌内注射，1 次量：牛 4~20 mg；马 4~10 mg；羊、猪 2~5 mg；犬 0.25~1.00 mg。

二、抗胆碱药

抗胆碱药又称胆碱受体阻断药，是指能减弱或阻断乙酰胆碱或拟胆碱药作用的药物。

1. 阿托品（Atropine）

［理化性质］本品是从茄科植物颠茄、莨菪或曼陀罗等提出的生物碱，现已人工合成。硫酸阿托品为无色结晶或白色结晶性粉末，无臭，味苦。易溶于乙醇，极易溶于水。有风化性。遇光易变质，应密封保存。

［体内过程］本品经消化道易吸收，能迅速分布于全身组织，能透过胎盘和血脑屏障，大部分经尿排出。

［作用与应用］

（1）松弛平滑肌　阿托品对内脏平滑肌具有松弛作用，对正常活动的平滑肌影响很小，而当平滑肌过度收缩和痉挛时，松弛作用极明显，可缓解或消除胃肠绞痛。较大剂量时可引起胃肠道括约肌的强烈收缩，使消化液的分泌剧减。对子宫平滑肌一般无效。

（2）抑制腺体分泌　对多种腺体有抑制作用，小剂量能显著地抑制唾液腺、支气管腺、汗腺等的分泌；较大剂量可减少胃液分泌，但对胃酸、胰腺、肠液的影响很小；对马、羊的汗腺影响很小；对乳汁的分泌一般没有影响。

（3）对心血管作用　阿托品对正常心血管系统无显著影响，但可引起心率加快，大剂量阿托品能松弛血管平滑肌,解除小血管痉挛,使微循环系统血流通畅,增加组织血液供应量,改善微循环。

(4) 兴奋中枢神经 大剂量阿托品有明显的中枢兴奋作用,如兴奋迷走神经中枢、呼吸中枢,兴奋大脑皮质运动区和感觉区,对治疗感染性休克和有机磷中毒有一定疗效。

(5) 散瞳和解毒作用 阿托品无论滴眼还是注射,均可使虹膜括约肌松弛,使瞳孔散大。由于瞳孔散大使虹膜向外缘扩展,压迫眼前房角间隙,阻碍房水流入巩膜静脉窦,引起房水蓄积,眼内压升高。家畜发生有机磷农药中毒时,由于体内乙酰胆碱的大量堆积,出现强烈的 M 样和 N 样作用。此时应用阿托品治疗,能迅速有效地解除 M 样作用的中毒症状。但对 N 样作用的中毒症状无效。

本品主要用于调节肠蠕动,缓解平滑肌痉挛(如肠痉挛、肠套叠、急性肠炎和毛粪石等病例)。也可用于有机磷酸酯类中毒和拟胆碱药中毒或呈现胆碱能神经兴奋症状的中毒时解救。常与胆碱酯酶复活剂——解磷定、双复磷等配合应用。对锑中毒引起的心律失常、硫酸喹脲等抗原虫药引起的严重不良反应都有一定的防治作用。

本品在麻醉前 15~20 min 小剂量皮下注射,能防止呼吸道阻塞和吸入性肺炎及反射性的心跳停止。大剂量可用于中毒性菌痢、中毒性肺炎等并发引起的感染中毒性休克。也常以 0.4%~1% 溶液点眼,与毛果芸香碱交替使用,可防止急性炎症时晶状体、睫状体和虹膜粘连,用于治疗虹膜炎、周期性眼炎及做眼底检查用。

[不良反应] 阿托品在治疗剂量时常见的副作用有口干、便秘、肠臌胀、皮肤干燥等。一般停药后可逐渐消失。剂量过大,除出现一系列中枢兴奋症状,如狂躁不安、惊厥、瞳孔扩大、脉搏与呼吸数增加、兴奋不安、肌肉震颤等,严重时表现体温下降、昏迷、呼吸运动麻痹等中枢中毒症状。阿托品过量中毒时,可应用毛果芸香碱、新斯的明或毒扁豆碱对抗其周围作用和部分中枢症状。还应加强护理,注意导尿、强心输液等对症治疗。

[制剂与用法用量] 硫酸片剂,0.3 mg/片。内服,1 次量,每千克体重:犬、猫 0.02~0.04 mg。硫酸阿托品注射液,0.5 mg/mL、1 mg/2 mL、5 mg/mL。皮下注射,1 次量:牛、马 15~30 mg;羊、猪 2~4 mg;犬 0.3~1.0 mg;猫 0.05 mg。麻醉前给药,牛、马、羊、猪、犬、猫 0.02~0.05 mg。用于中毒性休克或解救有机磷化合物中毒时,可皮下、肌内或静脉注射,1 次量,每千克体重:牛、马、羊、猪 0.5~1.0 mg;犬、猫 0.10~0.15 mg;禽 0.1~0.2 mg。

2. 氢溴酸东莨菪碱(Scopolamine Hydrobromide)

[理化性质] 东莨菪碱是我国从茄科植物唐古特莨菪中提取的生物碱,为白色结晶或颗粒性粉末,无臭,味苦,辛。略有风化性。在水中极易溶解。

[作用与应用] 本品作用与阿托品相似,但稍弱。大剂量也能引起一些动物兴奋。与阿托品相比,解痉作用是阿托品的 10~20 倍。副作用少,毒性低。

主要应用于有机磷化合物中毒的解救。也可用于麻醉前给药及感染性休克的治疗。作用好于阿托品。

[制剂与用法用量]氢溴酸东莨菪碱注射液,0.3 mg/mL、0.5 mg/mL。皮下注射,1 次量:牛 1~3 mg;羊、猪 0.2~0.5 mg。

三、拟肾上腺素药

拟肾上腺素药又称肾上腺素受体激动药,是指能呈现同肾上腺素能神经兴奋时相似作用的药物。

1. 肾上腺素(Epinephrine,Adrenaline)

又名副肾素。

[理化性质]本品是肾上腺髓质嗜铬细胞分泌的激素。药用的肾上腺素是由动物肾上腺提取或人工合成的。天然品为左旋异构体,合成品为消旋体。药用盐酸盐为白色或类白色结晶性粉末,无臭,味苦。微溶解于水,不溶于乙醇。遇阳光及空气易氧化变质,在中性或碱性水溶液中不稳定。注射液为无色澄清液体,变色后则不可使用。应遮光,减压严封,在阴暗处保存。

[体内过程]本品内服达不到有效血液浓度,注射吸收快,但作用持续时间短,静脉注射维持作用 5~10 min,肌内注射维持作用 20~30 min,皮下注射维持作用 1 h 左右。

[作用与应用]肾上腺素能激动 α 受体与 β 受体,主要表现为兴奋心血管系统、抑制支气管平滑肌兴奋、促进分解代谢等。

作用如下:

(1) 对心脏的作用 由于肾上腺素能兴奋心脏的 β 受体而使心脏兴奋性加强,使心脏收缩力加强、心率增快及传导加速,心排血量与搏出量增加,扩张冠状血管,改善心肌的血液供应,呈现快速强心作用。但心肌的代谢增强,耗氧增加;若此时剂量过大或静脉注射速度过快,可导致心律失常,甚至心室颤动。

(2) 对血管的作用 肾上腺素对血管有收缩和扩张两种作用,使以 α 受体占优势的血管如皮肤、黏膜及内脏(如肾脏)的血管强烈收缩;对以 β 受体占优势的血管(如冠状血管和骨骼肌血管)则呈扩张状态。对肺和脑血管的收缩作用很微弱,但有时因血压升高反而被动扩张。肾上腺素对小动脉和毛细血管作用强,对静脉和大动脉的作用较弱。

(3) 对平滑肌的作用 通过兴奋 β 受体可松弛支气管平滑肌,特别是在支气管痉挛时这种作用更显著,也能使肥大细胞减少释放组胺等能使支气管平滑肌紧张的过敏物质。利于消除黏膜表面充血和水肿,对胃肠道和膀胱平滑肌松弛作用弱,对其括约肌收缩强,对猪、牛子宫平滑肌有兴奋作用,对马不明显。

(4) 其他 肾上腺素能兴奋呼吸中枢,可使马、羊等动物发汗,兴奋竖毛肌,能使瞳孔散大;活化代谢,增加细胞耗氧量,能促进肝糖原、肌糖原分解,能升高血糖,使血中乳酸含量增多,并能加速脂肪分解,使血中游离脂肪酸增加,加快糖和脂肪的代谢,增加细胞耗氧量等。

临床常应用于:

(1) 心脏骤停的急救,如过敏性休克、溺水、CO 中毒、药物中毒、手术麻醉过度。

(2) 外用局部止血,如鼻黏膜、子宫或手术部位出血时,可用纱布浸以 0.15% 盐酸肾上腺素溶液填充出血处,制止出血。

(3) 用于过敏性疾病,如严重荨麻疹、湿疹、支气管痉挛、蹄叶炎。对免疫血清和疫苗引起的过敏反应也有效。

(4) 与普鲁卡因等局部麻醉药配伍,能使局部麻醉药作用延长,减少局部麻醉药的吸收。

[注意事项] 本品不宜与强心苷、氯化钙等具有强心作用的药物并用。急救时,可根据病情将 0.1% 肾上腺素注射液做 10 倍稀释后静脉输入。必要时可做心室内注射,并配合有效的人工呼吸、心脏挤压和纠正酸中毒等综合治疗措施。

[制剂与用法用量] 盐酸肾上腺素注射液,0.5 mg/0.5 mL、1 mg/mL、5 mg/5 mL。皮下或肌内注射,1 次量:牛、马 2~5 mL;羊、猪 0.2~1.0 mL;犬 0.1~0.5 mL;猫 0.1~0.2 mL。静脉注射,1 次量:牛、马 1~3 mL;羊、猪 0.2~0.6 mL;犬 0.1~0.3 mL;猫 0.1~0.2 mL。

2. 麻黄碱(Ephedrine)

又名麻黄素。

[理化性质] 本品是从中药麻黄中提取的生物碱,现已可人工合成。化学性质稳定,其盐酸盐为白色针状结晶性粉末,无臭,味苦。遇光易变质,易溶于水和乙醇。应遮光、密闭保存。

[体内过程] 本品内服易吸收且安全,注射吸收迅速,可通过血脑屏障,大量以原形从尿中排出,少量在肝内代谢。

[作用与应用] 本品的作用与肾上腺素相似,除能直接兴奋 α 和 β 受体外,还可促进神经末梢释放递质,间接发挥拟肾上腺素作用。

能兴奋心脏,增强心肌收缩力和增加心脏血液输出量;对支气管平滑肌的松弛作用强而持久,能解除支气管痉挛;较大剂量能兴奋大脑皮质和皮质下中枢,引起精神兴奋、不安等。对呼吸中枢和血管运动中枢也有兴奋作用。可作麻醉药中毒时的苏醒药。反复使用易产生快速耐药性。临床主要用作平喘药,治疗支气管哮喘、荨麻疹及过敏性疾病等。用 0.5%~1.0% 溶液滴鼻,外用治疗鼻炎,以消除黏膜充血、肿胀。

[制剂与用法用量] 麻黄素片剂,25 mg/片。盐酸麻黄素注射液,30 mg/mL、150 mg/5 mL。内服,1 次量:牛、马 50~500 mg;羊 20~100 mg;猪 20~50 mg;犬 10~30 mg;猫 2~5 mg。皮下注射,1 次量:牛、马 50~300 mg;羊、猪 20~50 mg;犬 10~30 mg。

3. 去甲肾上腺素(Norepinephrine,Noradrenaline)

又名正肾素。

[理化性质] 药用其酒石酸盐。为白色或近乎白色的结晶性粉末,无臭,味苦。易溶于水,

微溶于乙醇,不溶于氯仿及乙醚。化学性质不稳定,遇光或空气易变质,其制剂变为红色后不能使用。应遮光、密闭保存。

［体内过程］本品内服无效,皮下或肌内注射也很少吸收,一般采用静脉注射给药。

［作用与应用］去甲肾上腺素有强烈的血管收缩作用,对皮肤、黏膜血管收缩作用最明显,其次为肾、脑、肝、肠系膜及骨骼肌血管,可使冠状血管扩张。能兴奋心脏,升高血压,使心肌收缩力加强,心率加快,传导加速,心搏出量增加。

主要用于抗休克。如神经源性休克、中毒性休克、心源性休克。不能长期或大剂量使用,否则易引起血管持续强烈收缩,加重组织缺氧及微循环障碍。

［制剂与用法用量］重酒石酸去甲肾上腺素注射液,2 mg/mL、10 mg/2 mL。静脉滴注,1 次量:牛、马 8~12 mg;羊、猪 2~4 mg。临用时在 100 mL 5% 葡萄糖液中加入本品 0.8~1.0 mg,即每毫升含 8~10 μg。羊、猪按每分钟 2 mL 速度滴注,大动物可酌情加快。静脉注射时,严防药液外漏。

四、抗肾上腺素药

抗肾上腺素药又称肾上腺素受体阻断药,能与肾上腺素受体结合,但对受体无兴奋作用,阻碍去肾上腺素能神经递质或外源性拟肾上腺素与受体结合,从而产生抗肾上腺素作用。

1. 普萘洛尔(Propranolol)

又名心得安。

［理化性质］本品为白色或类白色结晶性粉末,无臭,味微甜后苦。易溶于水。

［作用与应用］普萘洛尔有很强的阻断 β 受体作用,但对 $β_1$ 和 $β_2$ 受体的选择性较低,且无内在拟交感活性。可阻断心脏的 $β_1$ 受体和平滑肌 $β_2$ 受体,使心率减慢、血压下降、支气管收缩等。

主要用于多种原因所致的心律失常。

［制剂与用法用量］盐酸普萘洛尔片、盐酸普萘洛尔注射液。内服,1 次量:马,每 450 kg 体重 150~350 mg;犬 5~40 mg;猫 2.5 mg,每日 3 次。静脉注射,1 次量:马每 100 kg 体重 5.6~17.0 mg,2 次/d;犬 1~3 mg(以每分钟 1 mg 的速度注入);猫 0.25 mg(稀释于 1 mL 生理盐水中注入)。

2. 酚妥拉明(Phentolamine, Regitine)

［理化性质］本品为白色或类白色的结晶性粉末,无臭,味苦。易溶于水和乙醇。

［作用与应用］本品能舒张血管,使血压及肺动脉压与外周阻力降低,同时能使心脏收缩力加强,心率增速,心排血量增加,也能加强胃肠平滑肌张力。

主要用于犬休克治疗。但使用时必须补充血容量,最好与去甲肾上腺素配合使用。

［制剂与用法用量］甲基磺酸酚妥拉明注射液。静脉滴注,1 次量:犬、猫 5 mg,以 5% 葡萄糖注射液 100 mL 稀释滴注。

**任务实施**

作用于传出神经系统的药物对家兔眼瞳孔的作用

［目的］观察拟胆碱药物和抗胆碱药物对家兔眼瞳孔的影响及其作用机制。

［材料］

（1）动物 家兔。

（2）药品 硝酸毛果芸香碱、硫酸阿托品。

（3）器材 1 mL注射器、测量尺。

［方法］

（1）取家兔一只，适度光照下用瞳孔测量尺测量两眼瞳孔直径大小（mm），填入表6-5。

（2）用手电筒光突然从侧面照射兔眼，观察对光反射是否存在。

（3）拉开兔眼睑并用手指压住鼻泪管，向家兔结膜囊内滴药各两滴（左眼：1% 硫酸阿托品；右眼：1% 硝酸毛果芸香碱）。

（4）滴药后10 min，测量兔眼瞳孔大小和对光反射，填写表6-5。

表6-5 硝酸毛果芸香碱、硫酸阿托品对家兔眼瞳孔影响的作用观察

兔眼	药物	瞳孔大小/mm		对光反射	
		给药前	给药后	给药前	给药后
左	硫酸阿托品				
右	硝酸毛果芸香碱				

［讨论］试从实验结果分析硝酸毛果芸香碱和硫酸阿托品对家兔眼瞳孔的作用之不同。

**任务反思**

1. 根据作用于传出神经末梢的药物对受体或递质的作用不同，可将药物分为哪几类？各类代表药物是什么？

2. 肾上腺素和去甲肾上腺素同为拟肾上腺素药，在使用时有何不同？

任务小结

根据药物对受体或递质的作用不同，分为拟胆碱药、抗胆碱药、拟肾上腺素药、抗肾上腺

素药。毛果芸香碱为拟胆碱药,对各种腺体和胃肠道平滑肌有较强的兴奋作用,临床常用于治疗胃肠道平滑肌运动迟缓引起的疾病;抗胆碱药阿托品可松弛内脏平滑肌,主要用于调节肠蠕动,缓解平滑肌痉挛,也可用于有机磷中毒的解救;肾上腺素受体激动剂是抗休克过程中常用的心血管系统兴奋药,肾上腺素主要用于治疗过敏性休克和心脏骤停,去甲肾上腺素主要用于神经源性休克、中毒性休克和心源性休克;抗肾上腺素药酚妥拉明能舒张血管,降低血管外周阻力,常与去甲肾上腺素合用治疗犬休克。

项 目 总 结

作用于神经系统药物的合理选用

作用于神经系统药物的合理选用如图6-1所示。

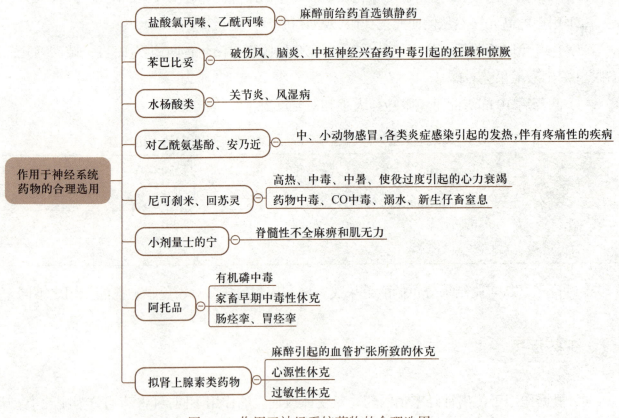

图6-1　作用于神经系统药物的合理选用

项 目 测 试

一、名词解释

镇静药;抗惊厥药;局麻药;全身麻醉药;解热镇痛药。

二、填空题

1. 复合麻醉的方式有_____、_____、_____和_____。

2. 安定药有_____和_____。

3. 硫酸镁注射液可用于_____,硫酸镁溶液口服可用作_____。

4. 对乙酰氨基酚具有_____作用。

5. 大脑皮层兴奋药应选用_____。

6. 呼吸兴奋药应选用_____。

7. 四肢麻痹、肌无力时应选用的脊髓兴奋药是_____。

8. 中枢抑制药过量解救药是_____。

9. 局部麻醉药临床常用方式有_____、_____、_____、_____和_____。

10. 临床常用的抗胆碱药有_____和_____。

三、单项选择题

1. 可用于强化麻醉的药物是(　　　　)。

   A. 阿托品　　　　　　　　　　　　B. 氯丙嗪

   C. 硫喷妥钠　　　　　　　　　　　D. 盐酸普鲁卡因

2. 水合氯醛的不良作用是(　　　　)。

   A. 祛风制酵　　　　　　　　　　　B. 催眠、镇静

   C. 麻醉　　　　　　　　　　　　　D. 呼吸抑制

3. 巴比妥类药物中麻醉作用强、持效时间短的是(　　　　)。

   A. 苯巴比妥　　　　　　　　　　　B. 戊巴比妥

   C. 硫喷妥　　　　　　　　　　　　D. 巴比妥

4. 常用于配合麻醉的药物是(　　　　)。

   A. 氯胺酮　　　　　　　　　　　　B. 静松灵

   C. 盐酸普鲁卡因　　　　　　　　　D. 乌拉坦

5. 下列药物中不具有解热、镇痛及抗风湿作用的是(　　　　)。

   A. 氯丙嗪　　　　　　　　　　　　B. 乙酰水杨酸

   C. 保泰松　　　　　　　　　　　　D. 氨基比林

6. 可用于表面麻醉的药物是(　　　　)。

   A. 盐酸普鲁卡因　　　　　　　　　B. 盐酸丁卡因

   C. 毒蕈碱　　　　　　　　　　　　D. 尼古丁(烟碱)

7. 下列药物中不属于拟胆碱的药物是(　　　　)。

   A. 毛果芸香碱　　　　　　　　　　B. 毒扁豆碱

   C. 新斯的明　　　　　　　　　　　D. 麻黄碱

8. 麻黄碱中毒可用的解救药是(　　)。

    A. 阿托品　　　　　　　　　　B. 巴比妥

    C. 盐酸丁卡因　　　　　　　　D. 肾上腺素

9. 阿托品过量中毒的解救药是(　　)。

    A. 肾上腺素　　　　　　　　　B. 颠茄酊

    C. 琥珀胆碱　　　　　　　　　D. 新斯的明

10. 氯丙嗪不具有的适应证是(　　)。

    A. 镇吐　　　　　　　　　　　B. 解热镇痛

    C. 麻醉前用药　　　　　　　　D. 防暑降体温

四、问答题

1. 为克服全身麻醉药的不足,增强其安全范围和作用强度,应采取哪些有效的措施?

2. 氯胺酮和赛拉唑各有何作用、特点及主要的临床用途?

3. 简述镇静药和抗惊厥药的概念,以及各自代表药物的作用与应用。

4. 简述临床中常用的抗组胺、解热镇痛、消炎药物的作用特点及用途。

5. 简述盐酸普鲁卡因的作用、应用及常用的适宜浓度。

6. 比较盐酸普鲁卡因和盐酸利多卡因的作用特点,说说应用中应注意些什么。

7. 什么是拟胆碱药、抗胆碱药及拟肾上腺素药? 举出常用的代表药物及其作用方式。

8. 比较毛果芸香碱和新斯的明的作用和应用有何不同。

9. 试述阿托品在兽医临床中的应用。

10. 根据肾上腺素的作用机制,简述其对机体机能的影响和在临床中的应用。

影响组织代谢的药物

项目导入

动物体是一个极其复杂的有机整体,组成机体的每个组织细胞每时每刻都在进行着新陈代谢,动物体能保持健康的前提条件是体内各细胞与组织之间彼此分工合作、相互依存与协调,保持着体内环境稳定且与周围环境间的动态平衡。当动物体与周围环境动态平衡被破坏时,如何通过应用组织代谢类药物重新让动物机体恢复健康且与环境间保持平衡呢?

调整动物体内环境稳定且与外环境保持平衡的药物有:由肾上腺皮质分泌的肾上腺皮质激素、作用于机体免疫系统的抗组胺药、调节体液的水盐代谢调节药及补充机体营养物质的维生素、钙磷及微量元素等。

本项目将要完成 5 个学习任务:(1)肾上腺皮质激素的认识与使用;(2)抗组胺药的认识与使用;(3)水盐代谢调节药的认识与使用;(4)维生素的认识与使用;(5)钙、磷及微量元素的认识与使用。通过药效试验观察,正确理解治疗作用与不良反应的关系;理解维生素等营养物质对机体的重要性,树立均衡营养的健康生活观。

任务 7.1　肾上腺皮质激素的认识与使用

任务背景

宠物医院来了一只 4 岁的母犬,表现精神不佳、呕吐、饮水增加、腹部增大、外阴部有分泌物流出。经医生诊断,发现该犬患"子宫蓄脓"疾病,且血液中中性粒细胞数量升高。随后医生对该犬进行了子宫摘除手术,在住院治疗过程中医生给它应用了地塞米松和氨苄西林输液治疗。医生为什么要在这个病例中应用地塞米松对犬进行辅助治疗?地塞米松在治疗犬严重感染病例中起到了什么作用呢?

任务目标

知识目标:掌握常用糖皮质激素的种类与应用注意事项。

技能目标:会正确使用糖皮质激素类药物对患病动物进行治疗。

任务准备

肾上腺皮质激素(简称皮质激素)是肾上腺皮质所分泌激素的总称。皮质激素按其生理作用不同可分为两类:①盐皮质激素;②糖皮质激素。盐皮质激素以醛固酮和脱氧皮质醇为代表,主要影响水盐代谢,对维持机体的电解质平衡和体液容量起重要作用。药理剂量的盐皮质激素只用作肾上腺皮质功能不全的替代疗法,在兽医临床上实用价值不大。糖皮质激素以可的松和氢化可的松为代表,生理水平上对糖类、蛋白质和脂肪的代谢起调节作用,并能提高机体对各种不良刺激的抵抗力。药理剂量的糖皮质激素具有明显的抗炎、抗毒、抗免疫和抗休克的作用,被广泛应用于兽医临床。以下主要介绍糖皮质激素。

一、糖皮质激素类药物的特性

虽然从动物的肾上腺素中可提取天然的激素,但目前兽医临床上所用的糖皮质激素均为人工合成的新型糖皮质激素。兽医临床上应用的糖皮质激素有泼尼松、泼尼松龙、氢化可的松、曲安西龙、地塞米松、氟地塞米松、倍他米松。

1. 体内过程

糖皮质激素经胃肠道吸收迅速,一般在 2 h 内出现血药高峰浓度,肌内或皮下注射后,可在 1 h 内达到高峰浓度,进入血液的糖皮质激素,少部分呈游离状态,大部分与血浆蛋白结合。

2. 药理作用

(1) 抗炎 糖皮质激素对物理、化学、生物及免疫等多种原因引起的炎症和各种类型炎症的全过程都有强大的对抗作用。炎症初期,能抑制炎症局部的血管扩张,降低血管通透性,减少血浆渗出和细胞浸润,能缓解或消除炎症局部的红、肿、热、痛等症状。在炎症后期能抑制毛细血管和纤维母细胞的增生及纤维合成,影响疤痕组织的形成和创伤的愈合。

(2) 抗免疫 糖皮质激素是临床上常用的免疫抑制剂之一。能抑制免疫反应的环节很多,如抑制巨噬细胞对抗原的处理和吞噬,减少循环血液中淋巴细胞的数量。大剂量时,对细胞免疫的抑制作用明显,从而抑制抗体生成,但不能改变自身免疫体质而除去病因,只能控制症状,且对正常免疫也有抑制作用,因而易导致继发感染,应当警惕。还能抑制组胺等活性物质的释放。

（3）抗毒素　糖皮质激素能提高机体对细菌（主要是革兰阴性细菌，如大肠杆菌、痢疾杆菌、脑膜炎球菌）内毒素的耐受能力，对抗内毒素对机体的损害，减轻细胞的损伤，以保护机体度过危险期（如缓解症状，降高热，改善病情）。但对细菌外毒素（主要由革兰阳性菌产生）所引起的损害无保护作用。

（4）抗休克　在休克时，血压下降，内脏缺血、缺氧，引起溶酶体破裂，使组织分解，引起心肌收缩力减弱、心血输出量降低、内脏血管收缩等循环衰竭。大剂量糖皮质激素可稳定溶酶体膜，减少心肌抑制因子的形成，又能对抗去甲肾上腺素的缩血管作用，保持微循环畅通，故可用于休克。

（5）其他　糖皮质激素能刺激骨髓造血机能，增加血液中的中性粒细胞、红细胞和血小板，增加血红蛋白和纤维蛋白原的量等。可对抗各型变态反应，缓解过敏性疾病的症状。能使血糖升高，促进肝糖原形成，增加蛋白质分解，抑制蛋白质合成，也能使脂肪分解。长期使用易引起水肿，骨质疏松。

3. 作用与应用

（1）糖皮质激素对一般的感染性疾病不得使用，但当感染对动物的生命或生产带来严重危害时，应用很有必要。对中毒性菌痢、中毒性肺炎、腹膜炎、产后子宫炎、败血症等，可迅速缓解症状，度过危险期，促进患畜康复，但要与足量有效的抗生素合用。

（2）用糖皮质激素治疗各类动物的各种炎症、各种眼炎、关节炎、腱鞘炎、心包炎、腹膜炎等，有消炎止痛、暂时改善症状、防止组织过度破坏、抑制体液渗出、防止粘连和疤痕形成等后遗症。治疗期间，如果炎症不能痊愈，停药后常会复发。

（3）糖皮质激素对皮肤的过敏性疾病和自身免疫性疾病有较好疗效。如荨麻疹、血清病、过敏性皮炎、脂溢性皮炎、蹄叶炎、风湿热、类风湿性关节炎和其他化脓性炎症。局部或全身给药，能迅速缓解和消除症状，对伴有急性水肿和血管通透性增加的疾病，疗效更明显，但不能根治。

（4）对治疗各种休克都有较好疗效，以早期、大量、短时用药为好。对感染中毒性休克必须配合有效的抗生素。

（5）对牛的酮血症或羊的妊娠毒血症等代谢性疾病有显著疗效，可升高血糖，使酮体下降。

4. 应用注意事项

（1）使用糖皮质激素后，由于机体防御能力降低，突然停药易发生继发感染，或使潜在性病灶扩散。因此，应用于感染性疾病时，应合并使用有效抗生素。

（2）糖皮质激素有保钠排钾作用，长期使用易出现水肿和低血钾症，加快蛋白质异化和钙、磷排泄作用，易引起家畜出现肌肉萎缩无力、骨质疏松、幼畜生长抑制。应适时停药或给予必要的治疗。骨软症、骨折治疗期均不得使用糖皮质激素。

（3）长期使用糖皮质激素时，能引起皮质激素分泌减少，导致肾上腺皮质机能减退。突然停药时，由于体内皮质激素不足，易引起停药症状，可出现比治疗前更为严重的症状（称为"反跳"）。因此，在长期用药后，必须逐渐减量，缓慢停药，或在治愈后使用一段时间的促皮质激素，以促进肾上腺皮质功能的恢复。

（4）糖皮质激素对机体全身各个系统均有影响，能抑制变态反应，用药期间可影响疫苗接种，结核菌素、鼻疽菌素点眼和其他免疫学实验诊断。对原因不明的传染病、糖尿病、妊娠期等不宜使用。

二、临床上常用的糖皮质激素

1. 氢化可的松（Hydrocortisone，Cortisol）

又名氢可的松、可的索、皮质醇。

［理化性质］本品为天然的糖皮质激素，为白色或近乎白色的结晶性粉末，无臭，初无味，随后有持续的苦味。遇光渐变质。略溶于乙醇或丙酮，微溶于氯仿，不溶于水和乙醚。

［体内过程］肌内注射吸收少，在体内作用很弱，多采用静脉注射，作用时间少于 12 h。

［作用与应用］本品极难溶解于液体，主要治疗严重的中毒性感染或其他危险病症。但疗效不显著，水肿等副作用较多见。

局部应用有较好疗效，故常用于乳腺炎、眼科炎症、皮肤过敏性炎症、关节炎和腱鞘炎等。

［制剂与用法用量］氢化可的松注射液，10 mg/2 mL、25 mg/5 mL、100 mg/20 mL。静脉注射，1 次量：牛、马 200~500 mg；羊、猪 20~80 mg；犬 5~20 mg；1 次 /d。关节腔内注入，牛、马 50~100 mg，1 次 /d。

2. 泼尼松（Prednisone）

又名强的松、去氢可的松。

［理化性质］本品为人工合成品，醋酸盐为白色或近乎白色的结晶性粉末，无臭，味苦。不溶于水，微溶于乙醇，易溶于氯仿。

［作用与应用］本品具有较强的抗炎及抗过敏作用，是天然氢化可的松的 4~5 倍。水、钠潴留的副作用较轻。其抗炎作用常被用于某些皮肤炎症和眼科炎症，如角膜炎、结膜炎、巩膜炎、神经性皮炎、湿疹等。但局部应用并不比天然激素好。肌内注射可治疗牛酮血症。给药后作用时间为 12~36 h。

［制剂与用法用量］醋酸泼尼松片，5 mg/ 片。内服，1 次量：牛、马 100~300 mg；羊、猪首次剂量 20~40 mg，维持量 5~10 mg；犬每千克体重，0.5~2.0 mg。醋酸泼尼松软膏、醋酸泼尼松眼膏：皮肤涂擦或 0.5% 点眼，适量。角膜溃疡禁用。

3. 地塞米松（Dexamethasone）

又名氟美松。

［理化性质］本品为人工合成品。常用的有醋酸盐和磷酸盐。本品的磷酸钠盐为白色或微黄色粉末，无臭，味微苦。有吸湿性。在水或甲醇中溶解，几乎不溶于丙酮和乙醚。

［体内过程］本品给药后，数分钟出现药效作用，维持 48~72 h。

［作用与应用］本品抗炎作用比氢化可的松强 25~30 倍，抗过敏作用较强，而水、钠潴留的副作用很小，但易引起孕畜早产。能增加钙从粪中排出，可引起负钙平衡。还对牛的同步分娩有较好作用。应用同其他糖皮质激素。

［制剂与用法用量］地塞米松磷酸钠注射液，1 mg/mL、2 mg/mL、5 mg/mL。醋酸地塞米松片，0.75 mg/ 片。肌内或静脉注射，1 日量：牛 5~20 mg；马 2.5~5.0 mg；羊、猪 4~12 mg；犬、猫 0.5~2.0 mg。关节腔内注射，1 次量：牛、马 2~10 mg。乳房内注射，1 次量：每乳室 10 mg。

4. 倍他米松（Betamethasone）

［理化性质］本品为人工合成品，为地塞米松的同分异构体。为白色或类白色结晶性粉末，无臭，味苦。略溶于乙醇，微溶于二氧六环，几乎不溶于水或氯仿。

［作用与应用］本品抗炎作用及糖原异生作用比地塞米松强，钠潴留作用比地塞米松弱。应用同地塞米松，也可用于母畜的同步分娩。

［制剂与用法用量］倍他米松片，0.5 mg/ 片。内服，1 次量：犬、猫 0.25~1.00 mg。

5. 泼尼松龙（Prednisolone，Hydroprednisone）
又名氢化泼尼松、强的松龙。

［理化性质］本品为人工合成品。呈白色或类白色结晶性粉末，无臭，味苦。几乎不溶于水，在乙醇或氯仿中微溶。

［作用与应用］本品作用与泼尼松相似，可静脉注射、肌内注射、乳管内注入和关节腔内注射等。给药后在体内作用时间维持 12~36 h。内服的疗效不理想。

［制剂与用法用量］醋酸泼尼松龙注射液，静脉注射或静脉滴注、肌内注射，1 次量：牛、马 50~150 mg；羊、猪 10~20 mg。严重病例可酌情增加剂量。关节腔内注入，牛、马 20~80 mg，1 次 /d。

6. 曲安西龙（Triamcinolone，Fluoxyprednisolone）
又名去炎松、氟羟氢化泼尼松。

［理化性质］本品为人工合成品，呈白色或近白色结晶性粉末，无臭，味苦。微溶于水，稍溶于乙醇、氯仿、乙醚等。

［作用与应用］本品内服易吸收，抗炎作用比氢化可的松强 5 倍，比泼尼松强，钠潴留作用很轻微。适用于类风湿性关节炎、支气管炎哮喘、过敏性皮炎、神经性皮炎、湿疹及其他结缔组织疾病等。

［制剂与用法用量］曲安西龙片，1 mg/ 片、2 mg/ 片、4 mg/ 片。内服，1 次量：犬 0.125~1.000 mg；猫 0.125~0.250 mg；2 次 /d，连服 7 d。

醋酸曲安西龙混悬液,125 mg/5 mL、200 mg/5 mL。肌内和皮下注射,1 次量:牛 2.5~10.0 mg;马 12~20 mg;每千克体重,犬、猫 0.1~0.2 mg。关节腔内或滑膜腔内注射,1 次量:牛、马 6~18 mg;犬、猫 1~3 mg。必要时 3~4 d 后再注射 1 次。

7. 醋酸氟轻松(Fluocinonide,Fluocinolone Acetate)

又名肤轻松。

[理化性质]为人工合成品,是白色结晶性粉末,无臭。不溶于水,易溶于乙醇,常用其醋酸酯。

[作用与应用]本品是外用糖皮质激素中疗效最理想而副作用最小的品种。显效迅速,止痒效果好,很低浓度(0.025%)即有明显疗效。适用于湿疹、神经性皮炎、皮肤瘙痒症、皮肤过敏及其他皮炎等。

[制剂与用法用量]氟轻松软膏,2.5 mg/10 g、5 mg/20 g。外用适量,3~4 次 /d。

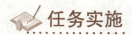 **任务实施**

糖皮质激素类药物临床应用调查

[目的]熟悉常用糖皮质激素的种类与使用对象。

[材料]调查用登记表格、学校附近宠物医院或用网络工具询问宠物医院医生。

[方法]将学生分组去附近宠物医院进行调查,并完成调查登记表格(表 7-1)的填写。

表 7-1　糖皮质激素类药物临床应用调查统计表

调查单位	糖皮质激素种类	用药方法与途径	用药效果	副作用

[讨论]

地塞米松与泼尼松在使用方法和使用症状方面有哪些不同?

任务反思

1. 常用糖皮质激素种类有哪些?
2. 糖皮质激素在使用过程中有哪些注意事项?

任务小结

肾上腺皮质激素主要包括盐皮质激素和糖皮质激素两大类,其中盐皮质激素在兽医临床上使用范围较少、应用价值不大;糖皮质激素药理剂量具有明显的抗炎、抗毒、抗免疫和抗休克的作用,被广泛应用于兽医临床。常用的种类包括泼尼松、泼尼松龙、曲安西龙、地塞米松、倍他米松等。在使用糖皮质激素过程中要避免因长期使用而产生各种副作用。

任务 7.2　抗组胺药的认识与使用

任务背景

小明家养的宠物犬最近两天出现了精神亢奋、频繁甩头、全身瘙痒的症状,其他生理活动正常。万分担心的小明带小狗去宠物医院看医生。医生问了小狗的食物来源、外出活动情况后,给小狗开了几片口服药"扑尔敏",其他什么治疗都没做。请问小明的小狗生了什么病? 医生为什么要给狗开"扑尔敏"口服药片?

任务目标

知识目标:掌握常用抗组胺类药的种类和名称。
技能目标:学会抗组胺类药的给药方法与给药剂量。

任务准备

组胺(组织胺)由组氨酸脱羧而成,是体内正常存在而具有较强药理作用的胺类。组胺引起的机体变化和过敏反应的症状相似,如皮疹、皮炎、血管神经性水肿、支气管痉挛、腹痛、腹泻,严重时还可出现过敏性休克。能对抗组胺作用的药物称为抗组胺药或抗过敏药,根据拮抗组胺受体的种类不同,分为 H_1 受体阻断(拮抗)药、H_2 受体阻断(拮抗)药两大类。

一、H_1 受体阻断药

1. 苯海拉明(Diphenhydramine,Benadryl)

又名可他明。

[理化性质]本品属人工合成的白色结晶性粉末,无臭,味苦,服后有麻痹感。易溶于水和醇,应遮光、密闭保存。

[作用与应用]苯海拉明为组胺 H_1 受体拮抗剂,有明显的抗组胺作用,能消除支气管和肠道平滑肌痉挛,对抗组胺而使毛细血管的通透性降低,减轻过敏反应,具有镇静、抗胆碱止吐和轻微局部麻醉作用。本品与氨茶碱、麻黄碱、维生素 C 或钙剂合用,能提高疗效。

主要用于过敏性疾病,如荨麻疹、血清病、皮肤瘙痒症、血管神经性水肿、小动物运输晕眩、止吐、药物过敏性反应,也可用于组织损伤伴有组胺释放的疾病,如烧伤、冻伤、湿疹、脓毒性子宫炎。还可用于过敏性休克,因饲料过敏引起的腹泻和蹄叶炎,有机磷中毒的辅助治疗。对过敏性胃肠痉挛和腹泻有一定疗效,对过敏性支气管痉挛疗效差。

苯海拉明尚有中枢抑制作用。故用药后动物精神沉郁或昏睡,不必停药。但不宜静脉注射。

[制剂与用法用量]盐酸苯海拉明片,25 mg/ 片。盐酸苯海拉明注射液,0.02 g/mL、0.1 g/5 mL。内服,1 次量:羊、猪80~120 mg;犬 30~60 mg;猫 10~30 mg。每 12 h 一次。肌内注射,1 次量,每千克体重:牛、马 100~500 mg;羊、猪 40~60 mg;犬 0.5~1 mg;猫 5~50 mg。每 12 h 一次。

2. 盐酸异丙嗪(Promethazine Hydrochloride,Phenergan)

又名非那根、抗胺荨。

[理化性质]本品为人工合成品,呈白色或近乎白色的粉末或颗粒,几乎无臭,味苦。在空气中、日光中变为蓝色。极易溶于水,易溶于乙醇及氯仿,几乎不溶于丙酮或乙醚。

[作用与应用]本品的抗组胺作用与应用同苯海拉明,但它的作用比苯海拉明强而持久,副作用较小,可加强镇静药、镇痛药和麻醉药的作用,能使体温降低和具有止吐作用。有刺激性,不宜皮下注射。且不宜与氨茶碱混合注射。

[制剂与用法用量]盐酸异丙嗪片,12.5 mg/ 片、25 mg/ 片,内服,1 次量:牛、马 250~1 000 mg;羊、猪 100~500 mg;犬 50~200 mg。

盐酸异丙嗪注射液,25 mg/mL、50 mg/2 mL。肌内注射,1 次量:牛、马 250~500 mg;羊、猪50~100 mg;犬 25~100 mg。不能与氨茶碱混合注射。

3. 马来酸氯苯那敏(Chlorphenamine Maleate,Chlortrimeton)

又名扑尔敏。

[理化性质]本品为白色结晶性粉末,无臭,味苦。易溶于水、乙醇、氯仿,微溶于乙醚。

[作用与应用]本品作用与应用同苯海拉明,但作用比苯海拉明强而持久,对中枢神经的

抑制和嗜睡的副作用较轻。此外,本品可由皮肤吸收,制成软膏外用可治疗皮肤过敏性疾病。

［制剂与用法用量］马来酸氯苯那敏片,内服,1 次量:牛、马 80~100 mg;羊、猪 12~16 mg;犬 2~20 mg;猫 1~10 mg;每 12 h 一次。

马来酸氯苯那敏注射液,肌内注射,1 次量:牛、马 60~100 mg;羊、猪 10~20 mg。

4. 阿司咪唑(Astemizole)

又名息斯敏。

［理化性质］本品为人工合成品,呈白色结晶或结晶性粉末,熔点 149.1 ℃。

［体内过程］本品口服吸收迅速,溶解后 0.5~1 h 达到血药高峰浓度,药效达 24 h。在肝、肺、肾等主要器官中的浓度很高,而在肌肉内分布很少,主要经肺代谢。

［作用与应用］本品是一种无中枢镇静和抗胆碱能作用的新型抗组胺药。不能透过血脑屏障,有强而持久的抗组胺作用。

主要用于过敏性鼻炎、过敏性结膜炎、荨麻疹以及其他过敏反应的治疗。孕畜慎用。

［制剂与用法用量］阿司咪唑片,10 mg/ 片。口服,1 次量:犬、猫,0.25~0.50 mg。

二、H₂ 受体阻断药

西咪替丁(Cimetidine)

又名甲氰咪胍、甲氰咪胺。

［理化性质］本品为人工合成的无色结晶,可溶于水,水溶液 pH 为 9.3,在稀酸中溶解度增大。

［体内过程］内服后吸收迅速,1.5 h 达血药高峰浓度,半衰期为 2 h,大部分以原形从尿中排出,12 h 可排出口服量的 80%~90%。

［作用与应用］本品为较强 H₂ 受体阻断药,能抑制组胺或五肽胃泌素刺激引起的胃液分泌,无抗胆碱作用。

主要用于治疗胃肠的溃疡、胃炎、胰腺炎和急性胃肠(消化道前段)出血。对皮肤瘙痒症有一定疗效。本品能降低肝血流量,干扰其他药物的吸收。

［制剂与用法用量］西咪替丁片,200 mg/ 片。内服,1 次量:猪 300 mg;每千克体重,牛 8~16 mg,3 次 /d;犬、猫 5~10 mg,2 次 /d。

 任务实施

马来酸氯苯那敏用于皮肤过敏犬的药效试验观察

［目的］掌握马来酸氯苯那敏等抗组胺类药的给药、剂量与途径。

[材料] 皮肤过敏犬一只、马来酸氯苯那敏片、开口器、喂药器。

[方法] 先记录用药前过敏犬皮肤红肿情况及犬瘙痒次数,然后按每千克体重 4 mg 口服马来酸氯苯那敏片,分别在给药后 1 h、2 h、3 h、6 h、12 h、24 h 记录犬皮肤红肿情况及瘙痒次数(表 7-2)。

表 7-2 马来酸氯苯那敏治疗皮肤过敏犬的试验观察记录表

过敏犬治疗阶段	皮肤红肿情况	瘙痒次数
用药前		
用药后 1 h		
用药后 2 h		
用药后 3 h		
用药后 6 h		
用药后 12 h		
用药后 24 h		

[讨论] 马来酸氯苯那敏在治疗动物体过敏症状的用药机制是什么?

任务反思

抗组胺类药根据拮抗受体的不同被分成了哪两大类?

任务小结

抗组胺药是指能与组胺竞争靶细胞上组胺受体,让组胺不能与受体结合,从而达到消除过敏反应症状的一类药物。根据阻断的受体不同分为 H_1 受体阻断药,包括盐酸苯海拉明、盐酸异丙嗪、马来酸氯苯那敏、阿司咪唑等;H_2 受体阻断药,包括西咪替丁等。

任务 7.3 水盐代谢调节药的认识与使用

任务背景

张经理买回一只 2 月龄左右幼犬,平时活泼好动。由于张经理近期工作较忙,每天早出晚归,一天只给幼犬投喂两次,量也较少。昨晚张经理晚上 8 点左右回家时,发现幼犬无力地躺在地上,他立即将犬送往宠物医院救治。医生检查发现,幼犬体温只有 35.6 ℃,可视黏膜苍白,心跳微弱,意识模糊。在询问完张经理对幼犬的喂食情况后,医生立即给幼犬静脉输入葡萄糖注射液,一小时后跳豆逐渐恢复了意识。

请问在这个病例中医生为什么要给幼犬立即输入葡萄糖注射液? 输入的葡萄糖注射液浓度为多少合适?

任务目标

知识目标:掌握常用水盐代谢调节药的种类与应用范围。

技能目标:能及时对体液失去平衡的动物进行调节治疗。

任务准备

体液是机体的重要组成成分,占成年动物体重的 60%~70%。体液中的水分和电解质、非电解质的比例分布也处于平衡状态,以维持机体内环境的恒定。当动物体液的量和各种成分的比例因不同原因而失去平衡时,动物就会出现各种病理症状,如脱水、缺盐、酸中毒、碱中毒。

一、水和电解质平衡药

1. 氯化钠(NaCl,Sodium Chloride)

又名食盐。

[理化性质] 本品为无色立方形结晶或白色结晶性粉末,无臭,味极咸。置于空气中,有引湿性。易溶于水,难溶于醇。水溶液呈中性反应。

[作用与应用] 氯化钠对维持体液(特别是血浆)渗透压和酸碱平衡有重要作用。体液渗透压的 65%~70% 是由溶解在血液中的氯化钠所决定的。钠离子作为碳酸氢钠的组成成分,参与调节体液的酸碱平衡。血液缓冲系统中的主要缓冲碱——HCO_3^-,常常是随着钠的增减而变化的。氯离子能透过细胞膜,是维持酸碱平衡中酸的主要成分。

氯化钠主要用于防治各种原因所引起的低血钠综合征。无菌等渗(0.9%)氯化钠溶液,静脉输液能防治低钠综合征、缺钠性脱水(烧伤、腹泻、严重呕吐、大出汗、出血、休克等引起)症状。0.9% 氯化钠溶液也常作外用,如冲洗眼、鼻、伤口和子宫。高渗氯化钠溶液能补充体液,促进瘤胃蠕动,增加胃肠液分泌,主要用于治疗胃肠弛缓、瘤胃积食及马属动物便秘疝等,也可临时用作体液扩充剂而用于失水兼失盐的脱水症。

1%~3% 溶液洗涤创伤,有轻度刺激和杀菌作用,并能促使肉芽组织生长,5%~10% 溶液用于洗涤化脓创口。氯化钠溶液能提高血液渗透压,补充血容量和钠离子,改善血液循环和组织新陈代谢,调节器官功能。

氯化钠小剂量内服,能刺激舌上味觉感受器和消化道黏膜,反射性地引起唾液和胃液分泌增加,促进胃肠蠕动,激活唾液淀粉酶,增强食欲,常用于消化不良、食欲减退等,产生盐类健胃药作用。大剂量内服,能促进肠道的蠕动,产生盐类泻药的作用,但效果不如硫酸钠和硫酸镁。

[应用注意]本品对心力衰竭、肺气肿、肾功能不全及血浆蛋白过低的患畜及猪和禽类慎用。饲喂含有大量氯化钠的饲料如酱渣、卤菜、咸鱼粉、肉汤,易发生中毒。一旦发生中毒,可用溴化物、脱水药或利尿药进行对症治疗。

[制剂与用法用量]氯化钠粉(食盐)。内服:牛 20~50 g;马 10~25 g;羊 5~10 g;猪 2~5 g。等渗氯化钠注射液,0.09 g/10 mL、2.25 g/250 mL、4.5 g/500 mL、9 g/1 000 mL;复方氯化钠注射液,500 mL/瓶、1 000 mL/瓶。静脉注射,1 次量:牛、马 1 000~3 000 mL;羊、猪 250~500 mL;犬100~500 mL;猫 40~50 mL。

浓氯化钠 10% 注射液,5 g/50 mL、25 g/250 mL。1 次量,每千克体重:家畜 0.1 g。

口服补液盐每包含葡萄糖 50 g、氯化钠 2.5 g、碳酸氢钠 2.5 g,服用时加温开水 1 000 mL,溶解后使用。

2. 氯化钾(Potassium Chloride)

[理化性质]本品为无色长菱形或立方形结晶或白色结晶性粉末,无臭,味咸。易溶于水,不溶于乙醇。

[作用与应用]钾离子是维持细胞新陈代谢、细胞内渗透压和酸碱平衡、神经冲动传导、肌肉收缩所必需的。缺钾时可引起神经肌肉传导障碍,心肌自律性增高。氯化钾主要用于钾摄入不足或排钾过量所引起的钾缺乏症,亦用于强心苷中毒的解救。

[应用注意]本品刺激性大,必须用 0.5% 葡萄糖注射液稀释成 0.3% 以下浓度缓慢静脉滴注,以免引起血钾骤升而抑制心肌,使心搏骤停而导致动物死亡。

对肾功能障碍、尿闭、脱水和循环衰竭等患畜,禁用或慎用。

[制剂与用法用量]氯化钾片,内服,1 次量:牛、马 5~10 g;羊、猪 1~2 g;犬 0.1~1.0 g。氯化钾注射液,1 g/10 mL。静脉注射,1 次量:牛、马 2~5 g;羊、猪 0.5~1.0 g。

二、酸碱平衡调节药

动物体液 pH 在 7.3~7.45 之间,这对很多酶的活性极为重要,若 pH 降到 7.0 以下,就会引起动物死亡;体液的 pH 高于 7.45 则发生碱中毒。机体的正常活动,要求保持相对稳定的体液酸碱度,体液 pH 的相对稳定性,称为酸碱平衡。调节酸碱平衡常用的药有碳酸氢钠、乳酸钠等。

1. 碳酸氢钠(Sodium Bicarbonate)

又名重碳酸氢钠,小苏打。

［理化性质］本品为白色结晶性粉末，无臭，味咸，易溶于水，呈弱碱性。固体在潮湿空气中缓慢分解，放出 CO_2，变为碳酸钠，碱性增强。应密封保存。

［作用与应用］碳酸氢钠是机体缓冲系统的重要组成成分。内服或静脉注射碳酸氢钠后，可以直接增加机体的碱贮量，中和胃酸，其作用迅速、可靠，是缓解酸中毒的常用药。但作用维持时间短。

本品可碱化尿液，与弱酸性药物（磺胺类）合用，增加其溶解度，防止结晶析出，还能提高弱碱性药物（庆大霉素）对泌尿道感染的疗效。

常用于严重的酸中毒和碱化尿液等。慎用于肾功能不全、水肿、缺钾的家畜。

［制剂与用法用量］碳酸氢钠注射液，为 5% 浓度。临用时需以 5%~10% 葡萄糖注射液稀释成 1.5% 的等渗溶液使用，忌与酸性药物混合注射。静脉注射，1 次量：牛、马 15~30 g；羊、猪 2~6 g；犬 0.5~15.0 g，宜缓慢注入。碳酸氢钠片，内服，1 次量：牛 30~100 g；马 15~60 g；猪 2~5 g；犬 0.5~2.0 g。

2. 乳酸钠（Sodium Lactate）

［理化性质］本品为无色或几乎无色的澄清黏稠液体。无臭或略有臭，稍有咸味。有吸湿性。易溶于水和乙醇。应遮光、密封保存。

［作用与应用］乳酸钠为纠正酸血症的药物，进入体内后，一部分经肝转化为碳酸氢根离子，与钠离子结合成碳酸氢钠，起到纠正酸中毒的作用；另一部分则转化为肝糖原，可抑制酮体的产生，尚可补充少量能量。乳酸钠比碳酸氢钠的作用慢，且疗效不稳定。

主要用于治疗代谢性酸中毒和高血钾症。

［应用注意］休克、缺氧、水肿患畜应慎用。肝功能障碍和乳酸血症患畜禁用。使用过量易发生碱中毒。乳酸钠注射液与红霉素、四环素注射液不宜混合使用，易出现混浊或沉淀。

［制剂与用法用量］乳酸钠注射液，2.24 g/20 mL、5.6 g/50 mL、11.2 g/100 mL。静脉注射，1 次量：牛、马 200~400 mL；羊、猪 40~60 mL。临用时用注射用水或 5% 葡萄糖注射液稀释 5 倍后使用。

三、血容量扩充药

严重创伤、大面积烧伤、高热、剧烈呕吐、腹泻等，往往使机体大量丢失血液（或血浆）、体液，造成血容量降低，导致休克。此时必须迅速补充和扩充血容量以挽救生命。最好的血容量扩充剂是全血、血浆等血液制品，但来源有限，其应用受到一定限制。葡萄糖溶液、生理盐水和右旋糖酐等也能维持或增加血容量。但作用时间短，只能补充部分能量和电解质，不能代替血液和血浆的全部功能，故只能作为应急的替代品使用。目前临床上主要选用血浆代用品作血容量扩充药。

1. 葡萄糖（Glucose，Dextrose）

又名右旋糖。

［理化性质］本品为白色或无色结晶性粉末,无臭,味甜。易溶于水,难溶于乙醇。水溶液中性,有引湿性,应密封保存。

［体内过程］本品在小肠吸收,吸收由转运蛋白介导,进入细胞后,通过分解,转化成热能和 ATP,供细胞作能量。

［作用与应用］

(1) 扩充血容量　5% 葡萄糖溶液与体液等渗,有补充水分、扩充血容量作用。25%~50% 葡萄糖溶液为高渗,能提高血浆渗透压,使组织脱水,扩充血容量,起到暂时利尿、消除水肿作用。吸收迅速,但作用较弱,维持时间短,且可引起颅内压回升。

(2) 供给能量　葡萄糖是机体重要能量来源之一,在体内氧化代谢放出能量,供给机体需要。

(3) 强心利尿　葡萄糖可改善心肌营养,供给心肌能量,增强心脏功能,心排血量增强,肾血流量增加,尿量也相应增多,因此产生渗透性利尿作用。

(4) 增强肝脏解毒能力　肝脏的解毒能力与肝内糖原含量有关。肝内葡萄糖含量高,能量供应充足,肝细胞的解毒能力就能得到充分发挥。某些毒物可通过与葡萄糖的氧化产物葡萄糖醛酸结合,或依靠糖代谢的中间产物乙酰基的乙酰化作用而使毒物失效,故具有一定的解毒作用。

本品常用于动物重病、久病、过劳、体质虚弱等,以补充营养、供给能量、改善心脏功能;也可用于脱水、大失血后补充体液;亦可作为脑水肿、肺水肿、低血糖症、心力衰竭、酮血症、妊娠中毒症、化学药品及农药中毒、细菌毒素中毒等解救的辅助药物,并可促进毒物排泄。

［制剂与用法用量］葡萄糖氯化钠注射液,葡萄糖注射液,5 g/20 mL、10 g/20 mL、12.5 g/50 mL、12.5 g/250 mL、25 g/250 mL、25 g/500 mL、50 g/500 mL、50 g/1 000 mL、100 g/1 000 mL;静脉注射,1 次量:牛、马 50~250 g;骆驼 100~500 g;鹿 20~100 g;羊、猪 10~50 g;犬 5~25 g;貂 2~15 g;猫 2~10 g。

2. 右旋糖酐(Dextran)

又名葡聚糖。

［理化性质］本品系葡萄糖的聚合物,为白色粉末,无臭,无味。易溶于水。

［体内过程］高分子右旋糖酐相对分子质量大,不易通过血管,维持时间约 12 h,由肾缓慢排泄;低分子右旋糖酐易通过血管,作用维持时间较短,约 3 h。

［作用与应用］临床常用的有相对分子质量不同的中分子、小分子和低分子右旋糖酐三种。中分子和小分子右旋糖酐称为右旋糖酐 70 和右旋糖酐 40。它们由于相对分子质量较大,能提高血浆渗透压,扩充血容量,肾排出时可产生渗透性利尿作用。中分子右旋糖酐在血管内维持血浆胶体渗透压,吸收组织水分而发挥扩容作用。扩容作用很持久,药效与血浆相似。主要用于低血容量性休克如大失血,失血浆性休克如大面积烧伤,也可用于预防术后血栓和治疗

血栓性静脉炎。

　　低分子右旋糖酐能改善微循环和抗血栓作用,能防止弥散性血管内凝血。小分子右旋糖酐扩容作用弱,但改善微循环和利尿的作用好,主要用于救治中毒性休克、外伤性休克、弥散性血管内凝血和急性肾中毒等。也可用于血栓性静脉炎、脑干血栓形成疾病的治疗。

　　[应用注意]本品对肾功能不全、低蛋白血症和具有出血倾向的患畜慎用。充血性心衰患畜禁用。

　　[制剂与用法用量]右旋糖酐氯化钠注射液,500 mL/瓶,含中分子右旋糖酐 30 g、氯化钠 4.5 g。右旋糖酐葡萄糖注射液,500 mL/瓶,含中分子右旋糖酐 30 g、葡萄糖 25 g。静脉注射,1 次量:牛、马 500~1 000 mL;骆驼 1 000~2 000 mL;羊、猪 250~500 mL;鹿 500~750 mL,犬、猫、貂 20 mL。

　　低分子右旋糖酐注射液,为 10% 低分子右旋糖酐的等渗氯化钠溶液,500 mL/瓶;小分子右旋糖酐(409 代血浆)注射液,为 12% 小分子右旋糖酐的等渗氯化钠溶液,500 mL/瓶。静脉注射,剂量视病情而定,一般牛、马每次用量 3 000~6 000 mL。

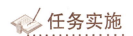 **任务实施**

复方氯化钠溶液治疗幼犬脱水的用药试验

　　[目的]熟悉动物脱水症的用药方法和补充办法。

　　[材料]腹泻脱水的幼犬一只、葡萄糖氯化钠注射溶液、输液器、留置针、医用胶布。

　　[方法]记录补液前幼犬的体温、心率、皮肤弹性、可视黏膜的颜色,然后对幼犬静脉输入葡萄糖氯化钠注射液,输液量为每千克体重 70 mL,输液过程中每隔 2 h 记录输液犬的体温、心率、可视黏膜、皮肤弹性一次,填入表 7–3;输液结束后再次记录以上四个指标,并与治疗前相比,比较治疗前后四个指标间的差异。

表 7–3　复方氯化钠溶液治疗幼犬脱水的用药试验记录统计表

用药情况	体温	心率	可视黏膜颜色	皮肤弹性
用药前				
用药 2 h				
用药 4 h				
用药 6 h				
用药 8 h				
治疗结束				

［讨论］治疗动物脱水症状为什么不能只用单一的氯化钠溶液进行补液,而是要用复方氯化钠溶液? 请说明原因。

任务反思

1. 常见的电解质平衡药有哪些种类?
2. 多少浓度的葡萄糖溶液属于血容量扩充药?

任务小结

水盐代谢调节药主要有三类:由氯化钠、氯化钾组成的水和电解质平衡药;由碳酸氢钠、乳酸钠等组成的酸碱平衡调节药;由葡萄糖、右旋糖酐组成的血容量扩充药。以上三类药物可以分别用来治疗动物体的缺盐、脱水、酸中毒、碱中毒等症状。

任务7.4　维生素的认识与使用

任务背景

小杨家的母犬生了 5 只幼崽,哺乳 20 多天后四肢站立困难、后肢瘫痪、肌肉抽搐。小杨母亲自行去人药店买了一盒钙片给母犬吃,连续用药一周后母犬的症状没有得到任何好转。随后将犬带到宠物医院进行检查,医生诊断该犬严重缺钙,在补钙的基础上医生又开了维生素 D_3 注射剂,每天注射维生素 D_3 一次,连续注射 3 天。3 天后母犬的症状得到缓解,能正常行走。

请问单独补钙为什么不能缓解母犬的缺钙症状?

维生素 D_3 注射剂在补钙过程中起到了什么关键性作用?

任务目标

知识目标:熟悉维生素的种类及畜禽缺乏各种维生素的临床疾病表现。

技能目标:能根据不同维生素缺乏症进行补充治疗。

任务准备

维生素是一类维持机体正常生命活动所必需的小分子有机物。在兽医临床上主要用于治疗维生素缺乏症。

一、脂溶性维生素

脂溶性维生素包括维生素 A、维生素 D、维生素 E、维生素 K 等,能溶于油或脂而不溶于水。肠内脂溶性维生素的吸收与脂肪吸收有密切关系。胆汁缺乏、腹泻或其他能够影响脂肪吸收的因素,会使脂溶性维生素的吸收大大减少;饲料中钙盐含量过高,也可影响脂肪及脂溶性维生素的吸收。

1. 维生素 A(Vitamin A,Retinol)

又名维生素甲、甲种维生素。

[理化性质]纯品维生素 A 为黄色片状结晶,不溶于水,易溶于脂肪及油。不纯品一般为无色或淡黄色油状物,遇光、空气或氧化剂则易分解失效。

[体内过程]维生素 A 和类胡萝卜素都很容易从胃肠吸收。胆汁和脂溶性物质可以促进维生素 A 的吸收。在血液中,维生素 A 与 α- 球蛋白结合成脂蛋白,转运至肝贮存。成年牛、羊肝贮备维生素 A 可供 280 d 所需。维生素 A 通常以原形从尿中排泄。

[作用与应用]维生素 A 参与合成视网膜内杆状细胞中的视紫红质。感光需要视紫红质。缺乏维生素 A 可引起视觉障碍,在弱光中视物不清(夜盲症),甚至丧失视力。维生素 A 还参与维持皮肤、黏膜和上皮组织的完整性,能促进黏多糖的合成。黏多糖对细胞起着黏合、保护作用,其缺乏时,可引起皮肤、黏膜、腺体、气管、支气管的上皮组织过度角化,使皮肤干燥、被毛脱落。特别是生殖道上皮角化,导致怀孕母畜流产或死胎,抑制种公畜精子形成等。此外,维生素 A 还可促进幼畜的生长发育和齿、骨骼的成长。

本品主要用于防治维生素 A 缺乏症,如眼干燥症、夜盲症、角膜软化症和皮肤粗糙等。也可用于增强机体抗感染的能力,以及治疗皮肤、黏膜炎症及局部创伤、烧伤等。

[制剂与用法用量]维生素 A 胶囊,每粒 2 500 IU。维生素 A、D 注射液,每毫升含维生素 A 50 000 IU、维生素 D 5 000 IU。内服或肌内注射,1 次量:牛、马 5~10 mL;羊、猪 2~4 mL;仔猪、羔羊 0.5~1 mL;犬、猫 0.5~1 mL;禽 0.05~0.10 mL。

2. 维生素 D(Vitamin D,Calciferols)

又名维生素丁。

[理化性质]来源于干草和其他植物中的为维生素 D_2,来源于动物皮肤中的为维生素 D_3,均为无色针状结晶或白色结晶性粉末,无臭,无味。在空气或日光下易变质,应遮光、密封保存。

［体内过程］维生素 D_2、维生素 D_3 及维生素 D_2 原均易从小肠吸收,进入血液后由载体 α-球蛋白转运,主要贮存于肝及脂肪组织中,一部分分布到脑、肾和皮肤。维生素 D 主要通过胆汁排泄。

［作用与应用］维生素 D 对骨骼有双重作用,即促进钙盐沉积和骨质溶解,这两种作用随机体需要而变。当动物缺乏维生素 D 时,骨生长受阻,幼年动物出现佝偻病,成年动物出现骨软化症,特别是怀孕或泌乳母畜较严重,奶牛产乳量下降,母鸡产蛋率降低,且蛋壳易碎。维生素 D 可以在体内蓄积,过多摄入可引起维生素 D 过剩症。特别是宠物犬容易患此病。当维生素 D 过剩时,能使软组织钙化,幼犬发育不良,成年犬体重明显减轻,甚至引起肾功能衰竭及急性中毒而死亡。

维生素 D 一般添加于饲料中,以防治佝偻病和骨软化症。犊、猪、犬、禽易发生佝偻病,牛、马常发生骨软化症。应用时,连续数周给予大剂量维生素 D(日需要量的 10~15 倍)。也用于孕畜、幼畜、泌乳家畜及骨折病畜以补充对维生素 D 的需要。

［制剂与用法用量］

(1) 维生素 A、D 注射液　为无色或淡黄色油状溶液。每毫升含维生素 A 50 000 IU、维生素 D 50 000 IU,0.5 mL/ 支、1 mL/ 支、5 mL/ 支。肌内注射,1 次量:牛、马 5~10 mL;犊、驹、羊、猪 2~4 mL;羔羊、仔猪 0.5~1.0 mL。

(2) 维生素 D_2 胶性钙注射液　为维生素 D_2 与有机钙剂的灭菌胶状混悬液,呈乳白色。每毫升含钙 0.5 mg、维生素 D_2 5 000 IU。皮下或肌内注射,1 次量:牛、马 5~10 mL;羊、猪 2~4 mL;犬 0.5~1.0 mL。

(3) 维生素 D_3 注射液　为黄色澄清油状液体。7.5 mg(30 万 IU)/mL、15 mg(60 万 IU)/mL。注射后需补充钙剂。肌内注射,1 次量,每千克体重:家畜 1 500~3 000 IU。

3. 维生素 E(Vitamin E,Tocopherol)

又名生育酚。

［理化性质］本品为微黄色或黄色透明的黏稠液体,几乎无臭。不易被酸、碱或热所破坏,但易被氧化,遇光颜色变深,应遮光、密封保存。

［体内过程］维生素 E 主要在小肠吸收,以脂蛋白为载体进行转运,大部分贮存于肝和脂肪组织中,也分布到心、肺、肾、脾和皮肤,主要通过粪便排泄。

［作用与应用］维生素 E 在体内外具有抗氧化作用,在脂肪酸代谢过程中维生素 E 本身易被氧化,可保护其他物质不被氧化,如不饱和脂肪酸、维生素 A、维生素 C,还能保护细胞不被氧化破坏。维生素 E 与硒有密切关系,维生素 E 缺乏与动物缺硒的症状相似,饲料中补充硒可防治或减轻大多数维生素 E 缺乏症的症状,但硒只能代替维生素 E 的一部分作用。此外,维生素 E 可促进性激素分泌,调节性腺的发育,有利于受精和受精卵的植入,并能防止流产,提高繁殖能力。

本品主要用于防治维生素 E 缺乏症。动物维生素 E 缺乏症的表现各有异同,但主要是不能生育、细胞通透性损害和肌肉病变三个方面。如猪的不孕和流产;动物的骨骼肌、心肌等发生萎缩、变性和坏死的营养性肌病变,如犊、羔、驹和猪的营养性肌萎缩(白肌病);猪的肝坏死、黄脂病、桑椹样心脏病;幼畜的溶血性贫血;雏鸡的脑软化和"渗出性素质"(皮下水肿)。常与硒合用,也常与维生素 A、维生素 D 和 B 族维生素配合用于畜禽生长不良、营养不良等。

[制剂与用法用量]维生素 E 注射液(50 mg/mL、500 mg/10 mL)、亚硒酸钠维生素 E 注射液、亚硒酸钠维生素 E 预混剂。内服,1 次量:犊、驹 0.5~1.5 g;羔羊、仔猪 0.1~0.5 g;犬 0.03~0.10 g;禽 5~10 mg。皮下或肌内注射,1 次量:犊、驹 0.5~1.5 g;羔羊、仔猪 0.1~0.5 g;犬 0.03~0.10 g。

二、水溶性维生素

水溶性维生素包括 B 族维生素(维生素 B_1、维生素 B_2、维生素 B_6、烟酸、泛酸、生物素、叶酸和维生素 B_{12} 等)和维生素 C,都能溶于水而不溶于油。水溶性维生素一般不在体内贮存,在补充了机体需要和组织贮存量达到饱和后,多余的部分会较快地随尿排出体外。

1. 维生素 B_1(Vitamin B_1,Thiamine)

又名硫胺素。

[理化性质]本品为白色结晶或结晶性粉末,有微弱的臭味,味苦。易溶于水,水溶液呈酸性。微溶于乙醇,遇碱性物易引起变质。

[体内过程]维生素 B_1 内服后只有部分在小肠吸收,大部分从粪便排出。吸收后进入肝,在硫胺素激酶作用下发挥生物活性。

[作用与应用]维生素 B_1 对维持动物正常物质和能量代谢,维持神经、心肌和胃肠道的正常功能,加快生长发育,提高免疫机能及防止神经组织萎缩等都起重要作用。维生素 B_1 还可促进胃肠道对糖的吸收,参与糖代谢过程,刺激乙酰胆碱形成,并使其活性加强等。

维生素 B_1 缺乏时,体内丙酮酸和乳酸蓄积,动物表现食欲不振,生长缓慢,表现多发性神经炎、运动失调、惊厥、昏迷等症状。对维生素 B_1 缺乏最敏感的是家禽,家禽缺乏时可出现特有的"观星状"(角弓反张)症状。其次是猪。

本品主要用于防治维生素 B_1 缺乏症引起的多发性神经炎及各种原因引起的疲劳和衰竭、感觉异常、肌肉酸痛、肌力下降等。还可作为治疗神经炎、心肌炎、肌肉收缩无力、食欲不振、胃肠功能障碍(如腹泻、便秘、消化不良)、高热、重度使役及牛酮血症等的辅助治疗药物。动物输入大量葡萄糖时,用本品促进糖代谢。

[应用注意]本品对氨苄西林、氯唑西林、头孢菌素 I 和 II、多黏菌素及制菌霉素等都有不同程度的灭活作用,故不宜混合注射。也不宜与碱性药物配伍,易被破坏失效。

[制剂与用法用量]维生素 B_1 片,10 mg/片、50 mg/片;维生素 B_1 注射液,10 mg/mL、25 mg/mL、

250 mg/10 mL。

内服，1次量：牛、马 100~500 mg；羊、猪 25~50 mg；犬 10~50 mg；猫 5~30 mg；兔 10~20 mg；鸡每千克体重 2.5 mg。

皮下或肌内注射，1次量：牛、马 100~500 mg；羊、猪 25~50 mg；犬 10~25 mg；鸡 5~10 mg。混饲，每 1 000 kg 饲料：家畜 1~3 g；雏鸡 18 g。

2. 维生素 B_2（Vitamin B_2，Riboflavin）

又名核黄素。

［理化性质］本品为橙黄色结晶性粉末，微臭，味微苦。溶液易变质，在碱性环境下或遇光时，变质加快。在稀氢氧化钠溶液中溶解，在水、乙醇或氯仿中几乎不溶。

［体内过程］维生素 B_2 内服后易吸收，在肠黏膜细胞中发生磷化而被动物机体利用，在体内分布均匀，贮存很少，过量的从尿液及其他排泄途径排出。

［作用与应用］维生素 B_2 为体内黄酶类辅基的组成成分。黄酶类在机体生物氧化中起递氢作用，参与糖、蛋白质、脂肪和核酸的代谢。还可促进蛋白质在体内贮存，提高饲料利用率，调节生长和组织修复。维生素 B_2 还有维持视网膜正常及保护皮肤和皮脂腺等功能。缺乏维生素 B_2 的动物表现生长受阻、眼炎、皮炎、脱毛、食欲不振、腹泻、口角溃烂、舌炎、角膜炎、晶状体混浊、母猪早产等症状；雏鸡出现典型的足趾麻痹、腿无力、腹泻、生长停滞或突然死亡；成年蛋鸡的产蛋率和孵化率降低；鱼类表现厌食、生长受阻等。

本品主要用于维生素 B_2 缺乏症的防治。如角膜炎、口角溃烂、舌炎、阴囊皮炎、脂溢性皮炎和胃肠机能紊乱。

［应用注意］本品对多种抗生素如青霉素类、头孢类、四环素类、氨基苷类，均有不同程度的灭活作用，可使上述抗生素药效降低或失效，故不宜混合注射。

［制剂与用法用量］维生素 B_2 片，5 mg/ 片、10 mg/ 片；维生素 B_2 注射液（为黄绿色荧光的澄清液体，荧光消失则失效），10 mg/2 mL、25 mg/5 mL、50 mg/10 mL。内服 1 次量，每千克体重：牛、马 0.1~0.2 mg；羊、猪 0.1~0.2 mg；兔 1.0~1.5 mg；鸡 1 mg。混饲，每 1 000 kg 饲料，禽 2~5 mg。皮下、肌内注射，1 次量：牛、马 100~150 mg；羊、猪 20~30 mg；犬 10~20 mg；猫 5~10 mg。

3. 泛酸（Pantothenic Acid）

又名遍多酸。

［理化性质］本品为淡黄色油状液体，可溶于水和乙醚。易吸湿，在中性溶液中较稳定。常用其钙盐、钾盐、钠盐。易被酸、碱和热破坏。

［体内过程］本品内服能被胃肠道尤其是小肠吸收，随血液分布到全身，在肝中最多。过多时从肾排出体外。

［作用与应用］泛酸参与糖类、脂肪和蛋白质代谢，为辅酶 A 的组成成分。辅酶 A 在物质代谢中极为重要，能帮助合成肾上腺皮质激素、某些氨基酸（谷氨酸、脯氨酸）和乙酰胆碱，能提

高各种营养物质的吸收利用率和抗体生成率。

泛酸用于防治猪、禽的泛酸缺乏症,如猪的食欲减退、皮肤病、掉毛、腹泻,雏鸡喙角和趾部形成痂皮、生长受阻、羽毛生长不良、皮炎等,以及蛋鸡孵化率下降。对防治其他维生素缺乏症有协同作用。

［制剂与用法用量］泛酸钙片。混饲,每1 000 kg饲料:猪10~13 g;禽6~15 g。

4. 烟酸(Nicotinic Acid,Niacin)

又称尼克酸、维生素PP、维生素B_3。

［理化性质］烟酸的活性形式为烟酰胺,其为白色结晶性粉末,味苦。易溶于水、乙醇。稳定性好。

［体内过程］烟酸内服易吸收。反刍动物多以原形从尿中排出。

［作用与应用］烟酰胺是烟酸在体内的活性形式。烟酸在体内易转化成烟酰胺。烟酸胺为辅酶I及辅酶II的组成部分,参与糖类、脂类、蛋白质代谢,烟酸具有使血管扩张、血脂及胆固醇降低等功能。

烟酸缺乏时,犬的口腔黏膜呈黑色,称为"黑舌病"。其他家畜表现为生长缓慢、食欲下降、皮炎、舌炎等。鸡表现为口炎、生长缓慢、羽毛生长不良和坏死性肠炎等非特异性症状。家畜体内的色氨酸可转化成烟酸。一般很少发生烟酸缺乏症,家畜在色氨酸缺乏时,才会引起烟酸缺乏症。本品主要用于防治烟酸缺乏症。

［制剂与用法用量］烟酸片,烟酰胺片,烟酰胺注射液。内服,1次量:每千克体重,家畜3~5 mg;混饲,每1 000 kg饲料,雏鸡15~30 mg。肌内注射,1次量:每千克体重,家畜0.2~0.6 mg。幼畜不得超过0.3 mg。

5. 维生素B_6(Vitamin B_6,Pyridoxine)

又名吡哆辛。

［理化性质］维生素B_6包括吡哆醇、吡哆醛、吡哆胺。本品为白色或类白色的结晶或结晶性粉末,无臭,味酸苦。遇光渐变质。易溶于水。

［体内过程］维生素B_6内服后主要分布和贮存在肝,少量从粪尿中排出体外。

［作用与应用］维生素B_6参与氨基酸及脂肪的代谢,维生素B_6不足时,易降低体内生长激素、性激素、促性腺激素、甲状腺素的活性和含量。猪表现增重缓慢、癫痫,蛋禽表现产蛋率低,雏鸡出现神经症状、腿软、皮肤脱毛、毛囊出血等。

饲料中维生素B_6丰富,消化道中的微生物也能合成,均能满足畜禽的需要量,家畜很少缺乏维生素B_6。维生素B_6常与维生素B_1、维生素B_2和烟酸等合用。

用于防治维生素B_6缺乏症及治疗氰乙酰肼、异烟肼、青霉胺、环丝氨酸等中毒引起的胃肠道反应和痉挛等兴奋症状,还有止吐作用。

［制剂与用法用量］维生素B_6片,维生素B_6注射液。内服,1次量:牛、马3~5 g;羊、

猪 0.5~1.0 g；犬 0.02~0.08 g。皮下、肌内或静脉注射，1 次量：牛、马 3~5 g；羊、猪 0.5~1.0 g；犬 0.02~0.08 g。

6. 生物素（Biotin，Vitamin H）

又名维生素 H。

［理化性质］本品为针状结晶性粉末，无臭，无味。微溶于水，溶于稀碱溶液。

［体内过程］生物素在小肠靠主动转运吸收，不易在体内蓄积贮存，过多的生物素可被代谢降解或随尿液排泄到体外。

［作用与应用］生物素在动物体内以辅酶的形式广泛参与糖类、脂肪和蛋白质代谢，如丙酮酸的转化、氨基酸的脱氨基、嘌呤和必需脂肪酸的合成等。

动物中禽和猪较易发生生物素缺乏，火鸡最常见。动物缺乏生物素的一般症状为脂肪肝肾综合征。禽表现脚、喙及眼周围发生皮炎，火鸡表现为骨和软骨发育不全，生长停滞，繁殖机能紊乱。成年蛋鸡主要表现为产蛋率下降，孵化率降低。猪的皮肤出现褐色分泌物及溃疡、干燥、粗糙等皮炎病变，后肢痉挛麻痹，蹄底和蹄冠开裂。

［用法用量］混饲，每 1 000 kg 饲料：鸡 0.15~0.35 g；猪 0.2 g；犬、猫、貂 0.25 g。

7. 叶酸（Folic Acid，Folacin）

又名蝶酰谷氨酸、维生素 B_C、维生素 M。

［理化性质］本品为黄色或橙黄色结晶性粉末，无臭，无味。易溶于稀的碳酸钠、氢氧化钠溶液。

［体内过程］叶酸内服后，在胃肠道内经小肠黏膜上皮细胞分泌的 DL- 谷氨酸羧基肽酶水解成谷氨酸和游离叶酸，从小肠吸收入血液，主要分布在肝脏、骨髓和肠壁中。部分在体内降解，部分以原形通过胆汁随粪便和尿排出体外。

［作用与应用］叶酸是核酸或某些氨基酸合成所必需的物质。如参与丝氨酸与甘氨酸相互转化，苯丙氨酸生成酪氨酸，丝氨酸生成谷氨酸，以及谷氨酸、嘌呤和胸苷酸合成等。

叶酸对核酸合成极旺盛的造血组织、消化道黏膜和发育中的胎儿等十分重要。当叶酸缺乏时，氨基酸互变受阻，细胞的分裂与成熟不完全，造成巨幼红细胞性贫血和白细胞减少，主要表现为食欲不振，腹泻，皮肤功能受损，肝功能不全，生长发育受阻。蛋鸡表现为产蛋率和孵化率下降。

本品与维生素 B_{12}、维生素 B_6 等联合应用，可提高疗效。主要用于防治叶酸缺乏症，再生障碍性贫血和在母畜妊娠期等以补充需要，亦用作饲料添加剂。

［制剂与用法用量］叶酸片，5 mg/ 片。叶酸注射液，15 mg/mL。内服或肌内注射，1 次量：犬、猫 2.5~5.0 mg；每千克体重，家禽 0.1~0.2 mg。混饲，每 1 000 kg 饲料，畜禽 10~20 g。

8. 维生素 B_{12}（Vitamin B_{12}，Cyanocobalamin）

又名氰钴胺。

〔理化性质〕本品为深红色结晶或结晶性粉末,无臭,无味。引湿性强。略溶于水和乙醇,不溶于丙酮、氯仿、乙醚。

〔体内过程〕维生素 B_{12} 与"内因子"(肠黏膜细胞分泌的一种糖蛋白)形成复合物,在钙离子存在下从回肠末端吸收。与血浆中的 α- 球蛋白和 β- 球蛋白结合运转至全身,肝中最多。主要通过尿和胆汁分泌排出体外。

〔作用与应用〕维生素 B_{12} 在肝内转变为腺苷钴胺和甲基钴胺。腺苷钴胺脱氧形成的脱氧腺苷钴胺是甲基丙二酰辅酶 A 变位酶的辅酶,甲基钴胺是甲硫氨酸合成酶的辅酶。

维生素 B_{12} 参与机体的蛋白质、脂肪和糖类代谢,帮助叶酸循环,促进叶酸合成,为动物生长发育所必需。成年反刍动物在瘤胃经微生物合成的量多,可满足反刍动物的生理需要。

在单室胃动物中,经微生物合成的维生素 B_{12} 在吸收部位之后,故利用率低。维生素 B_{12} 缺乏时,常导致猪巨幼红细胞性贫血,家禽产蛋率和蛋的孵化率降低,犊、猪、犬、小鸡生长发育停滞,饲料利用率降低,抗病能力下降,皮肤粗糙,患皮炎。叶酸不足时,维生素 B_{12} 缺乏症的表现更为严重。在治疗和预防巨幼红细胞贫血症时,两者配合使用可取得较理想的效果。

维生素 B_{12} 主要用于维生素 B_{12} 缺乏症,如巨幼红细胞性贫血,也可用于辅助治疗神经炎、神经萎缩、再生障碍性贫血、肝炎等。

〔制剂与用法用量〕维生素 B_{12} 粉剂;片剂,25 mg/ 片。维生素 B_{12} 注射液,0.05 mg/mL、0.1 mg/mL、0.25 mg/mL、0.5 mg/mL、1 mg/mL。肌内注射,1 次量:牛、马 1~2 mg;羊、猪 0.3~0.4 mg;犬、猫 0.1 mg;禽 0.002~0.004 mg。混饲,每千克体重:仔猪 0.05 mg;禽类 0.01 mg。

9. 胆碱(Choline)

又名维生素 B_4。

〔理化性质〕本品为白色结晶性粉末,味苦。易溶于水、甲醇、乙醇。呈强碱性反应。引湿性强。

〔体内过程〕本品易从胃肠道吸收进入血液,在肝脏和其他组织细胞中发挥生理作用。

〔作用与应用〕胆碱是细胞的组成成分,形成卵磷脂和神经磷脂,在肝脂肪代谢中起重要作用,能防止脂肪肝的形成,是乙酰胆碱的重要组成成分,维护细胞膜正常结构和功能的关键物质。

饲料中足量的胆碱可减少甲硫氨酸的添加量。叶酸和维生素 B_{12} 能提高胆碱的合成量,这两种维生素不足时能导致胆碱缺乏。体内胆碱不足,可引起脂肪代谢和转运障碍,呈现脂肪变性、脂肪浸润(如脂肪肝综合征)、脂肪肝,生长迟缓,关节变形,运动失调;家禽发生骨短粗症,跗关节肿胀变形,运动不协调,产蛋率明显下降;猪呈犬坐姿势,繁殖率下降,仔猪生长停滞,关节柔韧性差,贫血等。

主要用于集约化养殖场,做饲料添加剂以防治胆碱缺乏症。如治疗家禽的急、慢性肝炎、马妊娠毒血症及防治脂肪肝等。

［制剂与用法用量］氯化胆碱。内服，1次量：牛1~8 g；马3~4 g；犬0.2~0.5 g；鸡0.1~0.2 g。混饲，每1 000 kg饲料：猪700~800 g；禽1 000 g；鱼40 g。

10. 维生素C（Vitamin C，Ascorbic Acid）

又名抗坏血酸。

［理化性质］本品为白色结晶或结晶性粉末，无臭，味酸。久置颜色变黄。易溶于水和醇，水溶液呈酸性反应，遇空气、碱性物质或加热易氧化失效。应遮光，密封保存。

［体内过程］本品内服易从小肠吸收进入血液，然后分布到全身各组织器官中，以肾上腺、垂体、黄体、视网膜含量最高，其次是肝、肾、肌肉组织。过多则通过代谢降解而消除。在尿中只能检出少量的维生素C原形。

［作用与应用］

（1）参与体内氧化还原反应　维生素C很容易氧化脱氢，具有很强的还原性，参与体内许多氧化还原反应，起到递氢作用。维生素C能促进叶酸转变为四氢叶酸，参与核酸形成过程。在肠道内促使三价铁还原为二价铁，有利于铁在肠道内被吸收，可作贫血的辅助治疗药。

（2）参与细胞间质的合成　维生素C是合成胶原蛋白所必需的物质。胶原蛋白是细胞间质的主要成分，起着黏合剂的作用。维生素C能促进胶原组织、骨、结缔组织、软骨、牙质和皮肤等细胞间质形成。当维生素C缺乏时，创伤、溃疡不易愈合，骨、齿脆弱，毛细血管脆性或通透性增加，易于出血。

（3）解毒　维生素C通过自身很强的还原性来保护巯基酶和其他活性物质不被毒物破坏，并能促进抗体生成，中和细菌内毒素，增强粒细胞吞噬功能，提高机体的抵抗力和解毒能力。对铅、汞、砷、苯等中毒和高铁血红蛋白症（与亚甲蓝并用）有一定疗效。也可用于磺胺类或巴比妥类中毒的解救。

（4）维生素C能激活胃肠道各种消化酶（淀粉酶除外）的活性，有助于消化。还有抗炎、抗过敏作用。动物在正常情况下不易发生维生素C缺乏症，一般在发生感染性疾病、处于应激状态和饲料明显缺乏时，有必要在饲料中补充维生素C。

（5）缺乏维生素C，会使物质代谢障碍、心肌营养不良，并使机体对疾病的抵抗力降低。

临床上除常用于防治缺乏症外，维生素C还常作为急性传染病、慢性传染病、热性心源性和感染性休克及慢性消耗性疾病、重金属中毒及各种贫血、烧伤的辅助治疗药物，也用于风湿症、关节炎、骨折与创伤愈合不良、慢性出血、过敏性皮炎、过敏性紫癜和湿疹等的辅助治疗。

维生素C注射液对多种抗生素，如氨苄西林、氯唑西林、头孢菌素Ⅰ和头孢菌素Ⅱ、四环素类、红霉素、新霉素、卡那霉素、庆大霉素、林可霉素和多黏菌素，都有不同程度的灭活作用，故不宜混合注射。也不宜与磺胺类药物同用，否则易引起肉食动物泌尿道结石。

［制剂与用法用量］

（1）维生素C片　0.1 g/片。内服，1次量：马1~3 g；猪0.2~0.5 g；犬0.1~0.5 g。

（2）维生素C注射液　无色或微黄色澄清液体，1 g/2 mL、0.25 g/2 mL、0.5 g/5 mL、1 g/10 mL、2.5 g/20 mL。肌内或静脉注射，1次量：牛2~4 g；马1~3 g；羊、猪0.2~0.5 g；犬0.02~0.10 g；猫0.1 g。

任务实施

核黄素（维生素 B_2）治疗猫口炎的试验观察

［目的］观察维生素治疗猫口炎的用药效果。

［材料］患口炎的猫、维生素 B_2 片、喂药器、甲硝唑片。

［方法］拍照记录猫用药前口腔炎症程度、猫采食情况、流口水情况；然后连续给猫口服维生素 B_2 和甲硝唑片一周，用药结束后再记录上述指标（表7-4）。

表 7-4　维生素 B_2 治疗猫口炎的试验结果记录表

口炎猫治疗措施	口腔炎症程度	采食情况	流口水情况
用药前			
用药后			

［讨论］治疗动物口腔溃疡及其他口腔炎症过程中为什么要同时用到甲硝唑和维生素 B_2 两种药物？维生素 B_2 在促进口腔溃疡愈合过程中起到了什么至关重要的作用？

任务反思

1. 常用的水溶性维生素包括哪些种类？
2. 维生素 C 主要用来治疗哪些疾病？有哪些应用注意事项？

任务小结

维生素是动物维持正常新陈代谢所必需的一类有机化合物，根据其溶解性可分为脂溶性维生素和水溶性维生素，其中脂溶性维生素有维生素 A、维生素 D、维生素 E、维生素 K；水溶性维生素包括 B 族维生素、维生素 C 两大类。需要强调的是脂溶性维生素在动物肠道的吸收与脂肪的吸收密切相关，给动物补充脂溶性维生素时必须同时补充脂类物质，这样才能促进脂溶性维生素的吸收。而水溶性维生素则没有此类要求，水溶性维生素一般不在体内贮存，摄入超过生理需要的部分会随着尿液排出体外。

任务 7.5　钙、磷及微量元素的认识与使用

任务背景

　　某肉狗养殖场的一母犬20天前生了5只幼崽,母犬哺乳20天后四肢站立困难、后肢瘫痪、肌肉抽搐。养殖场技术员及时对哺乳母犬按每千克体重1 g氯化钙注射液、3 000 IU维生素D_3静脉注射,连续用药3天过后母犬的症状得到缓解,能正常行走,乳汁充足。

　　(1) 请问该哺乳母犬患了什么疾病?

　　(2) 氯化钙及维生素D_3注射剂在治疗母犬疾病过程中起到了什么关键性作用?

任务目标

　　知识目标:掌握钙、磷及微量元素的种类及其与动物相应缺乏症的临床症状。

　　技能目标:能对动物不同矿物质元素的缺乏症进行补充治疗。

任务准备

　　钙、磷与微量元素是动物新陈代谢和生长发育所必需的重要元素。一般添加于饲料中或作为饲料添加剂给予。

一、钙盐

　　氯化钙、葡萄糖酸钙等钙盐制剂,是治疗钙缺乏症的主要药物;碳酸钙、贝壳粉等则主要添加于饲料中,以满足畜禽日常需要。

1. 氯化钙(Calcium Chloride)

[理化性质] 本品为白色坚硬的碎块或颗粒,无臭,味微苦。有引湿性。极易溶于水,易溶于乙醇。

[作用与应用]

　　(1) 促进骨骼和牙齿钙化,保证骨骼正常发育,维持骨骼的正常结构和功能。钙不足时,成年家畜表现骨软化症,幼畜表现佝偻病,奶牛产后瘫痪,母鸡所产蛋壳脆弱易破、产蛋少,均可用钙盐防治。常与维生素D合用,以促进钙的吸收与利用。

　　(2) 钙离子能增强毛细血管的致密度,降低其通透性,减少炎症渗出和防止组织水肿。同

时,能兴奋网状内皮系统,增强白细胞的吞噬能力,具有消炎、消肿和抗过敏作用。可用于过敏性疾病,如荨麻疹、渗出性水肿、皮肤瘙痒,也可用于防治缺钙引起的抽搐和痉挛、牛的产前或产后瘫痪、马的泌乳搐搦、猪的产前截瘫等。

(3) 钙离子是重要的凝血因子,为正常的凝血过程所必需。钙离子也是维持心脏正常节律性、紧张度和收缩力的重要因素,故有一定的强心作用。在中枢神经系统中,钙和镁也是相互拮抗的,镁中毒时可用钙解救,钙中毒时也可用镁解救。

氯化钙有强烈的刺激性,主要用于急、慢性钙缺乏症,静脉注射宜缓慢,不宜过快,剂量不宜过大,不可漏出血管,以免引起肿胀和坏死及心律失常等。一旦漏出,应立即以 0.5% 普鲁卡因作局部封闭,并于局部注射 25% 的硫酸钠溶液 10~25 mL。

氯化钙一般不与强心苷及肾上腺素同用,以免增强对心脏的毒性,也不宜作皮下或肌内注射。

[制剂与用法用量]氯化钙注射液,0.3 g/10 mL、0.5 g/10 mL、0.6 g/10 mL、1 g/20 mL、2.5 g/50 mL、5 g/100 mL;氯化钙葡萄糖注射液,含氯化钙5%、葡萄糖10%~25%,20 mL/支、50 mL/支、100 mL/支。静脉注射,1 次量(以氯化钙计):牛、马 5~15 g;羊、猪 1~5 g;犬 0.1~1.0 g。

2. 葡萄糖酸钙(Calcium Gluconate)

[理化性质]本品为白色结晶或颗粒状粉末,无臭,无味。能溶于水,不溶于乙醇。

[作用与应用]本品作用与应用同氯化钙,但刺激性很小,比氯化钙安全,用途很广泛。常用于钙质代谢障碍及缺乏症的治疗。

[制剂与用法用量]葡萄糖酸钙注射液,1 g/20 mL、5 g/50 mL、10 g/100 mL、50 g/500 mL。静脉注射,1 次量:牛、马 20~60 g;羊、猪 5~15 g;犬 0.5~2.0 g。

3. 碳酸钙(Calcium Carbonate)

[理化性质]本品为白色极微细的结晶性粉末,无臭,无味。不溶于水和乙醇。

[作用与应用]本品为内服的钙补充药,主要用于骨软症、佝偻病和产后瘫痪症。可根据饲料的含钙量和钙磷比例添加本品。对钙需求量大的动物,如妊娠动物、泌乳动物、产蛋禽和生长期的幼畜,可在饲料中与维生素 D 联合适量添加。此外,本品内服,也可作吸附性止泻药或制酸药。

[制剂与用法用量]碳酸钙。内服,1 次量:牛、马 30~120 g;羊、猪 3~10 g;犬 0.5~2.0 g。

二、磷制剂

钙、磷在饲料中的比例不适当时,能引起磷的代谢障碍而发生磷缺乏症。

1. 磷酸二氢钠(Sodium Dihydrogen Phosphate)

本品为磷补充剂,磷是骨和齿的组成成分,参与多种物质代谢过程,并作为血液中重要缓冲物质的成分。主要用于钙磷代谢障碍引起的疾病,如佝偻病、骨软症、骨质疏松症。也用于急性低血磷症或慢性缺磷症。牛和水牛常发生低血磷症,表现为卧地、食欲不振、溶血性贫血和血红蛋白尿。缺磷地区家畜的慢性缺磷症,表现厌食,啃食毛、骨及破布等异物,消瘦,增重停止,发情异常,奶牛泌乳量下降,不孕和跛行等。

［制剂与用法用量］磷酸二氢钠片,磷酸二氢钠注射液。内服,1 次量:牛、马 90 g。静脉注射,1 次量:牛 30~60 g。

2. 磷酸氢钙(Calcium Hydrogen Phosphate)

［理化性质］本品为白色粉末;无臭、无味。不溶于水或乙醇,易溶于稀盐酸或稀硝酸。

［体内过程］本品在含维生素 D 和碱性环境中能增加钙的吸收,受食物中的纤维素和植物酸的影响,本品内服后约 80% 的钙由粪便排泄,其中未吸收的钙,20% 由肾排泄,其排泄量与肾功能及骨钙含量有关。

［作用与应用］本品兼具补充钙和磷的作用。与钙一样,磷也是构成骨组织的重要元素,体内约 85% 的磷与钙结合存在于骨和牙齿中,促进骨、牙齿的钙化形成;维持神经肌肉的正常兴奋性,促进神经末梢分泌乙酰胆碱,当血清钙降低时引起神经肌肉兴奋性升高,从而引发抽搐,血钙过高时引发兴奋性降低而出现肌肉软弱无力等;能改善细胞膜的通透性,增加毛细血管壁的致密性,使渗出减少,起到抗过敏作用;高浓度 Ca^{2+} 与 Mg^{2+} 间存在竞争性拮抗作用,可用于镁中毒的解救;可与氟化物结合生成不溶性氟化钙,用于氟中毒的解救。另外,还可参与调节神经递质和激素的分泌和贮存、氨基酸的摄取和结合、维生素 B_{12} 的吸收等。主要用于钙、磷补充和治钙、磷缺乏疾病,如骨质疏松引起的产后抽搐症、佝偻病,以及妊娠和哺乳期动物补充钙、磷。

［注意事项］长时间使用可引起便秘;高钙血症、高钙尿症、含钙肾结石或有肾结石病史类肉瘤病的动物禁用。

慢性腹泻或胃肠吸收功能障碍、慢性肾功能不全、心室颤动等疾病慎用。

［制剂与用法用量］内服,1 次量:马、牛 12 g;猪、羊 2 g;犬、猫 0.6 g。

3. 骨粉(Bone Meal)

［理化性质］为灰白色粉末。含钙约 30%、磷 20%。

［作用与应用］主要用于钙磷补充剂。可防治骨软症和补充妊娠、泌乳畜、幼畜和产蛋家禽的钙磷需要。

［制剂与用法用量］用于钙磷补充剂,畜、禽可按 0.1%~1.0% 浓度混饲。治疗马、牛软骨症,饲喂 250 g/d,5~7 d 为一疗程,症状缓解后,50~100 g/d,持续 7~14 d。

三、微量元素

动物机体所必需的微量元素,有铁、铜、锰、锌、钴、钼、铬、镍、钒、锡、氟、碘、硒、硅、砷共 15 种。对机体可能是必需但尚未确定的有钡、镉、锶、溴等。另有 15~20 种元素存在于体内,但生理作用不明显,甚至对机体有害,如铝、铅、汞。铁的使用参见其他项目。

微量元素虽在畜禽体内含量很少,但其生理功能却很重要,是构成动物体内一系列酶、激素和维生素等生物活性物质的重要成分,对机体的正常代谢和生存有着十分重要的意义。微量元素的缺乏、过剩或比例不当,都会引起动物发病,甚至死亡。

（一）铜

铜是机体必需的微量元素,其作用包括:①构成酶的辅基或活性成分;②参与色素沉着、毛和羽的角化,促进骨和胶原形成;③参与造血机能,促进铁在肠道内的吸收,促进铁合成血红蛋白与红细胞生成,促进无机铁变为有机铁。

多数动物对铜的吸收能力较差。饲料中的有机铜和无机铜,在胃肠中的吸收程度没有差异。铜吸收的主要部位在小肠,犬是空肠,猪是小肠和结肠,雏鸡是十二指肠。成年动物对铜的吸收率为 5%~15%,幼年动物为 15%~30%,而断奶前的羔羊高达 40%~65%。

硫酸铜（Copper Sulfate）

［理化性质］本品为深蓝色或蓝色结晶颗粒或粉末,无臭。有风化性。略溶于乙醇,易溶于水。应密封保存。

［作用与应用］作用与铜相似,饲料中含铜不足,可致铜缺乏症,动物表现贫血、骨生长不良、新生幼畜生长迟缓、发育不良、被毛脱色或粗乱、心力衰竭、胃肠机能紊乱等。但各种动物缺铜症状的差异很大。本品用于防治铜缺乏症,也可用于驱虫及浸泡奶牛的腐蹄。

［制剂与用法用量］硫酸铜。内服,1 日量:牛 2 g;犊 1 g;每千克体重,羊 20 mg。混饲,每 1 000 kg 饲料:猪 800 g;鸡 20 g。

（二）锌

锌的作用极其重要和复杂,概括起来有:①为动物体内多种酶的成分;②参与动物体内多种酶的激活;③参与蛋白质和核糖合成,维持 RNA 的结构与构型,影响体内蛋白质的生物合成和遗传信息的传递;④参与维持激素的正常功能;⑤与维生素和矿物元素产生相互拮抗和相互促进的作用;⑥维持正常的味觉功能;⑦参与维持上皮细胞和被毛的正常形态、生长和健康;⑧维持畜体的正常结构和功能,参与免疫作用。

非反刍动物锌的吸收主要在小肠,反刍动物胃、小肠都能吸收,其中皱胃吸收量约占 1/3。

硫酸锌（Zinc Sulfate）

［理化性质］本品为无色透明的棱柱状或细针状结晶或颗粒状结晶性粉末,无臭,味涩。有风化性。易溶于水、甘油,不溶于乙醇。

［作用与应用］锌对蛋白质的合成利用起显著作用,维持皮肤黏膜正常功能,参与受精或繁殖过程。动物缺锌时生长迟缓,伤口、溃疡和骨折不易愈合,精子的生成和活力变弱。猪的上皮细胞过度角化和变厚,绵羊的毛和角异常。家禽发生皮炎,羽毛少,蛋壳形成受阻。奶牛的乳房及四肢出现皲裂等。

主要用于防治锌缺乏症,也可用作收敛药,治疗结膜炎等。

[制剂与用法用量]硫酸锌。内服,1 d量:牛0.05~0.10 g;驹0.2~0.5 g;羊、猪0.2~0.5 g;禽0.05~0.10 g。滴眼,0.5%~1.0%滴液。混饲,每1 000 kg饲料,鸡286 g。

（三）锰

锰的作用:①在糖、脂肪、蛋白质和胆固醇代谢中是多种酶的激活剂或组成部分,含锰元素的酶有三种,即精氨酸酶、含锰超氧化物歧化酶和丙酮酸羧化酶;②促进骨骼的形成与发育;③维护繁殖功能。

锰的吸收在十二指肠。动物对锰的吸收能力差,平均为2%~5%,成年反刍动物可吸收10%~18%。锰在吸收过程中常与铁、钴竞争吸收位点。锰主要经胆汁和胰腺从消化道排泄。

硫酸锰（Manganese Sulfate）

动物缺锰时,生长慢,采食量下降,饲料利用率低,骨异常,繁殖功能异常等。幼畜骨骼变形,运动失调,跛行和关节肿大;雏禽发生骨短粗病,腿骨变形弯曲,膝关节肿大,生长停滞;母畜发情受阻,不易受孕,流产,死胎,无乳或乳量下降;公畜性欲下降,精子形成困难;母鸡蛋壳变薄,产蛋率下降,蛋的孵化率降低。临床主要用于锰、铁缺乏症等。

[制剂与用法用量]混饲,每1 000 kg饲料,鸡80~100 g。

（四）硒

硒的作用:①抗氧化,硒及其氧化物是一种抗氧化剂,硒是谷酰甘肽过氧化酶的组成成分。②维持畜禽正常生长。③维持精细胞的结构和机能,帮助提高繁殖能力和生产力。公猪缺硒,可致睾丸曲细精管发育不良,精子减少,明显影响繁殖性能。④促进辅酶Q合成,辅酶Q可预防猪因缺硒而引起的肝坏死。⑤降低汞、铅、镉、银、铊等重金属的毒性,明显地减少这些重金属对机体的毒害作用。⑥刺激免疫球蛋白及抗体生成,增强机体免疫力。

含硒制剂使用过量,可引起动物急性中毒。经饲料长期添加饲喂动物,可引起慢性中毒。急性硒中毒一般不易解救。慢性硒中毒,应立即停止添加,可饲喂胱氨酸或皮下注射砷酸钠溶液进行解毒。

亚硒酸钠（Sodium Selenite）

[理化性质]本品为白色结晶,无臭。在空气中稳定,溶于水,宜密封保存。

[作用与应用]幼畜硒缺乏时,发生白肌样的严重肌肉损害。猪出现营养性肝坏死;雏鸡发生渗出性素质、水肿病、脑软化、胰损伤和肌萎缩;东北地区驴、驹、羔羊出现不明原因的腹泻等。

本品主要用于防治白肌病及其他硒缺乏症。补硒时,与维生素E联合使用可显著提高疗效。本品的治疗量与中毒量很接近,确定剂量时要谨慎。猪的休药期为60 d,牛30 d,羊14 d。

[制剂与用法用量]亚硒酸钠注射液,1 mg/mL、2 mg/mL、5 mg/5 mL、10 mg/5 mL。亚硒酸钠维生素E注射液,1 mL/支、5 mL/支、10 mL/支。每毫升含亚硒酸钠1 mg、维生素E 50 IU。肌内注射,1次量:牛、马30~50 mg;驹、犊5~8 mg;羔羊、仔猪1~2 mg。

亚硒酸钠维生素 E 预混剂。混饲,每 1 000 kg 饲料,畜禽 500~1 000 g。

(五) 碘

碘是动物体内甲状腺及其活性形式三碘甲腺原氨酸的组分,参与甲状腺激素的合成,在调节基础代谢率和促进骨的钙化方面起重要作用。碘是动物体内所必需的元素之一。

碘的主要吸收部位是小肠,反刍动物瘤胃是吸收碘化物的主要部位,皱胃是内源性碘分泌的主要部位。无机碘可直接被吸收,有机碘还原成碘后才能被吸收。

碘化钾和碘化钠 (Potassium Iodide and Sodium Iodide)

本品作用与碘相同,动物缺乏时,甲状腺肿大,生长发育不良,生产能力降低;母畜不发情、流产、产死胎或弱胎;母鸡产蛋停止;公畜性欲减退、精液品质低劣。本品用于防治碘缺乏症。

[用法用量] 混饲,猪 0.03~0.36 mg/d。

(六) 钴

钴是维生素 B_{12} 的必要成分,参与维生素 B_{12} 的合成,能刺激骨髓的造血机能,有抗贫血作用。也参与一碳基团代谢,促进叶酸变为四氢叶酸,提高叶酸的生物利用率;参与甲烷、甲硫氨酸、琥珀酰辅酶 A 的合成和糖原异生。反刍动物瘤胃中微生物必须利用摄入的钴,才能合成机体内所必需的维生素 B_{12}。其他动物的大肠微生物合成维生素 B_{12},也需要钴。

内服的钴,一部分被胃肠道微生物用以合成维生素 B_{12},一部分经小肠吸收进入血液。钴在动物体内的含量极低,主要分布在肝、肾、脾和骨骼中,主要由肾排出。

氯化钴 (Cobalt Chloride)

[理化性质] 本品为红色或紫红色结晶,在干燥空气中稍有风化性,易潮解,极易溶于水和醇。水溶液呈桃红色,醇溶液呈蓝色,宜密封保存。

[作用与应用] 饲料中长期缺钴,影响维生素 B_{12} 的合成,引起血红蛋白和红细胞生成受阻。牛、羊表现为明显的低血色素性贫血,血液运输氧的能力变弱,食欲减退,消瘦,泌乳牛、羊乳量下降,怀孕牛、羊产出死胎,即使存活的胎儿也不健康。本品主要用于防治反刍动物钴缺乏症,幼畜生长发育受阻等。

[制剂与用法用量] 氯化钴片或氯化钴溶液。内服,1 次量,治疗:牛 500 mg;犊 200 mg;羊 100 mg;羔羊 50 mg。内服,1 次量,预防:牛 25 mg;犊 10 mg;羊 5 mg;羔羊 2.5 mg。1 次 /d,10~15 d 为 1 疗程,停药 10~15 d,视病情可反复用药。

任务实施

碳酸钙及维生素 D_3 治疗幼犬缺钙的用药试验

[目的] 熟悉钙制剂及维生素 D_3 的具体用法与剂量。

［材料］患佝偻病的幼犬 2 只、维生素 D_3、碳酸钙片剂、抗凝采血管、头皮针、乙醇棉球、兽用生化检测仪。

［方法］给药前采血检查 2 只患佝偻病的犬血液中钙磷浓度及钙磷比，并做好记录。然后用药对两只犬治疗一周，治疗过程中犬 1 口服碳酸钙片加维生素 D_3 胶囊，犬 2 口服碳酸钙片，给药治疗一周后再次分别采血检测两只犬的钙磷浓度及钙磷比，并做记录（表 7-5）。

表 7-5　碳酸钙及维生素 D_3 治疗幼犬缺钙的用药试验结果记录表

动物	用药前			用药后		
	钙浓度	磷浓度	钙磷比	钙浓度	磷浓度	钙磷比
1						
2						

［讨论］如果只给缺钙动物补充钙剂会达到补钙效果吗？分析钙在动物体内吸收的过程，并说明具体原因。

任务反思

临床上常用的钙制剂有哪些剂型，列举几个常用的钙制剂药物名称。

任务小结

钙、磷与微量元素是动物新陈代谢和生长发育所必需的重要元素，当机体缺乏时，会引起相应的缺乏症，从而影响动物的生长发育和健康。特别是处在生长发育期的幼畜以及哺乳期的母畜，如果不人为在饲料中额外添加这些元素就会导致它们营养不良而发病。因此钙、磷与微量元素的添加剂就非常重要。其中应用较多的钙制剂主要有氯化钙、葡萄糖酸钙、磷酸二氢钙；应用较多的微量元素物质主要有硫酸铜、硫酸锌、硫酸锰、亚硒酸钠及氯化钴。

项目总结

影响组织代谢药物的合理选用

一、糖皮质激素类药物的合理选用

药理剂量下的糖皮质激素具有明显的抗炎、抗毒、抗免疫和抗休克的作用，被广泛应用于兽医临床，但长期大剂量使用该类药会出现免疫抑制、水肿等副作用，因此合理选用糖皮质激素药就显得非常重要（图 7-1）。

图 7-1　糖皮质激素类药物的合理选用

二、抗组胺药的合理选用

抗组胺药是指能与组胺竞争靶细胞上组胺受体,让组胺不能与受体结合,从而达到消除过敏反应症状的一类药物(图 7-2)。

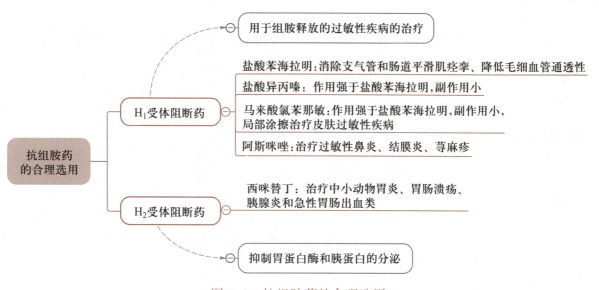

图 7-2　抗组胺药的合理选用

三、水盐代谢调节药的合理选用

水盐代谢调节药主要是动物机体脱水、缺盐、酸中毒、碱中毒等几种疾病的治疗药(图 7-3)。

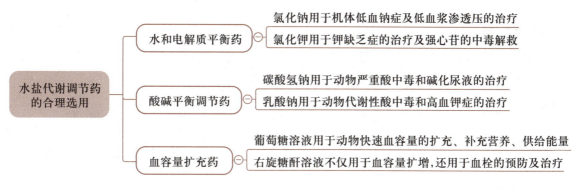

图 7-3　水盐代谢调节药的合理选用

四、维生素的合理选用

维生素的合理选用如图 7-4 所示。

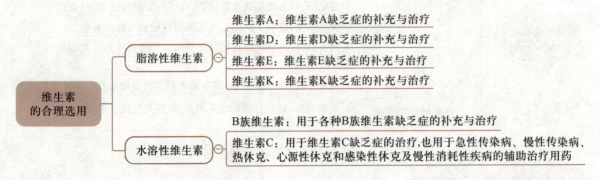

图 7-4　维生素的合理选用

五、钙、磷及微量元素的合理选用

钙、磷及微量元素的合理选用如图 7-5 所示。

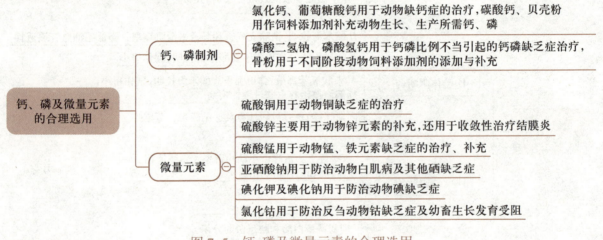

图 7-5　钙、磷及微量元素的合理选用

项 目 测 试

一、名词解释

脂溶性维生素；水溶性维生素；抗组胺药。

二、填空题

1. 糖皮质激素根据药效时间的长短分为_____、_____、_____三类。

2. 脂溶性维生素包括_____、_____、_____和维生素 K。

3. 维生素 E 又名_____，在体内具有抗氧化作用，还可以促进性激素的分泌，调节性腺的发育，提高繁殖能力。

4. 硫胺素又名_____,用于预防该类维生素缺乏引起的多发性神经炎。

5. 抗坏血酸又名_____,缺乏时易引起毛细血管脆性或通透性增加,易于出血。

6. 小苏打又名_____,它是机体缓冲系统的重要组成成分,内服后可直接增加机体的碱贮量,中和胃酸。

7. 抗组胺药根据其拮抗的受体不同分为_____和_____两大类。

8. 微量元素中_____是维生素 B_{12} 的必需成分,参与维生素 B_{12} 的合成,能刺激骨髓的造血机能,有抗贫血作用。

9. 幼畜_____缺乏时,发生白肌样的严重肌肉损害,猪出现营养性肝坏死。

10. _____对蛋白质的合成利用起显著作用,维持皮肤黏膜正常功能,参与受精或繁殖过程。

三、单项选择题

1. 下列选项中哪一个属于糖皮质激素类药的药理作用?（　　　）

　　A. 抗菌　　　　　　　　　　　　B. 解热

　　C. 抑制动物体免疫功能　　　　　D. 中和胃酸

2. 糖皮质激素的药理作用不包括(　　　)。

　　A. 抗炎　　　　　　　　　　　　B. 抗毒素

　　C. 抗休克　　　　　　　　　　　D. 抗菌

3. 下列糖皮质激素中哪一个属于长效糖皮质激素?（　　　）

　　A. 泼尼松　　　　　　　　　　　B. 氢化可的松

　　C. 地塞米松　　　　　　　　　　D. 醋酸氟轻松

4. 糖皮质激素可用于(　　　)。

　　A. 疫苗接种期

　　B. 严重感染性疾病,但必须与足量有效的抗菌药合用

　　C. 骨折愈合期

　　D. 缺乏有效抗菌药物治疗的感染

5. 可用于动物体失血的血容量扩充药是(　　　)。

　　A. 葡萄糖盐水注射液　　　　　　B. 右旋糖酐 70

　　C. 浓氯化钠注射液　　　　　　　D. 氯化钾注射液

6. 可预防阿司匹林引起的凝血障碍的维生素是(　　　)。

　　A. 维生素 A　　　　　　　　　　B. 维生素 B_1

　　C. 维生素　　　　　　　　　　　D. 维生素 K

7. 缺乏哪种维生素可导致夜盲症?（　　　）

　　A. 维生素 A　　　　　　　　　　B. 维生素 B_1

    C. 维生素 C　　　　　　　　　　　　D. 维生素 D

8. 下列哪种维生素能促进机体合成某些凝血因子？（　　　）

    A. 维生素 A　　　　　　　　　　　　B. 维生素 B_1

    C. 维生素 K_3　　　　　　　　　　　D. 维生素 E

9. 幼畜发生白肌病或雏鸡发生渗出性素质表明可能缺乏（　　　）。

    A. 硒或维生素 E　　　　　　　　　　B. 维生素 A 或维生素 D

    C. 维生素 B_1 或维生素 B_2　　　　　D. 钙或磷

10. 下列哪种维生素缺乏易引起家禽的角弓反张的"观星症状"？（　　　）

    A. 维生素 A　　　　　　　　　　　　B. 维生素 B_1

    C. 维生素 D　　　　　　　　　　　　D. 维生素 E

四、问答题

1. 简述糖皮质激素有哪些作用。

2. 长期使用糖皮质激素有哪些不良反应？

3. 抗组胺药有哪些种类？各有什么特点？

4. 氯化钠和氯化钾有哪些作用？应用中有哪些注意事项？

5. 氯化钙有哪些作用？应用中有哪些注意事项？

项目 8

抗微生物药物

项目导入

一天动物医院来了一只犬,主人发现其两天前后肢出现跛行,今天变得更为严重。经检查发现该犬后肢有一外伤并开始化脓,经过医生的初步诊断,决定对该犬伤口采取外科处理以及抗菌治疗。那么同学们知道该选用什么药物来进行处理和治疗吗?

抗微生物药物是临床上使用频率最高的药物之一,特别是养殖规模化、集约化之后,更是如此。但是微生物的种类繁多,对药物的敏感性也不尽相同,因此就要求我们全面掌握抗微生物药的抗菌谱,以做到"对症下药"。同时,随着近年来抗微生物药的滥用,耐药性的问题也日益严重。抗微生物药的合理使用就显得特别重要。

本项目将要学习 4 个任务:(1)抗生素的认识与使用;(2)化学合成抗菌药的认识与使用;(3)其他抗微生物药的认识与使用;(4)消毒防腐药的认识与使用。在学习过程中,树立规范、合理、适度使用抗微生物药物的职业观;通过学习消毒药的配制和使用,进一步提高安全防护意识。

任务 8.1 抗生素的认识与使用

任务背景

在畜禽养殖过程中,不可避免地会使用到抗生素。但抗生素就像一把双刃剑,及时、合理地使用抗生素,能对畜禽疫病的控制提供强有力的保障;反之则会严重危害人类健康。这类药物在临床实际使用过程中,常常会出现滥用、误用的情况。目前抗生素的使用问题仍困扰着我国畜牧业的发展,如何科学、合理地使用,成了亟待解决的问题。

任务目标

知识目标:1. 了解抗生素的来源、各类抗生素的作用机制。

　　　　　2. 熟悉抗生素的基本概念、分类、抗菌谱、主要不良反应等。

技能目标:1. 能完成各类抗生素的正确配制、给药。

　　　　　2. 能根据各类抗生素典型药物的特点进行畜禽疫病的防治。

任务准备

抗微生物药属化学治疗药范畴。凡对病原体具有选择性抑制或杀灭作用,对机体没有或只有轻度毒性作用的化学物质,都称为化学治疗药。用化学治疗药来治疗由病原体(病原微生物、寄生虫及癌细胞)所致的疾病称为化学治疗。化学药物在用于防治疾病的过程中,药物、机体、病原体之间存在相互作用的关系。在介绍抗微生物药物之前,先介绍两个概念:

抗菌谱是指药物杀灭或抑制病原微生物的范围。由于药物作用范围的差异,又分为广谱与窄谱。作用广泛,能杀灭或抑制多种不同种类的细菌的抗生素,称为广谱抗生素,如四环素;仅作用于一定种类细菌的抗生素,称为窄谱抗生素,如青霉素、链霉素。

耐药性是指病原微生物在多次接触化学药物后,成为具有抗药性的变异菌株,对药物的敏感性下降甚至消失的现象。

抗生素是真菌、细菌、放线菌等微生物产生的代谢物质,有抑制或杀灭病原体的作用。抗生素除能从微生物培养液中提取外,已有不少品种能人工合成或半合成。这不仅增加了抗生素的来源和种类,还扩大了临床应用范围。有些抗生素还具有抗病毒、抗肿瘤和抗寄生虫的作用。

[作用机制] 抗生素主要通过干扰病原微生物的代谢过程而起抗菌作用,其作用机制大致可分为下列 4 种类型。

1. 抑制细菌细胞壁的合成

细菌的结构与动物细胞不同,在细胞膜外还有一层具有保护细菌免受机械损伤和外界渗透压影响的坚韧组织——细胞壁。革兰阳性菌细胞壁的主要成分是黏肽,黏肽是一种肽多糖聚合体。青霉素类、头孢菌素类等抗生素,其结构中含有和黏肽中局部结构相似的 $\beta-$ 内酰胺环,它能结合到黏肽的肽链上,从而阻止黏肽的交叉连接,造成细胞壁缺损,使细胞外的水分渗入菌体内,导致菌体膨胀变形、破裂死亡。因此,青霉素类对生长旺盛的细菌作用强,而对静止状态下的细菌作用弱,因为前者需要不断地合成细胞壁,而后者已经合成细胞壁,不受青霉素影响,故这类抗生素称为繁殖期杀菌剂。革兰阴性菌因细胞壁的主要成分是磷脂,故青霉素类对其作用弱。

2. 增加细胞膜的通透性

细菌的细胞膜是紧贴细胞壁内、围绕在细胞浆外,由类脂和蛋白质分子构成的半透膜。它具有维持渗透屏障和运输营养物质的功能。当胞浆膜受损后,通透性增加,细胞的重要营养物质如核酸、氨基酸、酶等大量外漏而导致细胞破裂死亡。抗生素中的多肽类和多烯类具有损伤细菌胞浆膜、增加细胞膜通透性的作用。

3. 抑制细菌蛋白质的合成

蛋白质的合成分 3 个阶段,即起始阶段、延长阶段和终止阶段。只要抑制其中任何一个阶段就能阻碍蛋白质的合成,使细菌不能生长繁殖。不同的抗生素对 3 个阶段的作用不完全相同,如氨基糖苷类对 3 个阶段都有作用,而林可胺类只作用于延长阶段。细菌与哺乳动物细胞合成蛋白质的过程相同,最大的区别在于核糖体的结构不同。细菌核糖体的沉降系数为 70S,并可解离为 50S 与 30S 亚基;而哺乳动物的细胞核糖体沉降系数为 80S,并可解离为 60S 与 40S 亚基。这种差别使抗生素可以选择性地作用于细菌,表现抑菌或杀菌作用,而对动物机体毒性小。

4. 抑制细菌核酸的合成

核酸包括脱氧核糖核酸(DNA)和核糖核酸(RNA)。核酸具有调控蛋白质合成的功能。许多抗生素具有抑制细菌合成核酸的能力,从而引起细菌的死亡而呈现抗菌作用。如灰黄霉素可阻碍 DNA 的合成,利福平可阻碍 RNA 的合成。

一、主要作用于革兰阳性菌的抗生素

(一) β-内酰胺类抗生素

β-内酰胺类抗生素是指化学结构中含有 β-内酰胺环的抗生素,主要包括青霉素和头孢菌素类,其抗菌机制都是抑制细菌的细胞壁的合成,是兽医临床最常用的抗生素。

1. 青霉素类

青霉素类包括天然青霉素和半合成青霉素两大类。

(1) 天然青霉素　从青霉菌的培养液中提取获得,主要含有青霉素 F、青霉素 G、青霉素 X、青霉素 K 和双氢青霉素 F 五种类别。其中以青霉素 G 的抗菌力最强,性质较稳定,提取率最高,是应用最多的一种青霉素。

青霉素 G(Penicillin G)

又名苄青霉素、盘尼西林。

[理化性质]青霉素 G 为一种有机酸,水溶性差,其钾盐或钠盐易溶于水。结晶的钠盐、钾盐在干燥状态下性质相对稳定。为白色结晶性粉末,无臭或微有特异性臭。有引湿性。水溶液性质不稳定,在室温中放置易失效,因此临床上必须现用现配;遇酸、碱易分解失效。钾盐

易溶于水,略溶于乙醇;钠盐极易溶于水,易溶于乙醇;均不溶于脂肪油或液状石蜡。

抗菌效价以国际单位(IU)表示,1 单位的青霉素分别相当于钠盐 0.6 μg 或钾盐 0.625 μg。1 mg 青霉素钠盐或钾盐分别含 1 667 IU 或 1 595 IU 效价。

[体内过程]青霉素口服极易被胃酸和消化酶破坏,故一般不用于口服。肌内注射吸收迅速,半小时血浆浓度达最高值,常用量的有效血药浓度维持 3~8 h。吸收后青霉素与血浆蛋白结合率高达 50% 以上,其余分布在各组织及体液中。穿过血脑屏障、胎盘屏障和血乳的能力低。当中枢神经系统或其他组织有炎症时,青霉素则较易透入,可达到有效血药浓度。

青霉素吸收快,排泄也迅速。青霉素在体内不易被破坏,主要以原形排泄(50%~70%),在肾约 80% 经肾小管分泌作用,20% 经肾小球滤过作用排泄。由于在尿中浓度高,故可用于治疗泌尿道感染。另外,青霉素可在乳中排泄,因此,对泌乳期奶牛用药后,其乳汁禁止给人食用,因为在易感人群中可能引起过敏反应。

[药理作用]青霉素 G 为窄谱抗生素。抗菌作用强而快,低浓度抑菌,高浓度杀菌。青霉素对大多数革兰阳性菌和革兰阴性球菌、放线菌和螺旋体等有很强的抗菌作用,常作为首选药。对青霉素敏感的病原菌主要有:链球菌、葡萄球菌、肺炎球菌、脑膜炎球菌、丹毒杆菌、化脓棒状杆菌、炭疽杆菌、李氏杆菌、破伤风梭菌、产气荚膜梭菌、魏氏梭菌、牛放线菌和钩端螺旋体等。对大多数革兰阴性杆菌如大肠杆菌、沙门菌、布氏杆菌、结核杆菌不敏感。青霉素对处于繁殖期正大量合成细胞壁的细菌作用强,而对已合成细胞壁处于静止期的细菌作用弱,因此称为繁殖期杀菌药。哺乳动物的细胞无细胞壁,故对动物的毒性极低。

[耐药性]除金黄色葡萄球菌外,一般细菌对青霉素不产生耐药性。耐药的金黄色葡萄球菌能产生破坏 β-内酰胺环的青霉素酶,使青霉素的 β-内酰胺环水解而成为青霉噻唑酸,失去抗菌活性。为克服金黄色葡萄球菌的耐药性,可采用耐青霉素酶的半合成青霉素类、头孢菌素类等药物治疗该细菌所引起的各种感染。

[应用]主要用于治疗猪丹毒、出血性败血症、肺炎、炭疽、气肿疽、恶性水肿、放线菌病、马腺疫、坏死杆菌病、钩端螺旋体病、乳房炎、子宫内膜炎、脓肿以及肾盂肾炎、膀胱炎等尿路感染。还可用于治疗由鸡球虫病并发的肠道梭菌感染,治疗破伤风时,应与破伤风抗毒素并用。

在兽医临床上,青霉素的给药方法多采用间歇性肌内注射,偶用作皮下注射和局部用药。局部用药是指乳管内、子宫内、关节腔及脓腔内注入。

[不良反应]青霉素对动物毒性较低,其不良反应主要是过敏反应,尤以过敏性休克最为严重。常于注射过程中或注射后数分钟内发生。临床主要表现为寒战、流汗、兴奋不安、呼吸困难、心跳加快、共济失调以致昏迷不醒等严重症状,抢救不及时,可导致迅速死亡。

抢救的一般措施:立即肌内注射或静脉注射肾上腺素(牛、马 2~5 mg/ 次;羊、猪 0.2~1.0 mg/ 次;犬 0.1~0.5 mg/ 次;猫 0.1~0.2 mg/ 次),必要时可加用糖皮质激素和抗组胺药以稳定疗效,同时注意输液、输氧及其他对症处理。

[制剂与用法用量] 注射用青霉素钠,注射用青霉素钾。肌内注射,1 次量,每千克体重:牛、马 1 万 ~2 万 IU;羊、猪、驹、犊 2 万 ~3 万 IU;犬、猫 3 万 ~5 万 IU;禽 5 万 IU。2~3 次 /d。

乳管内注入,1 次量,每 1 乳室,牛 10 万 IU。1~2 次 /d。奶的废弃期为 3 d。

长效青霉素

为了延长青霉素钾或钠在动物体内的有效血药浓度维持时间,制成了一些难溶于水的青霉素胺盐,肌内注射后吸收缓慢,如普鲁卡因青霉素、苄星青霉素。肌内注射后吸收缓慢,维持时间长,因血药浓度较低,二者均仅适用于轻度感染或慢性感染,不能用于危重感染;后者亦可用于需长期用药的疾病如牛肾盂肾炎、肺炎、子宫炎、复杂骨折及预防运输时呼吸道感染。

[制剂与用法用量] 普鲁卡因青霉素注射液。肌内或皮下注射,1 次量,每千克体重:牛、马 1 万 ~2 万 IU;羊、猪 2 万 ~3 万 IU;猫、犬 3 万 ~4 万 IU。1 次 /d。

注射用苄星青霉素:30 万 IU、60 万 IU、120 万 IU。肌内注射,一次量,每千克体重:马、牛 2 万 ~3 万 IU;羊、猪 3 万 ~4 万 IU;犬、猫 4 万 ~5 万 IU;必要时 3~4 d 重复一次。乳的废弃期为 3 d。

(2) 半合成青霉素　从天然青霉素培养液中提取母核(6-APA,6- 氨基青霉烷酸)为原料,在 R 处更换不同的侧链,而获得具有耐酶、耐酸、广谱等多功效的新型青霉素。但对同一敏感菌而言,抗菌强度不如青霉素 G,并有交叉过敏反应。

耐酸青霉素具有耐胃酸而不耐 β- 内酰胺酶的特点,可用于内服。如青霉素 V、苯氧乙基青霉素。耐酶青霉素具有既耐酶又耐酸的特点。它们的抗菌谱虽与青霉素相似,但对革兰阳性菌的效力不如青霉素 G,主要对耐药金黄色葡萄球菌有特效,如新青霉素 I、新青霉素 II、新青霉素 III、氯唑西林、双氯西林钠。广谱青霉素耐酸不耐酶,对革兰阳性菌和阴性菌都有杀菌作用,可口服,对耐药金黄色葡萄球菌无效,如氨苄西林、阿莫西林、羧苄西林、海他西林。

苯唑西林(Oxacillin)

又名苯唑青霉素,新青霉素 II。

[理化性质] 本品钠盐为白色粉末或结晶性粉末,无臭或微臭。易溶于水,极微溶于丙酮或丁醇,几乎不溶于醋酸乙酯或石油醚。

[作用与应用] 本品为耐酸、耐酶的半合成青霉素,对耐药性金黄色葡萄球菌有效。主要用于对青霉素耐药的金黄色葡萄球菌感染,如败血症、烧伤创面感染、肺炎、乳腺炎。

[制剂与用法用量] 苯唑西林钠胶囊。内服,1 次量,每千克体重:家畜 10~15 mg;犬、猫 15~20 mg。2~3 次 /d。

注射用苯唑西林钠。肌内注射,1 次量,每千克体重:家畜 10~15 mg;犬、猫 15~20 mg。2~3 次 /d。

氨苄西林(Ampicillin)

又名氨苄青霉素。

[理化性质] 本品为白色或近白色的结晶性粉末,无臭,味微苦。在水中微溶,在乙醇中不溶。其钠盐易溶于水,供注射用。其三水化合物供口服用。其 100% 的水溶液的 pH 为 8~10。

［体内过程］本品内服或肌内注射均易吸收。吸收后分布到各组织,其中以肝、肾、子宫等器官的浓度较高。肌内注射较内服的血液和尿中浓度高,常用肌内注射。主要由尿和胆汁排泄,给药后 24 h 大部分从尿中排出。

［药理作用］本品是耐酸不耐酶的广谱抗生素。对大多数革兰阳性菌的抗菌效力比青霉素稍弱。对多数革兰阴性菌,如大肠杆菌、沙门菌、变形杆菌、嗜血杆菌、布氏杆菌和巴氏杆菌均有较强的作用,其效力与四环素相仿或略强。但对绿脓杆菌、肺炎杆菌、耐药金黄色葡萄球菌无效。

［应用］本品主要用于敏感菌引起的肺部、肠道、尿道感染。如牛巴氏杆菌病,肺炎,乳腺炎,驹、犊肺炎,猪胸膜炎,鸡白痢,禽伤寒。与氨基糖苷类抗生素合用,可增强疗效。本品用于治疗鱼类结节症(鱼巴氏杆菌病)效果较好。

不良反应同青霉素。

［制剂与用法用量］氨苄西林胶囊。内服,1 次量,每千克体重:家畜、禽 20~40 mg,2~3 次 /d。

注射用氨苄西林钠。肌内注射或静脉注射,1 次量,每千克体重:家畜、禽 10~20 mg,2~3 次 /d(高剂量用于幼畜、禽和急性感染)。连用 2~3 d。鱼类 5~20 mg,添加于饲料中投喂,休药期为 5 d。

乳管内注入,1 次量:每一乳室,奶牛 200 mg。1 次 /d。

阿莫西林(Amoxicillin)

又名羟氨苄青霉素。

［理化性质］本品为类白色结晶性粉末,味微苦。微溶于水,在乙醇中难溶。对酸稳定,在碱性溶液中很快被破坏。0.5% 水溶液 pH 为 3.5~5.5,耐酸性较氨苄西林强。

［体内过程］本品在胃酸中较稳定,吸收率较大,单胃动物内服后有 74%~92% 被吸收。

本品可进入脑脊液,乳中的药物浓度很低。

［作用与应用］本品的作用、应用和氨苄西林基本相似,对肠道球菌和沙门菌的作用较氨苄西林强 2 倍。细菌对本品和氨苄西林有完全的交叉耐药性。

［制剂与用法用量］阿莫西林片、阿莫西林胶囊。内服,1 次量,每千克体重:家畜、禽 10~15 mg。2 次 /d。

注射用阿莫西林钠。肌内注射,1 次量,每千克体重:家畜 4~7 mg,2 次 /d。乳管内注入,1 次量:每一乳室,奶牛 200 mg,1 次 /d。

羧苄西林(Carbenicillin)

又名卡比西林、羧苄青霉素。

［理化性质］本品为白色结晶性粉末。溶于水和乙醇。对热、酸不稳定。

［体内过程］本品内服剂型为羧苄西林茚满酯。钠盐内服不吸收,肌内注射钠盐能迅速吸收。吸收后可进入胸腔、腹水、关节液、胆汁和淋巴液等。

［作用与应用］本品的作用、抗菌谱与氨苄西林相似，其特点是对绿脓杆菌和大肠杆菌有抗菌作用。主要用于绿脓杆菌引起的全身感染。通常注射给药，并与庆大霉素和多黏菌素配伍，可增强作用；但不能混合注射，应分别注射给药。此外，还可用于败血症、腹膜炎、呼吸道与泌尿道感染。

［制剂与用法用量］注射用羧苄西林钠。肌内注射，1 次量，每千克体重：家畜 10~20 mg，1~2 次 /d。静脉注射，1 次量，每千克体重：家畜 50~100 mg，1~2 次 /d。

羧苄西林茚满酯。内服，1 次量，每千克体重：犬、猫 55~110 mg，3 次 /d。

氯唑西林（Cloxacillin）

又名邻氯青霉素。

［理化性质］本品钠盐为白色粉末和结晶性粉末，微臭，味苦。有引湿性。易溶于水，溶于乙醇，几乎不溶于醋酸乙酯。

［体内过程］本品内服后吸收迅速，很快达到血药高峰，分布于全身，但以肝、肾中浓度最高。

［作用与应用］本品为耐酸、耐酶的半合成青霉素。对青霉素耐药菌株，特别是对耐药金黄色葡萄球菌有很强的杀菌作用。内服、注射均有效。但内服其生物利用度较低。常用于骨、皮肤和软组织的葡萄球菌感染。

［制剂与用法用量］氯唑西林钠胶囊。内服，1 次量，每千克体重：家畜 10~20 mg；犬、猫 20~40 mg。3 次 /d。注射用氯唑西林钠。肌内注射，1 次量，每千克体重：家畜 5~10 mg；犬、猫 20~40 mg。3 次 /d。

乳管内注入，1 次量：每一乳室，奶牛 200 mg，1 次 /d。奶的废弃期 2 d。休药期，牛 10 d。

2. 头孢菌素类

头孢菌素类又名先锋霉素类，是一类半合成的广谱抗生素。它与青霉素类一样都具有 β-内酰胺环，故属 β-内酰胺类抗生素。不同的是头孢菌素类的主核是 7-ACA（7-氨基头孢烷酸），而青霉素类的主核是 6-APA。天然品为头孢菌素 C，因其毒性大，抗菌活性低，不能用于临床。以头孢菌素 C 为原料获得主核 7-ACA，并在其侧链 R_1 和 R_2 处引入不同的基团，得到一系列的半合成头孢菌素。

头孢菌素具有抗菌谱广、杀菌力强、毒性小、过敏反应较少、对胃酸和 β-内酰胺酶较青霉素类稳定等优点，并且本类药物与青霉素之间无交叉耐药现象。目前头孢菌素已发展到第四代，因价格昂贵，兽医临床主要用第一代产品。

［体内过程］第一代的头孢氨苄、头孢羟氨苄和第二代的头孢克洛内服均可从胃肠道吸收。其余的头孢菌素口服不易吸收，只宜注射给药。头孢菌素能广泛分布于大多数的体液和组织中，第三代头孢菌素具有较好的穿透血脑屏障的能力，分布到脑脊液中。肾小球的滤过和肾小管的分泌排泄是头孢菌素在机体内消除的主要方式，同时可受丙磺舒竞争而延缓消除。

但肾功能障碍时半衰期显著延长。

[药理作用] 头孢菌素的抗菌谱与广谱青霉素相似,对革兰阳性菌、革兰阴性菌及螺旋体有效。头孢菌素对革兰阳性菌(包括耐药金黄色葡萄球菌)作用最强的是第一代产品,但第一代产品对革兰阴性菌作用较差,对绿脓杆菌无效。对 β-内酰胺酶敏感,对厌氧菌无效。第二代产品对革兰阴性菌的作用和对 β-内酰胺酶耐受性都增强,对厌氧菌部分药物有效,对绿脓杆菌无效。第三代比第二代对革兰阴性菌作用更强,对绿脓杆菌、厌氧菌都有很好的作用,并对 β-内酰胺酶稳定,但对革兰阳性菌作用不如第一、第二代强。第四代对革兰阴性菌作用比第三代更强,抗菌谱更广,对革兰阳性球菌作用更强,更耐酶,血浆半衰期更长。

头孢菌素的作用机制和青霉素相同,阻碍细胞壁的合成而呈现抗菌作用。

头孢氨苄(Cefalexin)

又称先锋霉素 IV。

[理化性质] 为白色或微黄色结晶性粉末。微臭,微溶于水,易溶于乙醇。

[体内过程] 本品内服吸收迅速而完全,犬、猫的生物利用度为 75%~90%,犊牛的生物利用度为 74%,以原形从尿中排出。肌内注射吸收快,约 0.5 h 达到最高血药浓度。

[作用与应用] 具有广谱抗菌作用。对革兰阳性菌作用较强(肠球菌除外)。对部分大肠杆菌、变形杆菌、克雷伯菌、沙门菌、志贺菌有抗菌作用,对绿脓杆菌耐药,主要用于耐药金黄色葡萄球菌及某些革兰阴性杆菌引起的呼吸道、泌尿生殖道、皮肤和软组织感染。

[不良反应] 犬肌内注射有时出现严重的过敏反应,甚至死亡;能引起犬、猫厌食、呕吐或腹泻等胃肠道反应;长期或大量使用引起肾小管坏死,肾功能不良者慎用。与氨基糖苷类、利尿药等合用时应注意调整剂量。

[制剂与用法用量] 头孢氨苄胶囊、片、混悬剂(2%),0.25 g。内服,一次量,每千克体重:马 22 mg;犬、猫 10~30 mg。3~4 次/d,连用 2~3 d。乳管内注入,一次量,每一乳室,奶牛 200 mg,2 次/d,连用 2 d。

头孢噻呋(Ceftiofur)

[理化性质] 为类白色至淡黄色粉末。在水中不溶,在丙酮中微溶,在乙醇中几乎不溶。其钠盐易溶于水,具吸湿性。

[体内过程] 内服不吸收,肌内和皮下注射吸收迅速,体内分布广泛,但不能通过血脑屏障。注射给药后,在血液和组织中的药物浓度高,有效血药浓度维持时间长。在体内能生成具有活性的代谢物脱氧呋喃甲酰头孢噻呋,并进一步代谢为无活性的产物从尿和粪中排泄。

[作用与应用] 为动物专用第三代头孢菌素类药物。具有广谱杀菌作用,对多数革兰阳性菌和革兰阴性菌及产 β-内酰胺酶的细菌有效。其抗菌活性强于氨苄西林,对链球菌的抗菌作用比氟喹诺酮类强。敏感菌主要有多杀性巴氏杆菌、溶血性巴氏杆菌、胸膜肺炎放线杆菌、沙门菌、大肠杆菌、链球菌、葡萄球菌等,但某些绿脓杆菌、肠球菌耐药。

主要用于治疗革兰阳性菌和革兰阴性菌引起的感染,如猪巴氏杆菌病、禽霍乱、牛出血性败血症、猪传染性胸膜肺炎、沙门菌病、大肠杆菌病、乳腺炎等。

［不良反应］①可引起胃肠道菌群紊乱和二重感染。②有一定肾毒性。③对牛可引起特征性的脱毛或瘙痒。

［制剂与用法用量］注射用头孢噻呋钠,0.1 g、0.5 g、1 g、4 g。肌内注射,一次量,每千克体重:牛 1.1~2.2 mg;猪 3~5 mg;犬、猫 2.2 mg。1 次 /d,连用 3 d。皮下或肌内注射:1 日龄鸡,每只 0.1 mg。

头孢喹肟(Cefquinome)

又称头孢喹诺。

［理化性质］常用其硫酸盐,为白色至淡黄色粉末。在水中易溶,在氯仿中几乎不溶。

［体内过程］内服吸收很少,肌内和皮下注射吸收迅速,达峰时间 0.5~2 h,生物利用度高(>93%)。奶牛泌乳期乳房灌注给药后,能快速分布于整个乳房组织,并维持较高的组织浓度。主要以原形经肾排出体外。

［作用与应用］为动物专用第四代头孢菌素。具有广谱杀菌作用,对革兰阳性菌、革兰阴性菌(产 β-内酰胺酶细菌)均有较强活性。其抗菌活性强于头孢噻呋和恩诺沙星。敏感菌主要有金黄色葡萄球菌、链球菌、肠球菌、大肠杆菌、沙门菌、多杀性巴氏杆菌、溶血性巴氏杆菌、胸膜肺炎放线杆菌、克雷伯菌、绿脓杆菌等。

主要用于治疗敏感菌引起的牛、猪呼吸系统感染及奶牛乳腺炎。如牛、猪溶血性巴氏杆菌或多杀性巴氏杆菌引起的支气管肺炎、猪放线杆菌性胸膜肺炎、渗出性皮炎。

［制剂与用法用量］硫酸头孢喹肟注射液,肌内注射,一次量,每千克体重:牛 1 mg,猪 1~2 mg,1 次 /d,连用 3d。乳管注入,奶牛,每乳室 75 mg,2 次 /d,连用 2 d。

(二) 大环内酯类

本类抗生素因在化学结构上具有 12~16 个碳骨架的大环内酯而得名。主要对革兰阳性菌和支原体有作用。兽医临床常用的有红霉素、泰乐菌素、吉他霉素、螺旋霉素等。它们的抗菌作用、抗菌机制、抗菌谱、体内过程等均相似,红霉素是它们的代表。

1. 红霉素(Erythromycin)

［理化性质］本品是从红链霉菌的培养液中提取的有机碱化合物,为白色或类白色结晶性粉末,无臭,味苦。难溶于水,与酸结合而成的盐则易溶于水。其硫氰酸红霉素为动物专用药。

［体内过程］内服红霉素虽易吸收但易被胃酸破坏,故临床常用的是耐酸的无味红霉素。

内服吸收良好,1~2 h 达血药浓度峰值,维持有效血药浓度时间约 8 h。吸收后分布广泛,在胆汁中浓度最高,大部分经肝代谢而灭活,经尿液、粪便排出。

［药理作用］本品的抗菌谱与青霉素相似,对革兰阳性菌如金黄色葡萄球菌、链球菌、猪丹毒杆菌、炭疽杆菌等有较强的作用,对部分革兰阴性菌如布氏杆菌、多杀性巴氏杆菌等有抑菌作用,但对大肠杆菌、沙门菌等无效。对耐青霉素的金黄色葡萄球菌仍有效,另外,对某些支

原体、立克次体和螺旋体有效。

［应用］本品主要用于耐药金黄色葡萄球菌所致的感染和对青霉素过敏的病例，如肺炎、败血症、乳腺炎、子宫内膜炎、猪丹毒、炭疽、多发性疖痈。对禽支原体、猪支原体引起的呼吸道疾病也有较好的疗效。

［不良反应］本品毒性低，但刺激性强。肌内注射可发生局部炎症，宜采用深部肌内注射。静脉注射速度宜缓，避免漏出血管外。对幼畜毒性大，马属动物及猪内服易发生肠道功能紊乱，应慎用。

［制剂与用法用量］红霉素片。内服，1次量，每千克体重：仔猪、犬、猫10~20 mg，2次/d，连用3~5 d。

硫氰酸红霉素可溶性粉。混饮：每升水，鸡125 mg，连用3~5 d。

注射用乳糖酸红霉素。静脉滴注，1次量，每千克体重：家畜3~5 mg；犬、猫5~10 mg。2次/d，连用2~3 d。

2. 泰乐菌素（Tylosin）

［理化性质］本品是从弗氏链霉菌培养液中提取获得的弱碱性化合物，微溶于水，与酸制成盐后易溶于水。水溶液在pH 5.5~7.5时稳定。临床常用其酒石酸盐和磷酸盐。

［体内过程］本品内服可吸收，但血药浓度比肌内注射低2~3倍，有效血药浓度维持时间也比注射给药短。肌内注射吸收迅速。主要由肾和胆汁排出。

［作用与应用］泰乐菌素为畜禽专用抗生素。对革兰阳性菌和一些革兰阴性菌有抑制作用。其特点是对支原体有较强的抑制作用，对革兰阳性菌的作用不如红霉素。

主要用于防治鸡、火鸡和其他动物的支原体感染，用于金黄色葡萄球菌、化脓性链球菌、螺旋体等所致的肺炎、乳腺炎、子宫炎及肠炎等，还可用于浸泡种蛋以预防鸡支原体传播，以及用作猪的生长促进剂。

本品与其他大环内酯类抗生素有交叉耐药现象。

［制剂与用法用量］泰乐菌素可溶性粉。混饮，每升水，禽500 mg，连用3~5 d。蛋鸡产蛋期禁用，休药期1 d。

泰乐菌素粉。混饲（促进生长），每1 000 kg饲料：猪10~100 g；鸡4~5 g。宰前5 d停止给药。内服，1次量，每千克体重：猪7~10 mg。3次/d，连用5~7 d。

泰乐菌素注射液。肌内注射，1次量，每千克体重：牛10~20 mg；猪5~13 mg；猫10 mg。1~2次/d，连用5~7 d。

3. 替米考星（Tilmicosin）

又名梯米考星、特米考星。

［理化性质］本品是由泰乐菌素的水解产物半合成的畜禽专用抗生素，用其磷酸盐。

［体内过程］本品内服和皮下注射吸收快，但不完全。表观分布容积大，肺组织中的药物

浓度高。乳中药物浓度高,维持时间长,乳中半衰期达 1~2 d。

［作用与应用］本品为广谱抗生素,对革兰阳性菌、某些革兰阴性菌、螺旋体、支原体有效。对放线杆菌、巴氏杆菌、支原体的抗菌作用比泰乐菌素更强。

本品禁止静脉注射给药,因易引起动物死亡。临床常采用混饮、混饲及皮下注射的方式治疗由放线菌、巴氏杆菌、支原体等感染引起的家畜肺炎、禽呼吸道疾病及乳腺炎等。

［制剂与用法用量］替米考星可溶性粉。混饮,每升水,鸡 100~200 mg。连用 5 d。

替米考星预混剂。混饲,每 1 000 kg 饲料,猪 200~400 g。

替米考星注射液。皮下注射,1 次量,每千克体重:牛、猪 10~20 mg。1 次 /d。乳管内注入,1 次量:每一乳室,奶牛 300 mg。

4. 吉他霉素(Kitasamycin)

又名柱晶白霉素、北里霉素。

［理化性质］本品为白色或淡黄色粉末,无臭,味苦。在甲醇、乙醇、氯仿和乙醚中极易溶解,在水中几乎不溶。

［作用与应用］本品的抗菌谱与红霉素相似。抗革兰阳性菌的作用稍弱于红霉素,对耐药金黄色葡萄球菌的作用强于红霉素,对支原体的作用与泰乐菌素相同。

主要用于革兰阳性菌引起的感染、支原体病,以及作为饲料添加剂用于促进畜禽生长。

［制剂与用法用量］吉他霉素可溶性粉。混饮,每升水:鸡 250~500 mg,产蛋期禁用,肉鸡休药期 7 d;猪 100~200 mg,连用 3~5 d。

吉他霉素预混剂。混饲,每 1 000 kg 饲料:猪 5.5~50 g;鸡 5.5~11 g(用于促生长)。宰前 7 d 停止给药。

吉他霉素片。内服,1 次量,每千克体重:猪 20~30 mg;鸡 20~50 mg。2 次 /d,连用 3~5 d。

5. 泰拉霉素(Tulathromycin)

又称土拉霉素。为动物专用大环内酯类抗生素。

［作用与应用］抗菌作用与泰乐菌素相似,主要抗革兰阳性菌,对少数革兰阴性菌和支原体也有效。对胸膜肺炎放线杆菌、巴氏杆菌及畜禽支原体的活性比泰乐菌素强。95% 的溶血性巴氏杆菌对本品敏感。

主要用于防治家畜肺炎(由胸膜肺炎放线杆菌、巴氏杆菌、支原体等感染引起)、禽支原体病及泌乳动物乳腺炎。

［制剂与用法用量］泰拉霉素注射液:20 mL∶2 g、50 mL∶5 g、250 mL∶25 g。皮下注射,一次量,每千克体重:牛 2.5 mg,一个注射部位的给药剂量不超过 7.5 mL。颈部肌内注射,一次量,每千克体重:猪 2.5 mg,一个注射部位的给药剂量不超过 2 mL。

（三）林可胺类

林可胺类主要有天然林可霉素和半合成的衍生物克林霉素。

1. 林可霉素（Lincomycin）

又名洁霉素。

［理化性质］盐酸林可霉素为白色结晶性粉末，微臭，味苦。易溶于水和甲醇，在乙醇中微溶。20% 水溶液的 pH 为 3.0~5.5，性质较稳定。

［体内过程］本品内服吸收不完全，肌内注射吸收良好，0.5~2 h 达血药浓度峰值。广泛分布于各组织和体液中，可通过胎盘屏障，不易通过血脑屏障，特别集中于骨髓组织和乳汁中，脑脊髓液中不能达有效浓度。本品在肝脏中代谢，原药及代谢物在胆汁、尿、粪便与乳汁中排出。

［药理作用］本品抗菌谱与红霉素相似，对革兰阳性菌如葡萄球菌、肺炎球菌、溶血性链球菌等有较强的活性，对破伤风梭菌、产气荚膜芽孢杆菌、支原体有抑制作用，对革兰阴性菌无效。

［应用］主要用于革兰阳性菌，特别适用于青霉素、红霉素耐药的菌株所引起的感染，痢疾杆菌、支原体等引起的肺炎、肠炎等。林可霉素与大观霉素合用，对治疗仔猪腹泻、猪的喘气病及鸡的慢性呼吸道病有协同作用。

［不良反应］大剂量内服有胃肠道反应，肌内注射有疼痛刺激，兔子对本品敏感，易引起死亡，故不宜用。

［制剂与用法用量］盐酸林可霉素可溶性粉。混饮，每升水：猪 100~200 mg；鸡 200~300 mg。连用 3~5 d。产蛋期禁用。宰前 5 d 停止给药。

盐酸林可霉素片。内服，1 次量，每千克体重：牛、马 6~10 mg；羊、猪 10~15 mg；犬、猫 15~25 mg。1~2 次 /d。

盐酸林可霉素注射液。肌内注射，1 次量，每千克体重：猪 10 mg，1 次 /d；犬、猫 10 mg，2 次 /d，连用 3~5 d。猪休药期，2 d。

2. 克林霉素（Clindamycin）

又名氯洁霉素、氯林可霉素、克林达霉素。

［理化性质］本品为林可霉素的半合成衍生物。临床用其盐酸盐或磷酸盐，均为白色结晶性粉末，味苦。易溶于水。

［作用与应用］抗菌谱和临床应用与林可霉素相似，抗菌效力比林可霉素强 4~8 倍。两者间有完全交叉耐药性。

［制剂与用法用量］盐酸克林霉素胶囊。内服，1 次量，每千克体重：犬、猫 10 mg，2 次 /d。磷酸克林霉素注射液。肌内注射，1 次量，每千克体重：犬、猫 10 mg，2 次 /d。

（四）多肽类抗生素

杆菌肽（Bacitracin）

［理化性质］本品是从地衣芽孢杆菌培养液中获得的多肽类抗生素，为白色或淡黄色粉

末,易溶于水和乙醇。本品的锌盐不溶于水,性质较稳定。

[作用与应用]本品的抗菌谱与青霉素相似,并对耐药的金黄色葡萄球菌也有效。其抗菌作用不受环境中脓、血、坏死组织或组织渗出液的影响。

本品内服不吸收,肌内注射易吸收,但对肾毒性大,故不宜用于全身性感染。临床上主要用于革兰阳性菌引起的乳腺炎、眼部、皮肤及创伤感染等。另外,本品的锌盐专门用作饲料添加剂,但欧盟已于 2000 年开始,禁用本品作为促生长剂。

[制剂与用法用量]杆菌肽锌预混剂。混饲,以杆菌肽记,每 1 000 kg 饲料:3 月龄以下犊牛 10~100 g;3~6 月龄 4~40 g;6 月龄以下的猪 4~40 g;16 周龄以下的禽 4~40 g。蛋鸡产蛋期禁用。

二、主要作用于革兰阴性菌的抗生素

(一) 氨基糖苷类

本类抗生素的化学结构中含有氨基糖分子和非糖部分的糖原结合而成的苷,故称为氨基糖苷类抗生素。兽医临床常用的有链霉素、卡那霉素、庆大霉素、小诺霉素、新霉素、阿米卡星、大观霉素及安普霉素等。

本类抗生素主要作用于细菌蛋白质的合成过程,使细菌不能生长繁殖而达到抗菌的目的。

氨基糖苷类抗菌谱较广,对需氧式革兰阴性杆菌作用强,对厌氧菌无效,对金黄色葡萄球菌包括耐药菌株和绿脓杆菌较敏感。主要用于敏感菌引起的感染,如乳腺、呼吸道、肠道感染。内服吸收少,几乎完全从粪便中排出;注射给药后吸收迅速,大部分以原形从尿中排出。不良反应主要是损害第八对脑神经、肾毒性及对神经肌肉的阻断作用。

1. 链霉素(Streptomycin)

[理化性质]本品由灰链霉素菌培养液中提取获得,是一种有机碱,用其硫酸盐,为白色或类白色粉末。有吸湿性,易溶于水。性质稳定,在碱性环境中(pH 7.8)抗菌作用增强;遇醇、氧化剂其活性降低。葡萄糖、维生素 C 等也可使链霉素失效。

抗菌效价单位以质量计算,纯链霉素碱 1 μg 等于 1 IU,1 g 等于 100 万 IU。

[体内过程]本品内服难吸收,大部分从粪便中排出。肌内注射吸收快而完全,约 1 h 血药浓度达最高峰,有效血药浓度可维持 6~12 h。主要分布于细胞外液,易透入胸腔、腹腔中。肾中浓度最高,脑组织中几乎不能测出。可透过胎盘进入胎儿循环,胎血浓度为母畜血药浓度的 50%。主要通过肾小球滤过而排出,尿中药物浓度高,故可用于泌尿道感染。肾功能不全时,排泄慢,易蓄积中毒。

[药理作用]链霉素抗结核杆菌的作用在氨基糖苷类中最强,对大多数革兰阴性杆菌和革兰阳性球菌有效。对大肠杆菌、沙门菌、痢疾杆菌、布氏杆菌、变形杆菌、鼠疫杆菌、鼻疽杆菌等均有较强的作用;对金黄色葡萄球菌、钩端螺旋体、放线菌也有效;对绿脓杆菌作用弱。链霉

素的抗菌作用在碱性环境中增强,如在 pH 8 时的抗菌作用比在 pH 5.8 时强 20~80 倍。

[耐药性]　多次使用链霉素,细菌极易产生耐药性,并远比青霉素快,而且一旦产生,停药后也不易恢复。细菌对链霉素、卡那霉素和庆大霉素三者有部分交叉耐药性。一般表现为单向的,即对庆大霉素、卡那霉素产生耐药性的细菌对链霉素亦有耐药性,而对链霉素产生耐药性的细菌对庆大霉素和卡那霉素常常是敏感的。

[应用]　主要用于敏感菌所致的急性感染,如大肠杆菌引起的各种腹泻;由巴氏杆菌引起的牛出血性败血症、犊肺炎、猪肺疫、禽霍乱,以及乳腺炎、子宫炎、膀胱炎和败血症等;母畜的布氏杆菌病、马由志贺菌引起的脓毒败血症(化脓性肾炎、关节炎);马由棒状杆菌引起的幼驹肺炎。

用于杂食及肉食动物的泌尿道感染时,可加服碳酸氢钠,以碱化尿液而增强效果;对怀孕母畜使用时,应警惕对胎儿的毒性。

[不良反应]

(1)过敏反应　发生率比青霉素少,但亦可出现皮疹、发热、血管神经性水肿、嗜酸性白细胞增多等。

(2)神经系统反应　第八对脑神经损害,造成前庭功能和听觉的损害,出现步态不稳、平衡失调和耳聋等症状,家畜中少见。

(3)神经肌肉的阻断作用　为类似箭毒作用,出现呼吸抑制、肢体瘫痪和骨骼肌松弛等症状。解救时对严重者肌内注射新斯的明或静脉注射氯化钙即可缓解。一般说来,常用量的链霉素这一作用并不强,只有在用量过大并同时使用肌松药或麻醉药时,才可能发生。

[制剂与用法用量]　注射用硫酸链霉素。肌内注射,1 次量,每千克体重:家畜 10~15 mg;家禽 20~30 mg。2~3 次 /d。

2. 庆大霉素(Gentamicin)

[理化性质]　本品是从小单孢子菌培养液中提取的一种复合物。常用其硫酸盐,为白色或类白色结晶性粉末,无臭。易溶于水,在乙醇中不溶,水溶液稳定。4% 水溶液的 pH 为 4~6。

[体内过程]　内服难吸收,肠道内浓度较高。肌内注射后吸收迅速而完全,血药浓度 0.5~1 h 达峰值,有效血药浓度可维持 6~8 h。吸收后主要分布于细胞外液,可渗入胸腔、腹腔、心包、胆汁、淋巴及肌肉组织。主要以原形经肾小球滤过从尿中排出。本品在新生幼畜体内排泄缓慢,在肾功能障碍时半衰期明显延长,应用时应注意。

[药理作用]　本品是氨基糖苷类中抗菌活性最强、抗菌谱较广的抗生素。抗菌机制与链霉素相似。对革兰阴性菌和革兰阳性菌都有抗菌作用。在革兰阴性菌中对肠道菌和绿脓杆菌有特效;在革兰阳性菌中,对耐药金黄色葡萄球菌的作用最强,并对耐药的葡萄球菌、溶血性链球菌、炭疽杆菌等亦有效。对支原体、结核杆菌也有一定的作用。

[应用]　主要用于耐药性金黄色葡萄球菌、绿脓杆菌、变形杆菌和大肠杆菌等引起的呼吸

道、肠道、泌尿道感染和败血症等。

细菌对庆大霉素的耐药性产生较链霉素慢,且耐药时间较短,停药一段时间后容易恢复其敏感性。

[不良反应] 庆大霉素的不良反应与链霉素相似。对肾脏有较严重的损害,应用时要严格按照治疗量给药,不要随意加大剂量及延长疗程。

[制剂与用法用量] 硫酸庆大霉素片。内服,1 次量,每千克体重:驹、犊、羔羊、仔猪 5~10 mg。2 次 /d。

硫酸庆大霉素注射液。肌内注射,1 次量,每千克体重:家畜 2~4 mg;犬、猫 3~5 mg;家禽 5~7 mg。2 次 /d,连用 2~3 d。休药期:猪 40 d。静脉滴注,用量同肌内注射。

3. 庆大 – 小诺霉素(Genta–Micronomicin)

[理化性质] 本品含有庆大霉素与小诺霉素的成分,易溶于水,不溶于有机溶剂,稳定性好。

[作用与应用] 本品对多种革兰阳性菌和革兰阴性菌有效,尤其对革兰阴性菌作用较强,其抗菌活性略高于庆大霉素。主要用于敏感菌所致的畜禽疾病,对鸡霉形体病也有治疗作用。毒副反应比同剂量的庆大霉素低。

[制剂与用法用量] 庆大 – 小诺霉素注射液。肌内注射,1 次量,每千克体重:家畜 1~2 mg;家禽 2~4 mg。2 次 /d。

4. 卡那霉素(Kanamycin)

[理化性质] 本品是由卡那链霉菌的培养液中提取获得的。卡那霉素有 A、B、C 三种成分,临床用药的主要成分为卡那霉素 A,约占 95%,亦含少量的卡那霉素 B,少于 5%。常用其硫酸盐,为白色或类白色粉末,无臭。性质稳定,易溶于水,不溶于醇。

[体内过程] 本品内服吸收不良。肌内注射吸收快而完全,0.5~1 h 血药浓度达峰值。在体内主要分布于各组织和体液中,在正常的脑脊液和胆汁中含量较低。主要通过肾排泄,有40%~80% 以原形从尿中排出,可用于治疗泌尿道感染。

[药理作用] 其抗菌机制和抗菌谱与链霉素相似,但抗菌活性稍强。对多数革兰阴性菌如大肠杆菌、沙门菌、变形杆菌和巴氏杆菌等有效,对结核杆菌和耐青霉素的金黄色葡萄球菌也有效,对绿脓杆菌无效。

[作用与应用] 主要用于治疗多数革兰阴性杆菌和部分耐青霉素金黄色葡萄球菌所致的感染,如呼吸道、肠道、泌尿道感染和禽霍乱、鸡白痢,对猪喘气病、萎缩性鼻炎也有治疗作用。

[不良反应] 卡那霉素的不良反应与庆大霉素相似。

[制剂与用法用量] 硫酸卡那霉素注射液。肌内注射,1 次量,每千克体重:家畜、家禽 10~15 mg。2 次 /d,连用 2~3 d。

5. 阿米卡星（Amikacin）

又名丁胺卡那霉素。

［理化性质］本品为半合成的氨基糖苷类抗生素。常用其硫酸盐，为白色或类白色结晶性粉末，无臭，无味。在水中极易溶解，在甲醇中几乎不溶。1% 水溶液的 pH 为 6.0~7.5。

［体内过程］本品内服吸收不良，肌内注射吸收快而完全。血药浓度 0.5~1 h 达峰值。本品主要通过肾排泄，尿中浓度高。

［药理作用］本品作用及抗菌谱与庆大霉素相似。其特点是对庆大霉素、卡那霉素耐药菌株如绿脓杆菌、大肠杆菌、变形杆菌有效，对金黄色葡萄球菌效果较好。

［作用与应用］主要用于耐药菌引起的菌血症、败血症、呼吸道感染、腹膜炎及敏感菌引起的各种感染。

［制剂与用法用量］硫酸阿米卡星注射液。肌内注射，1 次量，每千克体重：家畜、家禽、犬、猫 5~7.5 mg。2 次 /d。

6. 新霉素（Neomycin）

［理化性质］常用其硫酸盐。为白色或类白色的粉末，无臭。极易吸湿。在水中极易溶解，在乙醇、乙醚、丙酮或氯仿中几乎不溶。

［作用与应用］本品抗菌谱与卡那霉素相似。但毒性大，一般禁止注射给药。主要用于肠道和局部感染。如用于口服治疗畜禽的肠道大肠杆菌感染；子宫或乳管内注入，治疗牛、母猪的子宫内膜炎和乳腺炎；局部外用（0.5% 溶液或软膏）治疗皮肤、黏膜化脓性感染。

［制剂与用法用量］硫酸新霉素片。内服，1 次量，每千克体重：家畜 10~15 mg；犬、猫 10~20 mg。2 次 /d，连用 2~3 d。

硫酸新霉素可溶性粉。混饮，每升水，禽 50~75 mg，连用 3~5 d。休药期 5 d。

硫酸新霉素预混剂。混饲，每 1 000 kg 饲料，禽 75~154 mg，连用 3~5 d。休药期 5 d。蛋鸡产蛋期禁用。

7. 大观霉素（Spectinomycin）

又名壮观霉素。

［理化性质］本品有盐酸盐和硫酸盐两种，为白色或类白色结晶性粉末。易溶于水，在乙醇、氯仿或乙醚中几乎不溶。

［药理作用］本品对革兰阴性菌，如布氏杆菌、变形杆菌、绿脓杆菌、沙门菌、巴氏杆菌、克雷伯杆菌作用较强，对链球菌、葡萄球菌等革兰阳性菌作用较弱。对支原体有一定的作用。

［作用与应用］本品多用于猪、犊、禽的大肠杆菌感染，禽类各种霉形体感染和多杀性巴氏杆菌、沙门菌引起的感染。临床常用本品与林可霉素合用防治仔猪腹泻、猪支原体肺炎和败血支原体引起的鸡慢性呼吸道疾病。

［制剂与用法用量］盐酸大观霉素可溶性粉。混饮，每升水，禽 500~1 000 mg。连用 3~5 d，

肉鸡宰前 5 d 停止给药。蛋鸡产蛋期禁用。内服，1 次量，每千克体重：猪 20~40 mg。2 次 /d。

8. 安普霉素（Apramycin）

又名阿普拉霉素。

［理化性质］本品硫酸盐为白色结晶性粉末。易溶于水。

［作用与应用］本品抗菌谱广，对革兰阴性菌和一些革兰阳性菌如链球菌、支原体和蛇形螺旋体（密螺旋体）有效。临床主要用于幼畜的大肠杆菌感染，禽的沙门菌病、大肠杆菌病及禽霍乱，对畜禽的支原体病亦有效。

［制剂与用法用量］硫酸安普霉素注射液。肌内注射，1 次量，每千克体重：家畜 20 mg；2 次 /d，连用 3 d。

硫酸安普霉素可溶性粉。混饮，每升水，禽 250~500 mg，连用 5 d。宰前 7 d 停止给药。

硫酸安普霉素预混剂。混饲，每 1 000 kg 饲料，猪 80~100 g（用于促生长），连用 7 d。宰前 7 d 停止给药。

（二）多肽类

多黏菌素类（Polymyxins）

多黏菌素类系由多黏杆菌的培养液中提取获得的，有多种成分，兽医临床应用的有多黏菌素 B、多黏菌素 E 及多黏菌素 M。目前常用多黏菌素 E 和多黏菌素 B。多黏菌素 E 又称为抗敌素、黏杆菌素。

［理化性质］多黏菌素 B、多黏菌素 E 的硫酸盐为白色结晶性粉末，易溶于水。在酸性溶液和中性溶液中稳定，在碱性溶液中易失效。

［作用与应用］多黏菌素类为窄谱杀菌剂，对革兰阴性杆菌如大肠杆菌、沙门菌、巴氏杆菌、布氏杆菌、痢疾杆菌、绿脓杆菌及弧菌的作用强，尤其对绿脓杆菌有强大的杀菌作用。细菌对本类药物不易产生耐药性，但本类药物之间有交叉耐药性。

主要用于革兰阴性杆菌，特别是绿脓杆菌、大肠杆菌等引起的感染。内服不吸收，可用于治疗幼畜的肠炎、下痢等，局部应用治疗烧伤、创面感染等。

本类药物易引起肾和神经系统的毒性反应，现在一般不用于全身感染，多作局部应用。多黏菌素 E 可用作饲料添加剂，促进畜禽生长。

［制剂与用法用量］硫酸多黏菌素 B 片。内服，1 次量，每千克体重：犊牛 0.5~1.0 mg，2 次 /d；仔猪 0.2~0.4 mg，2~3 次 /d。

硫酸多黏菌素片。内服，1 次量，每千克体重：犊牛、仔猪 1.5~5.0 mg；家禽 3~8 mg。1~2 次 /d。

硫酸多黏菌素可溶性粉。混饮，每升水：猪 40~100 mg；鸡 20~60 mg。连用 5 d。宰前 7 d 停止给药。

硫酸多黏菌素预混剂。混饲，每 1 000 kg 饲料：牛（哺乳期）5~40 mg；猪（哺乳期）2~4 mg；仔猪、鸡 2~20 mg。宰前 7 d 停止给药。

三、广谱抗生素

（一）四环素类

四环素类类抗生素是一类具有共同多环并四苯羧基酰胺母核的衍生物。它们对革兰阳性菌、革兰阴性菌、立克次体、螺旋体、支原体、衣原体、原虫等均可产生抑制作用,故称为广谱抗生素。

四环素类可分为天然品和半合成品两类。天然品有四环素、土霉素、金霉素和去甲金霉素。半合成品有多西环素、甲烯土霉素和二甲胺四环素等。兽医临床常用的有四环素、土霉素、金霉素和多西环素。

1. 土霉素、四环素和金霉素（Oxytetracycline、Tetracycline、Chlortetracycline）

[理化性质] 本类抗生素由链霉菌培养液中提取获得。常用其盐酸盐,多为黄色粉末,遇光颜色变深。易溶于稀酸、稀碱,在碱性溶液中易破坏失效。其水溶液不稳定,宜现用现配。

[体内过程] 口服本类抗生素易吸收,但不完全。一般畜禽在 2~4 h 血药浓度达到高峰,但反刍动物则需 4~8 h。吸收部位主要在胃和小肠前部,吸收率受钙、镁、铁、铝、铋等离子的络合作用的影响而降低。肌内注射后 2 h 内达血药浓度峰值。吸收后在体内广泛分布,易渗入胸腔、腹腔、乳汁及进入胎儿循环,但进入脑脊液浓度低。体内储存于胆、脾,尤其易在牙齿和骨骼中沉淀。主要由肾排泄,有相当一部分可由胆汁排入肠道,并再被利用,形成"肠肝循环",从而延长药物在体内的持续时间。在尿液和胆汁中浓度高,当肾功能障碍时,则排泄减慢,延长半衰期,对肝的毒性增强。

[药理作用] 本类药物为广谱抗生素,起抑菌作用。除对革兰阳性菌和革兰阴性菌有效外,对立克次体、衣原体、支原体、螺旋体、放线菌和某些原虫也有良好的效果。但对革兰阳性菌的作用强度不如青霉素和头孢菌素类,对革兰阴性菌的作用强度不如氨基糖苷类和氯霉素类。

四环素类的作用机制是干扰蛋白质的合成而起抑菌作用。

细菌对本类抗生素能产生耐药性,但产生较慢。四环素类之间存在交叉耐药性,即对一种药物耐药的细菌,也对其他四环素类药物耐药。

[作用与应用]

(1) 治疗沙门菌、大肠杆菌引起的犊牛白痢、雏鸡白痢、仔猪黄痢及白痢等。

(2) 治疗多杀性巴氏杆菌引起的牛出血性败血症、猪肺疫、禽霍乱等。

(3) 治疗支原体引起的牛肺炎、猪气喘病、鸡慢性呼吸道疾病等。

(4) 局部用于坏死杆菌引起的坏死、子宫脓肿、子宫炎症等。

(5) 治疗放线菌病、钩端螺旋体病和血孢子虫感染的泰勒梨形虫病等。

　　[不良反应]本类药物的盐酸盐水溶液属强酸性,刺激性大,肌内注射可产生局部炎症。口服四环素类药物剂量过大或疗程过长时,易引起成年草食动物的肠道菌群紊乱,使消化功能失常,造成肠炎和腹泻,并形成二重感染。因此在临床应用中,除土霉素外,其他均不宜肌内注射;静脉注射时宜缓慢注射,切勿漏出血管外。成年草食动物和反刍动物均不宜内服给药,避免与含钙高的饲料同时服用。

　　[制剂与用法用量]片剂:土霉素片,盐酸四环素片,盐酸金霉素片。

　　内服,1 次量,每千克体重:猪、幼畜 10~25 mg;犬 15~50 mg;禽 25~50 mg。2~3 次/d,连用3~5d。粉剂:盐酸土霉素水溶性粉,盐酸四环素可溶性粉。混饲:每 1 000 kg 饲料,猪 300~500 g。混饮:每升水,猪 100~200 mg,禽 150~250 mg。注射剂:注射用盐酸土霉素,长效(盐酸)土霉素注射液,注射用盐酸四环素。肌内注射(限于土霉素),1 次量,每千克体重:家畜 5~10 mg。1~2 次/d。静脉注射,1 次量,每千克体重:家畜 5~10 mg。2 次/d,连用 2~3 d。

2. 多西环素(Doxycycline)

　　又名脱氧土霉素、强力霉素。

　　[理化性质]本品盐酸盐为黄色结晶性粉末。易溶于水,在乙醇中微溶。1% 水溶液的 pH为 2~3。

　　[体内过程]本品内服后吸收快而且生物利用度高,有效血药浓度维持时间长。对组织渗透力强,分布广,易进入细胞内。原形药物大部分经胆汁排入肠道再利用,故有显著的肠肝循环;通过肾排出时易被肾小管重吸收。本品在肝内大部分以络合的方式灭活,因而对动物的胃肠菌群和消化功能无明显的影响。

　　[作用与应用]本品抗菌谱与四环素类其他抗生素相同,但抗菌效力更强,临床用量更小。主要用于禽类的慢性呼吸道疾病、大肠杆菌病、沙门菌病、巴氏杆菌病等。本品虽毒性较小,但有报道给马属动物静脉注射后出现严重反应及死亡的病例。

　　[制剂与用法用量]盐酸多西环素片。内服,1 次量,每千克体重:猪、幼畜 3~5 mg;犬、猫5~10 mg;禽 15~25 mg。1 次/d,连用 3~5 d。盐酸多西环素可溶性粉。混饲,每 1 000 kg 饲料:猪 150~250 g;禽 100~200 g。

(二)酰胺醇类

　　酰胺醇类是人工合成的广谱抗生素,它包括氯霉素、甲砜霉素和氟苯尼考等。

　　氯霉素是人工合成的第一个抗生素,对革兰阳性菌和革兰阴性菌都有作用,特别是对伤寒杆菌、副伤寒杆菌、沙门菌作用最强。兽医临床在以前将氯霉素作为治疗由这几种细菌引起的各种感染的首选药,如仔猪副伤寒、仔猪黄(白)痢、禽副伤寒、雏鸡白痢,也用于子宫炎、乳腺炎等局部感染。

　　氯霉素的不良反应主要是抑制骨髓造血机能,使动物机体产生可逆性的血细胞减少和不可逆的再生障碍性贫血,故农业部(现为农业农村部)于 2002 年 6 月禁止氯霉素在兽医临床上使用。现在再用于兽医临床就属于违法,因此对氯霉素不再做详细介绍。

1. 甲砜霉素(Thiamphenicol)

又名甲砜氯霉素。

[理化性质]本品为白色结晶性粉末,无臭,为氯霉素化学结构上硝基被甲磺基取代的衍生物。微溶于水,溶于甲醇。其稳定性和溶解度不受 pH 的影响。

[体内过程]本品内服或肌内注射均吸收快而完全。肌内注射后 1 h 血药浓度达峰值,半衰期为 4.2 h。吸收后在体内分布广泛,以肾、脾、肝、肺等组织含量较高,可进入脑组织。主要由肾小球滤过,以原形从尿中排出。

[药理作用]本品对革兰阴性菌和革兰阳性菌均有作用,以对革兰阴性菌的作用为强。其敏感菌有大肠杆菌、沙门菌、巴氏杆菌、伤寒杆菌、副伤寒杆菌、布氏杆菌、炭疽杆菌、肺炎球菌、链球菌及葡萄球菌等。对肠杆菌科细菌和金黄色葡萄球菌的效力较氯霉素弱。

抗菌机制主要是抑制细菌蛋白质的合成。

[作用与应用]主要用于沙门菌、大肠杆菌、巴氏杆菌、肺炎球菌引起的仔猪白痢、仔猪副伤寒、仔猪肺炎、禽白痢、禽霍乱及败血病等,还可用于尿道、胆道及呼吸道感染。不产生再生障碍性贫血。

[不良反应]抑制红细胞、白细胞和血小板的生成作用比氯霉素弱。有较强的免疫抑制作用,主要是抑制免疫球蛋白和抗体的生成。

[制剂与用法用量]甲砜霉素片。内服,1 次量,每千克体重:家畜 10~20 mg;家禽 20~30 mg。2 次 /d。休药期 28 d,弃奶期 7 d。

2. 氟苯尼考(Florfenicol)

又名氟甲砜霉素。

[理化性质]本品为白色结晶性粉末,无臭,为甲砜霉素的单氟衍生物。在水中极微溶解,在冰醋酸中略溶,在甲醇中溶解,在二甲基甲酰胺中极易溶解。

[体内过程]本品内服和肌内注射均吸收快,体内分布广,半衰期长,主要以原形从尿中排出。

[作用与应用]本品抗菌机制、抗菌谱与甲砜霉素相同,但抗菌活性强于氯霉素和甲砜霉素,属动物专用的广谱抗生素。

主要用于牛、猪、鸡及鱼类的细菌性疾病,如猪的传染性胸膜肺炎、仔猪黄痢和白痢,禽霍乱、鸡大肠杆菌病,牛乳腺炎、呼吸道感染及鱼虾疾病。

[制剂与用法用量]氟苯尼考粉。内服,1 次量,每千克体重:猪、鸡 20~30 mg,2 次 /d,连用 3~5 d;鱼 10~15 mg,1 次 /d,连用 3~5d。氟苯尼考注射液。肌内注射,1 次量,每千克体重:猪、鸡 20 mg,1 次 /2 d,连用 2 次;鱼 0.5~1.0 mg,1 次 /d。休药期:猪 14 d,鸡 28 d。

 **任务实施**

抗菌药物的敏感试验

[目的]用药敏试验进行药物敏感度的测定,以便准确有效地利用药物进行治疗。

[材料]培养基:可去生化试剂店购买,做不同细菌的药敏试验可选择不同的培养基,如做大肠杆菌的药敏试验可选择普通营养琼脂或麦康凯培养基,做沙门菌试验可选择血清培养基。

药敏片:购买或自制(详见实验准备)。

细菌:待做药敏试验的细菌培养物。

仪器:接种环、酒精灯、打孔器、移液器、滴头、镊子。

[实验准备]药敏试纸的制作:

(1)纸片的选用 在医疗器械公司购买定性滤纸,用 0.6 cm 的打孔器把滤纸打成圆形纸片,分别装入洁净的青霉素小瓶内,50 片 / 瓶,放入高压蒸汽锅内进行 121 ℃灭菌 20 min,再放入 60~100 ℃干燥箱烘干,冷却后放入洁净箱备用。

(2)纸片的处理 将已配制好的药物溶解加入装有纸片的青霉素小瓶内,每小瓶加 0.5 mL,应使纸片均匀地吸收药液,置 4~8 ℃冰箱浸泡 1 h 左右,再将小瓶置于 37~50 ℃的温箱内 2~3 h 烘干。制备好的干燥药敏片要密封好,置冰箱内于 8 ℃以下冷藏或 –14 ℃以下冷冻保存备用。

[方法]目前,临床微生物实验室进行药敏试验的方法主要有纸片扩散法、稀释法(包括琼脂和肉汤稀释法)、抗生素浓度梯度法(E-test 法)和自动生化仪器法等。

1. 纸片扩散法

(1)在超净台中,用灭菌的接种环挑取适量细菌培养物,以划线方式将细菌涂布到平面皿培养基上或用灭菌棉签将细菌混悬液均匀涂布到培养基上。

(2)将镊子于酒精灯火焰灭菌后略停,取药敏片贴到平面皿培养基表面。为了使药敏片与培养基紧密相贴,可用镊子轻按几下药敏片。为了能准确地观察结果,要求药敏片能有规律地分布于平面皿培养基上,一般可在平面皿中央贴一片,外周可等距离贴若干片(外周一般可贴七片),每种药敏片的名称要记住。

(3)将平面皿培养基置于 37 ℃温箱中培养 24 h 后,观察效果。

2. 琼脂稀释法

该法较简单,成本低,易操作,比较适用于商品药物的检测。

(1)在超净台中,用灭菌的接种环挑取适量细菌培养物以划线方式将细菌涂布到平面皿培养基上或用灭菌棉签将细菌混悬液均匀涂布到培养基上。

（2）以无菌操作将灭菌的不锈钢小管（外径为 4 mm、孔径与孔距均为 3 mm，管的两端要光滑，也可用玻璃管、瓷管）放置在培养基上打孔，将孔中的培养基用针头挑出，并以火焰封底，使培养基能充分地与平面皿融合（以防药液渗漏，影响结果）。

（3）加样　按不同药液加样，样品加至满而不溢为止。

（4）将平面皿培养基置于 37 ℃温箱中培养 24 h 后，观察效果。

［结果观察］

在涂有细菌的琼脂平板上，抗菌药物在琼脂内向四周扩散，其浓度呈梯度递减，因此在纸片周围一定距离内的细菌生长受到抑制。过夜培养后形成一个抑菌圈，抑菌圈越大，说明该菌对此药敏感性越大，反之越小，若无抑菌圈，则说明该菌对此药具有耐药性。其直径大小与药物浓度、划线细菌浓度有直接关系。所以药敏试验的结果，以抑菌圈直径大小作为判定敏感度高低的标准，判定标准如表 8-1 所示。

表 8-1　药物敏感试验判定标准

抑菌圈直径 /mm	敏感度
20 以上	极敏
15~20	高敏
10~14	中敏
10 以下	低敏
0	不敏

对于不同的菌株，及不同的抗生素纸片需参照美国临床实验室标准化委员会（NCCLS）或者美国临床和实验室标准化协会（CLSI）的标准。

［讨论］列举 3 例以上临床上需要使用药敏试验的疾病。

任务反思

1. 抗生素的作用机制有哪些？
2. 简述抗生素的分类（按抗菌谱），每类抗生素列举 2 个以上抗生素（名称）。

任务小结

抗生素按照抗菌谱可以分为窄谱抗生素和广谱抗生素。窄谱抗生素主要包括 β-内酰胺类、大环内酯类、林可霉素类、氨基糖苷类、多肽类抗生素等；广谱抗生素主要包括四环素类、酰胺醇类等。每类抗生素的代表药物、作用与应用、不良反应是学习的重点。其中 β-内酰胺类、大环内酯类、林可霉素类、多肽类抗生素主要作用于革兰阳性菌;氨基糖苷类、多肽类抗生素主要作用于革兰阴性菌。大环内酯类、林可霉素类与青霉素作用相似,主要用于青霉素过敏者。对于感染性疾病,使用抗生素除了注意正确使用方法外,更要关注抗生素的耐药性以及药物残留问题。

任务 8.2　化学合成抗菌药的认识与使用

任务背景

小明是一名畜禽生产技术专业高一的学生,在进行药物调查的实践活动中发现沙拉沙星一度在兽药市场卖缺货,而传统的四环素、土霉素等抗生素几乎无人问津。于是他抱着好奇的态度向兽药市场的销售人员请教,经过销售人员的一番讲解,小明点了点头表示理解了并向销售人员致谢。同学们知道为什么会出现这种情况吗?

任务目标

知识目标:1. 了解各类化学抗菌药的作用机制。
　　　　　2. 掌握化学抗菌药的分类、抗菌范围、主要不良反应等。
技能目标:1. 掌握各类化学抗菌药的正确配制、给药。
　　　　　2. 能根据各类化学抗菌药典型药物的特点解决养殖场疫病防治问题。

任务准备

一、磺胺类

磺胺类药物是人工合成的一类具有抗菌谱广、性质稳定、使用方便、体内分布广等优点的化学药物。它自 1935 年发现以来,在临床控制细菌感染疾病中发挥了巨大的作用,特别是甲氧苄啶等抗菌增效剂的发现,使得磺胺类药物在各类抗生素不断发现和发展的今天,仍作为畜禽抗感染治疗中的重要药物之一。

[理化性质]磺胺类药物为白色或微黄色的结晶性粉末,无臭,无味。在水中难溶,易溶于稀碱和强酸溶液中,临床常用其钠盐制剂供注射用。

磺胺类药物的基本化学结构是对氨基苯磺酰胺(简称磺胺),其分子中含有苯环、对位氨基和磺酰胺基,分子式为 $R_2HN—C_6H_6—SO_2NHR_1$。R 代表不同的基团,由于 R 的取代基团不同,因而就合成了一系列的磺胺类药物。磺胺类药物的抑菌作用与其化学结构有密切的关系,一般规律是:①磺酰胺基的对位氨基必须保持游离状态才具有活性;②磺酰胺基上的一个氢原子(R_1)被其他基团取代所得的磺胺药,其抗菌作用增强,如磺胺甲噁唑(SMZ)、磺胺嘧啶(SD);③对位氨基上的氢原子被其他基团取代所得的磺胺药,须在体内水解释放出游离氨基后才有抗菌活性;对位氨基上的一个氢原子(R_2)被酰胺化,则失去抗菌活性。

磺胺类药物的分类依其临床作用和机体对药物的作用分为三大类:①易吸收而用于全身感染的药物,如 SD、SMZ;②不易吸收而用于肠道感染的药物,如磺胺脒(SG);③外用磺胺,如氨苯磺胺(SN)。

[体内过程]

(1) 吸收　胃肠道易吸收的磺胺药,内服后其吸收率由于药物和动物种类的不同而有差异,一般禽 > 犬 > 猪 > 马 > 羊 > 牛。内服后肉食动物 3~4 h 吸收完毕,单胃动物为 4~6 h,反刍动物为 12~24 h。

(2) 分布　磺胺类药物吸收入血后,广泛分布于全身组织和体液中,以血液、肝、肾含量较高,脑脊液中较低,亦可进入乳腺及胎盘组织。

磺胺类药在血中一部分呈游离态,一部分与血浆蛋白结合。SD 与血浆蛋白的结合率低,因而进入脑脊液的浓度较高,为血药的 50%~80%,故可作为脑部细菌感染的首选药。一般说来,与血浆蛋白结合率高的药物排泄较慢,血中有效浓度维持时间较长。磺胺类药物在各种家畜体内的蛋白结合率,通常以牛为最高,羊、猪、马次之。

(3) 代谢　磺胺类药物主要在肝脏中代谢,引起结构上的变化,于对位氨基 R_2 处发生乙酰化。磺胺类药物在动物体内的乙酰化程度的顺序是:牛 > 兔 > 绵羊 > 羊 > 马 > 猫 > 犬 > 禽。磺胺类药物乙酰化后失去活性,但仍留有毒性。其溶解度降低,易在尿道内形成结晶,损害肾功能,因此,临床常同时内服碳酸氢钠以碱化尿液、促进排出。

(4) 排泄　内服难吸收的磺胺类药物经粪便排出;内服易吸收的主要经肾排泄,少量由乳汁、胆汁排泄。经肾排泄的药物部分以原形、部分以乙酰化物的形式排出。重吸收少者,排泄快,半衰期短,有效血药浓度维持时间短,如 SD、SN;重吸收多者,排泄慢,半衰期长,有效血药浓度维持时间长,如磺胺二甲嘧啶(SM_2)。大部分以原形排出的药物可用于泌尿道感染,如 SMZ、磺胺对甲氧嘧啶(SMD)。肾功能损害时,药物的半衰期明显延长,毒性增强。

[药理作用]磺胺类药物为广谱抑菌药,无杀菌功效。对大多数革兰阳性菌和革兰阴性菌、真菌、衣原体及球虫、弓形虫等都有效。对磺胺类药物高度敏感的病原菌有:链球菌、肺炎球菌、沙门菌、化脓棒状杆菌、大肠杆菌等;中度敏感的病原菌有:葡萄球菌、变形杆菌、巴氏杆菌、产气荚膜杆菌、布氏杆菌、炭疽杆菌、肺炎杆菌、绿脓杆菌、李氏杆菌等;对螺旋体、立克次体、结核杆菌、病毒等无作用。

不同磺胺药对病原菌的抑制作用有明显的差异。一般说来,其抗菌作用强度的顺序是磺胺间甲氧嘧啶(SMM)>磺胺甲噁唑(SMZ)>磺胺嘧啶(SD)>磺胺对甲氧嘧啶(SMD)>磺胺二甲嘧啶(SM_2)>氨苯磺胺(SN)。

对磺胺敏感的细菌不能直接利用外源性叶酸来生长繁殖,必须利用对氨基苯甲酸(PABA)、二氢蝶啶,在二氢叶酸合成酶的催化下,合成二氢叶酸。再在二氢叶酸还原酶的作用下,生成四氢叶酸。四氢叶酸是一碳基团的辅酶,参与核酸的生物合成。而核酸是细菌繁殖的物质基础。

磺胺类药物的基本化学结构和 PABA 的结构极为相似,因而可与 PABA 竞争二氢叶酸合成酶,妨碍二氢叶酸的合成,从而影响细菌的生长繁殖,产生抑菌作用。磺胺类药物对已形成的叶酸无影响。

二氢叶酸合成酶与 PABA 的亲和力比与磺胺类药物的亲和力大数千倍,因此使用磺胺类药物时,必须要有足够的剂量和疗程,首次量宜加倍。脓汁和坏死组织中含有大量的 PABA,局部用药时应排脓清创。普鲁卡因在体内能分解出 PABA,可降低磺胺类药物的疗效,故两者不可同时使用。动物能直接利用外源性叶酸,磺胺类药物对动物没有代谢障碍。在代谢过程中不需叶酸或能利用外源性叶酸的细菌对磺胺类药物不敏感。

[耐药性] 敏感菌对磺胺类药物较易产生耐药性,且有交叉耐药性,但与其他抗菌药之间无交叉耐药现象。产生耐药性的原因可能是细菌改变了代谢途径或直接利用外源性叶酸。

[作用与应用]

(1) 用于全身性感染 临床常用药有 SD、SM_2、SMZ、SMD、SMM 等。其中 SD 为脑炎的首选用药;SM_2 常用于巴氏杆菌病、乳腺炎、子宫内膜炎、禽霍乱及防治球虫病;SMZ 常用于呼吸道及泌尿道感染;SMD 主要用于泌尿道感染;SMM 常用作全身性治疗及猪弓形体病、水肿病及萎缩性鼻炎。一般与甲氧嘧啶(TMP)合用,以提高疗效。

(2) 用于肠道感染 常用药有 SG、酞磺胺噻唑(PST)、琥珀酰磺胺噻唑(SST)等,用于仔猪黄痢及畜禽白痢、大肠杆菌病的治疗。常与二甲氧嘧啶(DVD)合用以提高疗效。

(3) 外部用药 常用药有氨苯磺胺(SN)、磺胺嘧啶银(SDAg)等。SN 常用其结晶性粉末,多用于感染创,用于新鲜创虽能防腐,但影响愈合。SDAg 对绿脓杆菌作用强,并有收敛作用,可促进创面干燥结痂。

[不良反应与预防措施]

(1) 急性中毒 多见于静脉注射磺胺类钠盐速度过快或用量过大。主要表现为神经症状,如共济失调、肌无力、惊厥、痉挛性麻痹。严重者迅速死亡。牛、山羊还可出现散瞳、目盲等症。雏鸡中毒时可致大批死亡。

(2) 慢性中毒 常见于连续用药 1 周以上,主要表现为:①泌尿道损害,出现结晶尿、血尿、蛋白尿以至尿闭,犬、猫、禽尤甚;②消化系统障碍,出现食欲不振、呕吐、便秘、腹泻等;③造血机能破坏,呈现出血性变化、白细胞减少等,幼龄畜禽的免疫系统抑制;④产蛋鸡产蛋率下降,蛋破损率和软蛋率增高。

为防止磺胺类药物不良反应的发生,在用药过程中,除控制剂量和疗程外,还可采取以下措施:①充分饮水,增加尿量,以促进排出;②选用疗效高,作用强,溶解度大,乙酰化低的磺胺类药物;③肉食和杂食动物及幼畜使用磺胺类药物时,应合用碳酸氢钠以碱化尿液,促进排出;④休药期 28 d,弃乳期 7 d,蛋鸡产蛋期禁用。

[制剂与用法用量]

磺胺噻唑片(ST)。内服,1 次量,每千克体重:家畜首次量 140~200 mg,维持量 70~100 mg,2~3 次 /d。

磺胺噻唑钠注射液。静脉或肌内注射,1 次量,每千克体重:家畜 50~100 mg,2~3 次 /d。

磺胺嘧啶片。内服,1 次量,每千克体重:家畜首次量 140~200 mg,维持量 70~100 mg,2~3 次 /d。

磺胺嘧啶注射液。静脉或肌内注射,1 次量,每千克体重:家畜 50~100 mg,1~2 次 /d。

磺胺二甲嘧啶片。内服,1 次量,每千克体重:家畜首次量 140~200 mg,维持量 70~100 mg,1~2 次 /d。

磺胺二甲嘧啶钠注射液。静脉注射或肌内注射,1 次量,每千克体重:家畜首次量 140~200 mg,维持量 70~100 mg,1~2 次 /d。

磺胺甲噁唑片。内服,1 次量,每千克体重:家畜首次量 50~100 mg,维持量 25~50 mg,2 次 /d。

磺胺对甲氧嘧啶片。内服,1 次量,每千克体重:家畜首次量 50~100 mg,维持量 25~50 mg,1~2 次 /d。

磺胺间甲氧嘧啶片。内服,1 次量,每千克体重:家畜首次量 50~100 mg,维持量 25~50 mg,1~2 次 /d。

磺胺间甲氧嘧啶钠注射液。静脉或肌内注射,1 次量,每千克体重:家畜 50 mg,1~2 次 /d。

磺胺多辛片。内服,1 次量,每千克体重:家畜首次量 50~100 mg,维持量 25~50 mg,1~2 次 /d。

磺胺地索辛片。内服,1 次量,每千克体重:家畜首次量 50~100 mg,维持量 25~50 mg,1~2 次 /d。

磺胺咪片。内服,1 次量,每千克体重:家畜 100~200 mg,2 次 /d。

酞磺胺噻唑片。内服,1 次量,每千克体重:家畜 100~150 mg,2 次 /d。

磺胺醋酰。15% 滴眼液,用于眼部感染。

磺胺嘧啶银。外用,撒布于创面或配成 2% 混悬液湿敷。

醋酸磺胺米隆。外用,5%~10% 溶液湿敷。

二、苄胺嘧啶类

苄胺嘧啶类是人工合成的广谱抗菌药,因能增强磺胺类药物和多种抗生素的疗效,故又称为抗菌增效剂。国内常用甲氧嘧啶(TMP)和二甲氧嘧啶(DVD)两种。二甲氧嘧啶为动物专用品种。国外应用的还有奥美普林（OMP）、阿地普林（ADP）及巴喹普林（BQP）。

［理化性质］本类药物为白色或淡黄色结晶性粉末，味微苦。难溶于水，微溶于乙醇，易溶于冰醋酸。

［体内过程］TMP 内服吸收快而完全，1~2 h 血药浓度达峰值。广泛分布于各组织和体液中，并超过血中浓度。主要从尿中排出，3 d 内约排出剂量的 80%，其中 6%~15% 以原形排出，少量从胆汁、唾液和粪便中排出。

DVD 内服吸收很少，其最高血药浓度约为 TMP 的 1/5，在胃肠内浓度较高，主要从粪中排出，适合作胃肠道抗菌增效剂。

［药理作用］抗菌增效剂的抗菌作用与磺胺类药物相似，效力较强。两者合用，抗菌作用增加数倍至近百倍，甚至使抑菌作用变为杀菌作用，并对磺胺类药物的耐药菌株亦有效。还可增强青霉素、四环素、庆大霉素等多种抗生素的抗菌作用，故称抗菌增效剂。

作用机制为抑制细菌二氢叶酸还原酶，阻碍四氢叶酸的合成。当与磺胺类药物合用时，从两个不同环节同时阻断叶酸的代谢而起双重阻断作用，故抗菌作用增强。

［临床应用］常用 1∶5 的比例与 SMD、SMZ、SD、磺胺喹噁啉（SQ）等磺胺类药物合用。含甲氧嘧啶（TMP）的复方制剂主要用于链球菌、葡萄球菌和革兰阴性杆菌引起的感染及禽大肠杆菌病、禽伤寒、禽霍乱等。含二甲氧嘧啶（DVD）的复方制剂主要用于防治禽、兔球虫病及畜禽肠道感染等。

［不良反应］本品毒性低，副作用小。但孕畜及初生幼畜应用易引起叶酸摄取障碍，宜慎用。

［制剂与用法用量］

（1）含 TMP 的复方制剂　给药量均以磺胺类药物量计。

复方磺胺嘧啶预混剂（SD+TMP）。混饲，1 次量，每千克体重：猪 15~30 mg；鸡 25~30 mg。2 次/d，连用 5 d。产蛋期禁用。宰前猪 5 d、鸡 10 d 停止给药。

复方磺胺嘧啶钠注射液。肌内注射，1 次量，每千克体重：家畜 20~30 mg。1~2 次/d。

复方磺胺甲噁唑片（SMZ+TMP）。内服，1 次量，每千克体重：家畜 20~25 mg。2 次/d。

复方磺胺对甲氧嘧啶片。内服，1 次量，每千克体重：家畜 20~25 mg。1~2 次/d。

（2）磺胺喹噁啉、二甲氧苄啶预混剂　混饲，每 1 000 kg 饲料，禽 100 g，连续喂 3~5 d。产蛋期禁用，宰前 10 d 停止给药。

三、喹诺酮类

喹诺酮类是指一类具有 4- 喹诺酮环结构的人工合成抗菌药。这类药物发展迅速，自 1962年第一代喹诺酮——萘啶酸用于临床后，第二代药物吡哌酸氟甲喹，第三代诺氟沙星等相继合成。第三代产品因其结构中含氟，故又称为氟喹诺酮。这类药物研究进展十分迅速，现临床应用的喹诺酮类药物中,以氟喹诺酮类为主,已有十多个品种。氟喹诺酮类药物具有抗菌谱广、杀菌作用强、临床疗效好、抗菌作用独特、不良反应小等优点。

兽医临床常用的氟喹诺酮类有:诺氟沙星(氟哌酸)、培氟沙星、氧氟沙星(氟嗪酸)、环丙沙星、洛美沙星、恩诺沙星、达氟沙星、二氟沙星、沙拉沙星等。后4种为动物专用的氟喹诺酮类药物。国外还有动物专用的麻保沙星、奥比沙星等。应注意诺氟沙星、培氟沙星、氧氟沙星、洛美沙星禁止在食品动物中使用。

[药理作用]氟喹诺酮类为广谱杀菌性抗菌药。对革兰阳性菌和革兰阴性菌、支原体、螺旋体、某些厌氧菌、衣原体等均有极强的抑菌作用。有高度的抗菌活性,对多种耐药性菌株,如耐青霉素类的金黄色葡萄球菌、耐庆大霉素的绿脓杆菌、耐磺胺类 +TMP 的细菌等均有效。

本类药物在浓度为 $0.1 \sim 10.0 \ \mu g / \ mL$ 时,杀菌作用最强,在高浓度下,杀菌效果降低。另外,氟喹诺酮类对许多细菌,如金黄色葡萄球菌、链球菌、大肠杆菌、绿脓杆菌能产生抗菌药后效应作用,一般可维持几小时。

氟喹诺酮类的抗菌作用机制是抑制细菌 DNA 回旋酶,使细菌不能复制 DNA 而死亡。

值得注意的是,利福平(RNA 合成抑制剂)或氯霉素(蛋白质合成抑制剂)均可导致氟喹诺酮类药物作用降低,临床不宜合用。

[耐药性]细菌对该类药物可产生耐药性,且耐药菌株逐渐增加。由于氟喹诺酮类药物的作用机制不同于其他抗生素,因此与其他抗生素无交叉耐药现象,并与第一代、第二代喹诺酮药物间也无交叉耐药现象。但本类药物之间存在交叉耐药现象。

[临床应用]主要用于敏感菌所致的畜禽呼吸道、肠道、尿道感染疾病及鱼类的细菌性传染疾病的防治。

[不良反应]本类药物安全范围大,毒副作用小。主要不良反应有:①消化道反应。因剂量过大导致动物减食或废食、腹泻等。②尿道损伤。在剂量过大或饮水不足时易形成结晶尿。③肝细胞损害。对雏鸡长时间混饲或高浓度混饮时,特别容易导致肝细胞变性或坏死,环丙沙星尤其明显。④影响幼畜软骨生长,禁用于幼龄动物和孕畜。⑤中枢神经反应。犬中毒时兴奋不安,鸡中毒时先兴奋,后呆滞或昏迷死亡。

1. 恩诺沙星(Enrofloxacin)

又名乙基环丙沙星。

[理化性质]本品为类白色结晶性粉末,无臭,味苦。不溶于水和乙醇,易溶于醋酸、盐酸或氢氧化钠溶液中。其盐酸盐和乳酸盐易溶于水。

[作用与应用]恩诺沙星为广谱杀菌药,对支原体有特效,其效力强于泰乐菌素。对革兰阳性菌和阴性菌均有较强的杀菌作用,为动物专用药。

临床上可用于支原体、大肠杆菌、溶血性巴氏杆菌、沙门菌、变形杆菌、绿脓杆菌、金黄色葡萄球菌、链球菌、丹毒杆菌等引起的消化道、呼吸道、泌尿生殖系统等全身性感染疾病以及局部皮肤感染。

[制剂与用法用量] 恩诺沙星片。内服,1 次量,每千克体重:犊牛、猪、犬、猫、兔 2.5~5.0 mg; 禽 5.0~7.5 mg。2 次/d,连用 3~5 d。

恩诺沙星可溶性粉。混饮,每升水,禽 50~75 mg。

恩诺沙星注射液。肌内注射,1 次量,每千克体重:家畜 2.5 mg;犬、猫、兔 2.5~5.0 mg。 1~2 次/d,连用 2~3 d。

2. 达氟沙星(Danofloxacin)

又名单诺沙星。

[理化性质] 本品为甲磺酸盐,为白色或淡黄色结晶性粉末,无臭,味苦。在水中易溶,在甲醇中微溶。

[作用与应用] 本品为广谱杀菌药。对牛溶血性巴氏杆菌、多杀性巴氏杆菌,猪胸膜肺炎放线杆菌、猪肺炎支原体,鸡大肠杆菌、鸡毒支原体(败血支原体)等有较强的抗菌作用,为动物专用药。主要用于治疗牛巴氏杆菌病、肺炎,猪传染性胸膜肺炎、支原体肺炎,禽大肠杆菌病、禽霍乱、慢性呼吸道疾病等。

[制剂与用法用量] 甲磺酸达氟沙星可溶性粉。内服,1 次量,每千克体重:鸡 2.5~5.0 mg。 1 次/d。混饮:每升水,鸡 25~50 mg。

甲磺酸达氟沙星注射液。肌内注射,1 次量,每千克体重:牛、猪 1.25~2.5 mg。1 次/d。

3. 诺氟沙星(Norfloxacin)

又名氟哌酸。

[理化性质] 本品为近白色或淡黄色结晶性粉末,无臭,味微苦。微溶于水和乙醇,易溶于醋酸、盐酸和氢氧化钠溶液。常用其盐酸盐和乳酸盐。

[作用和应用] 本品为广谱杀菌药。对革兰阴性杆菌如大肠杆菌、沙门菌、巴氏杆菌及绿脓杆菌作用较强,对革兰阳性菌和支原体也有一定的作用。主要用于敏感菌引起的消化系统、呼吸系统、泌尿道感染及支原体病的治疗。

[制剂与用法用量] 诺氟沙星可溶性粉。内服,1 次量,每千克体重:猪、犬 10~20 mg。1~2 次/d。混饮,每升水,禽 100 mg。

诺氟沙星注射液。肌内注射,1 次量,每千克体重:猪 10 mg。2 次/d。

4. 环丙沙星(Ciprofloxacin)

又名环丙氟哌酸。

[理化性质] 本品为淡黄色结晶性粉末,易溶于水,用其盐酸盐和乳酸盐。

[作用与应用] 本品属广谱杀菌药。对革兰阴性杆菌的抗菌活性是目前上市的氟喹诺酮类中最强的一种;对革兰阳性菌、支原体、厌氧菌、绿脓杆菌等也有较强的抗菌作用。

用于全身各系统的感染。如对消化道、呼吸道、泌尿生殖道和支原体感染及皮肤局部感染等均有良效。

［制剂与用法用量］盐酸环丙沙星可溶性粉。内服，1 次量，每千克体重：猪、犬 5~15 mg。2 次 /d。

环丙沙星注射液。肌内注射，1 次量，每千克体重：家畜 2.5 mg；家禽 5 mg。2 次 /d。

5. 二氟沙星（Difloxacin）

又名双氟沙星。

［理化性质］为白色或类白色粉末。无臭，味苦。不溶于水，其盐酸盐能溶于水。

［作用与应用］为动物专用广谱抗菌药。抗菌谱与恩诺沙星相似，但抗菌活性略低于恩诺沙星。对畜禽呼吸道致病菌有良好的抗菌活性，尤其对葡萄球菌有较强的作用。

临床主要用于治疗畜禽的敏感细菌及支原体所致的各种感染性疾病，如猪传染性胸膜肺炎、猪巴氏杆菌病、禽霍乱、鸡慢性呼吸道病。

［制剂与用法用量］盐酸二氟沙星粉。内服，一次量，每千克体重：鸡 5~10 mg。盐酸二氟沙星注射液，每千克体重：10 mL：0.2 g、50 mL：1 g。肌内注射，一次量：猪 5 mg，2 次 /d，连用 3 d。

6. 沙拉沙星（Sarafloxacin）

［理化性质］其盐酸盐为类白色至淡黄色结晶性粉末。无臭，味微苦。有吸湿性。在水和乙醇中几乎不溶或不溶，在氢氧化钠溶液中溶解。

［作用与应用］为动物专用广谱杀菌药。抗菌谱与二氟沙星相似，对支原体的效果略差于二氟沙星。对鱼的杀鲑产气单胞菌、杀鲑弧菌、鳗弧菌也有效。

临床主要用于猪、鸡的敏感细菌及支原体所致的各种感染性疾病。如猪、鸡的大肠杆菌病、沙门菌病、支原体病和葡萄球菌感染。也用于鱼敏感菌引起的感染性疾病。

［制剂与用法用量］盐酸沙拉沙星可溶性粉，50 g：1.25 g、100 g：5 g。混饮，每升水，鸡 25~50 mg，用 3~5 d。

盐酸沙拉沙星注射液，10 mL：0.1 g、100 mL：2.5 g。肌内注射，一次量，每千克体重：猪、鸡 2.5~5.0 mg。2 次 /d，连用 3~5 d。

四、硝基咪唑类

硝基咪唑类是一类具有抗原虫和抗菌活性的药物，包括甲硝唑、地美硝唑、氯甲硝唑和氟硝唑等，它们还具有抗厌氧菌的作用。在兽医临床常用的有甲硝唑、地美硝唑等。

1. 甲硝唑（Metronidazole）

又名灭滴灵、甲硝咪唑。

［理化性质］本品为白色结晶性粉末，微苦，味咸。微溶于水，略溶于乙醇。

［体内过程］本品内服易吸收，在 1~2 h 达血药峰值。在体内分布广泛，能进入血脑屏障、

胎盘和乳汁内。大部分药物以原形在肾及胆汁排出。

[作用与应用] 本品对各种厌氧菌具有极强的杀菌作用,对滴虫和阿米巴原虫也有作用,对需氧菌和兼性厌氧菌则无效。

主要用于外科手术后的厌氧菌感染、肠道和全身的厌氧菌感染、脑部厌氧菌感染,以及用于阿米巴痢疾、肠道原虫、牛毛滴虫病的治疗。

甲硝唑禁用于所有食品动物的促生长。

[不良反应] 本品剂量过大时可出现共济失调等神经系统功能紊乱症状。本品对啮齿动物有致癌作用,对细胞有致突变作用,不宜用于孕畜。

[制剂与用法用量] 甲硝唑片。内服,1 次量,每千克体重:牛 60 mg;犬 25 mg。1~2 次 /d。混饮,每升水,禽 500 mg,连用 7 d。

甲硝唑注射液。静脉滴注,1 次量,每千克体重:牛 10 mg。1 次 /d,连用 3 d。

2. 地美硝唑(Dimetronidazole)

又名二甲硝唑、二甲硝咪唑、达美索。

[理化性质] 本品为类白色或微黄色粉末。在乙醇中溶解,在水中微溶。

[作用与应用] 本品为广谱抗菌和抗原虫的药物,对厌氧菌、大肠弧菌、金黄色葡萄球菌、链球菌及蛇形螺旋体有效。

主要用于猪蛇形螺旋体性痢疾、禽滴虫病、肠道和全身性厌氧菌感染。

地美硝唑禁用于所有食品动物的促生长。

[不良反应] 鸡对本品敏感,大剂量可引起平衡失调、肝功能损害。产蛋鸡禁用。

[制剂与用法用量] 地美硝唑预混剂。混饲,每 1 000 kg 饲料:猪 200~500 g;鸡 80~500 g。连续用药,鸡不得超过 10 d。宰前 3 d 猪、肉鸡停止给药。

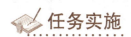 任务实施

常用抗生素、抗菌药物临床应用调查

[目的] 通过对养殖场、动物医院、兽药市场的调研,了解临床常用抗菌药物种类,正确认识兽用抗生素、抗菌药物;培养畜禽生产技术专业学生良好的职业精神。

[材料] 调查问卷若干、笔等。

[方法] 实地调查法、问卷法等。

[记录] 填写表 8-2。

表 8-2　常用抗生素、抗菌药物临床应用调查表

常用抗生素、抗菌药物种类	使用目的	使用成本	使用评价

［讨论］抗菌药物在临床中使用有哪些优缺点？

任务反思

1. 简述磺胺类药物的作用机制。
2. 简述磺胺类药物的分类并列举每类的代表药物。

任务小结

　　化学合成抗菌药主要包括磺胺类药物、苄胺嘧啶类药物、喹诺酮类药物等；每类抗菌药的代表药物、作用与应用、不良反应是学习的重点。化学合成抗菌药的出现解决了部分抗生素抗菌谱窄的问题，但随着化学合成抗菌药的滥用，毒性大、耐药性及药物残留问题始终困扰着广大养殖户。因而，化学合成抗菌药的使用应注意不良反应的监控，特别是毒性反应的防治措施。

任务 8.3　其他抗微生物药的认识与使用

任务背景

　　宠物班小张同学家里养了一只泰迪犬，最近发现它经常用脚去挠颈部皮肤，并出现了脱毛的现象。小张同学怀疑泰迪犬是感染了螨虫，去宠物医院买了阿维菌素进行治疗，结果发现

泰迪犬没有任何好转,于是拍了照片向老师请教。通过老师诊断,初诊认为是真菌感染,建议他去药店买一支克霉唑软膏试试。几天以后,泰迪犬不再出现挠皮肤的现象,损坏皮肤也开始恢复。

 **任务目标**

知识目标:1. 掌握抗真菌药物、抗病毒药物、抗菌中草药的分类、抗菌范围及了解其作用机制。
　　　　2. 熟悉各类抗真菌药物、抗病毒药物、抗菌中草药的不良反应。
技能目标:1. 能写出各类抗真菌药、抗病毒药、抗菌中草药的主要特点。
　　　　2. 能根据各类抗真菌药、抗病毒药、抗菌中草药典型药物的特点进行畜禽疫病的防治。

任务准备

一、抗真菌药物

真菌种类很多,根据真菌感染动物的部位不同,可分为两类:一为浅表真菌感染,主要侵犯皮肤、羽毛、趾甲、鸡冠、肉髯等引起各种癣病,有些在人畜之间可以相互传染;二为深部真菌感染,主要侵犯机体的深部组织及内脏器官,如犊牛真菌性胃肠炎、牛真菌性子宫炎、念珠菌病和雏鸡霉菌性肺炎等。兽医临床常用的抗真菌药有两性霉素 B、灰黄霉素、制霉菌素、克霉唑等。

1. 两性霉素 B(Amphotericin B)

[理化性质]本品为多烯类全身性抗真菌药。在水中不溶,微溶于稀醇液,pH 4~10 时稳定,对热不稳定。

[体内过程]本品内服与肌内注射均不易吸收,静脉滴注可维持较长的有效血药浓度。体内分布广泛,但不易进入脑脊液。大部分经肾缓慢排出,小部分经胆汁排出。

[作用与应用]本品为广谱抗真菌药,对隐球菌、球孢子菌、白色念珠菌、芽生菌等都有抑制作用,特别对深部真菌有强大的抑制作用。

本品主要用于犬组织胞浆菌病、芽生菌病、球孢子菌病等,也用于白色念珠菌感染及各种真菌的局部炎症,如甲或爪及雏鸡嗉囊的真菌感染。

[不良反应]本品毒性大,猫每天静脉注射每千克体重 1 mg,连续 17 d 即可出现严重溶血性贫血。在用药期间,可引起肝、肾损害,出现贫血和白细胞减少等。

[制剂与用法用量]注射用两性霉素 B。静脉注射,1 次量,每千克体重:家畜 0.1~0.5 mg,

隔日 1 次或 1 周 3 次, 总剂量 4~11 mg。临用时, 先用注射用水溶解, 再用 5% 葡萄糖注射液(切勿用生理盐水)稀释成 0.1% 注射液, 缓慢静脉注入。

2. 灰黄霉素(Griseofulvin)

[理化性质] 本品为灰黄青霉菌培养液中提取的耐热中性结晶性粉末, 味微苦。难溶于水。

[体内过程] 本品内服易吸收, 吸收后广泛分布, 以脂肪、皮肤、毛发、爪和甲中含量较高。在肝内代谢, 经肾排出。少数原形药直接经尿和乳汁排出, 未被吸收的灰黄霉素随粪便排出。

[作用与应用] 本品为内服的抑制真菌药。对体表各种癣菌有很强的抑菌作用, 对其他真菌无效。

本品主要用于小孢子菌、毛癣菌及表皮癣菌引起的各种真菌病, 如头癣、股癣、毛发癣、趾癣。因本品无杀菌作用, 故须连续用药至受感染的角质层完全为健康组织替代为止。

[不良反应] 本品虽毒性小, 但有致癌和致畸的作用, 禁用于妊娠动物, 有些国家已将其淘汰。

[制剂与用法用量] 灰黄霉素片。内服, 1 次量:牛、马 5~10 mg;犬 12.5~25 mg。连用 3~6 周。

3. 制霉菌素(Nystatin)

[理化性质] 本品为黄色或橙色粉末。有引湿性。不溶于水, 对光、空气、酸碱均不稳定。

[作用与应用] 本品内服不吸收, 多数随粪便排出。其抗真菌作用与两性霉素 B 相似, 但其毒性更大, 不宜用于全身感染。

本品内服治疗胃肠道真菌感染, 如犊牛真菌性胃炎、禽念珠菌病;局部用于皮肤、黏膜的真菌感染, 如念珠菌、曲霉菌所致的乳腺炎、子宫炎。

[制剂与用法用量] 制霉菌素片。内服, 1 次量:牛、马 250 万 ~500 万 IU;羊、猪 50 万 ~100 万 IU;犬 5 万 ~15 万 IU。2~3 次 /d。用于家禽鹅口疮:每千克饲料 50 万 ~100 万 IU, 混饲连喂 1~3 周。用于雏鸡曲霉菌病:每 100 羽 50 万 IU。2 次 /d, 连用 2~4 d。制霉菌素混悬液, 乳管内注入, 1 次量:每一乳室, 牛 10 万 IU。子宫内灌注, 牛、马 150 万 ~200 万 IU。

4. 克霉唑(Clotrimazole)

又名抗真菌 1 号。

[理化性质] 本品为白色结晶性粉末。难溶于水, 易溶于乙醇、氯仿、丙酮。

[体内过程] 本品内服后吸收较少, 主要通过肝代谢, 经胆汁排出体外。

[作用与应用] 本品为广谱抗真菌药。对浅表真菌的作用与灰黄霉素相似, 对深部真菌作用不及两性霉素 B。主要用于体表真菌病, 如毛癣和耳真菌感染。

[制剂与用法用量] 克霉唑片。内服, 1 次量:牛、马 5~10 g;犊、驹、羊、猪 1~1.5 g。2 次 /d。混饲, 每 100 只雏鸡用 1 g。

克霉唑软膏。外用, 1% 或 3% 软膏涂擦患处。

5. 酮康唑（Ketoconazole）

［理化性质］本品为人工合成的含咪唑基化合物，为白色结晶性粉末，不溶于水。

［体内过程］本品内服吸收良好，吸收后分布广泛，易透过胎盘屏障，经肝代谢，随胆汁排出体外。

［作用与应用］本品属广谱抗真菌药，对念珠菌、组织胞浆菌、球孢子菌、隐球菌等有良好作用，对癣菌、曲霉菌和酵母菌也有效。内服可治疗敏感真菌所致的各种系统感染。

［制剂与用法用量］酮康唑溶液。混饮，每千克体重，犬 5~10 mg/d。

6. 益康唑（Econazole）

本品为新合成的广谱、速效抗真菌药。对革兰阳性菌、特别是球菌有较强的抑菌作用。主要用于治疗皮肤和黏膜的真菌感染，如皮肤癣病、念珠菌阴道炎。

现仅有软膏、酊剂及栓剂供外用。

二、抗病毒药物

病毒是不具备细胞结构而又只能在细胞内生长繁殖的微生物。由病毒感染引起的疾病对畜禽的健康和生命的危害程度超过其他病原体带来的危害。现试用于兽医临床的抗病毒药主要有利巴韦林及许多中草药如黄芩、金银花，但仍须对它们在兽医临床的作用与应用、用法与用量等做出全面的评价。故本类药只能就其特点做简略介绍。

1. 利巴韦林（Ribavirin）

又名病毒唑、三氮唑核苷。

［理化性质］本品为白色结晶性粉末，无臭，无味。易溶于水，微溶于乙醇，性质稳定。

［作用与应用］本品为广谱抗病毒药，对 DNA 病毒及 RNA 病毒均有明显的抑制作用。如流行性乙型脑炎病毒、牛痘、流感病毒、副流感病毒、腺病毒、疱疹病毒、轮状病毒。

兽医临床试用于鸡传染性支气管炎、禽流感、猪传染性胃肠炎等病的防治。

本品可引起动物厌食、胃肠功能紊乱、骨髓抑制和贫血等不良反应。

［制剂与用法用量］利巴韦林片，100 mg/片。利巴韦林注射液，100 mg/mL。每千克体重，内服、静脉或肌内注射：家畜 10~15 mg，1~2 次/d。

2. 黄芪多糖（Astragalus Polysaccharides）

［理化性质］本品为棕黄色粉末，味微甜，具引湿性。提取来源为豆科植物膜荚黄芪干燥的根；含量口服 ≥ 65%，针剂 ≥ 70%，广泛用于兽药原料。

［药理作用］黄芪有益气固表、敛汗固脱、托疮生肌、利水消肿之功效。黄芪多糖是黄芪发挥作用的主要成分。对免疫抑制剂有对抗作用，还具有调节体内血糖，增强体液免疫，抗肿瘤的作用。本品能提高未成年畜禽的抗病力，对幼猪、仔猪、幼畜经常添加可减少疾病，促进增重，提高成活率，增加整齐度。

［应用］用于防治小牛、羊、猪、禽的各种病毒性疾病,如慢性猪瘟、病毒性肠炎、细小病毒、圆环病毒、蓝耳病、新城疫、鸭瘟、传染性法氏囊病。

［制剂与用法用量］黄芪多糖注射液,肌内或皮下注射:每千克体重 2 mL,每日 1 次,连用 2 d。

3. 干扰素(Interferon,IFN)

干扰素是一类分泌性蛋白,具有广谱抗病毒、抗肿瘤和调节免疫功能等多种生物活性作用。干扰素制剂有自然的和重组的两类,目前,临床应用的干扰素主要是从大肠杆菌中获得的基因重组蛋白的产品。

［体内过程］干扰素内服不吸收,肌内或皮下注射,吸收率可达 80% 以上。不同种属动物个体半衰期差异很大,与所用剂量相关。本品大部分与血浆蛋白结合,几乎不能透过血脑屏障,也不能透过胎盘屏障。本品在注射部位含量最高,随后分布于肾、脾、肺、生殖腺、肝和心。主要由肾小球滤过降解,部分在肝中降解,粪便中排泄极少。

［药理作用］本品具有广谱抗病毒、抗肿瘤及免疫调节三大功能。

［作用与应用］主要用于预防和治疗病毒性感染和免疫系统疾病。如用于猪流行性腹泻、轮状病毒病、猪瘟、蓝耳病、流感、传染性胃肠炎、水疱病等病毒性疾病;用于禽流感、新城疫、小鸭病毒性肝炎、犬病毒性肝炎、副流感、疱疹病毒性脑膜炎、急性出血性角膜炎、结膜炎和腺病毒性结膜炎等。

［不良反应］常在用药初期出现不同程度的发热、寒战,粒细胞、血小板及白细胞减少(停药后可恢复);可见呕吐、腹泻以及皮疹、用药部位病变等。孕期、哺乳期、幼龄及老龄动物慎用。

［制剂与用量用法］猪用干扰素,肌内注射:30 日龄前,1 mL/ 头;30~70 日龄,2 mL/ 头:70 日龄后,3 mL/ 头。1 次 /d,连用 3 d。种猪治疗时加倍。

禽用白细胞干扰素冻干剂,3 万 IU/ 瓶,饮水:雏鸡 2 000 羽 / 瓶,中大鸡 1 000 羽 / 瓶,重症鸡群加倍。肌内注射,每瓶用注射用水稀释至 200~300 mL,0.2~0.3 mL/ 羽。

犬用猪白细胞干扰素冻干剂,1 万 IU/ 瓶,用注射水稀释,溶解摇匀后肌内注射;各种类型的小型犬,1 万 IU/(头·d),1 次 /d,连用 1~3 d。

牛用猪白细胞干扰素冻干剂,15 万 IU/ 瓶,用注射用水稀释,溶解摇匀后肌内注射,犊牛 15 万 IU/(头·d),青年牛 20 万 IU/(头·d),成年牛 30 万 IU/(头·d),连用 1~3 d,病重牛用量略加。

三、抗菌中草药

在中草药中具有抗菌作用的药物较多,它们具有清热泻火、解毒凉血等功能。这类药物在体外实验具有抗菌作用,在临床上可用于微生物引起的各种感染。

抗菌中草药药源丰富,可就地取材,具有价格低廉、使用方便、不良反应少等优点。一种中草药含有多种化学成分,其作用范围较广,运用适当,往往可获得更为广泛的治疗效果。因此应大力提倡推广使用抗菌中草药。

1. 黄连(Golden Thread)

[来源与成分]本品为毛茛科植物黄连、三角叶黄连或云连的干燥根茎。其主要成分为小檗碱,即黄连素,含量 5%~8%。含小檗碱的中草药还有黄柏、三颗针、十大功劳、南天竹和小檗等。

小檗碱为黄色、味苦、无臭的结晶体。现已能人工合成。

[体内过程]黄连内服,吸收较少,吸收后小檗碱迅速进入组织器官,然后缓慢释放,故血药浓度很低。

[作用与应用]本品抗菌谱较广,对多种革兰阳性菌如链球菌、葡萄球菌、肺炎球菌、炭疽杆菌和多种革兰阴性菌如痢疾杆菌、伤寒杆菌、副伤寒杆菌、大肠杆菌、绿脓杆菌均有抑制作用。其中对痢疾杆菌和化脓性球菌作用较强。另外对结核杆菌、皮肤真菌、流感病毒、钩端螺旋体及原虫等也有抑制作用。小檗碱具有提高白细胞吞噬作用和增强机体免疫力的功能,并有一定的解热、利胆、收缩子宫和兴奋平滑肌的作用。

临床主要用于治疗腹泻、肠炎、仔猪白痢、仔猪副伤寒、痈肿疔毒、湿疹等。

[制剂与用法用量]盐酸小檗碱片,内服,1 次量:牛、马 2~5 g;羊、猪 0.5~1.0 g。

小檗碱注射液,肌内注射,1 次量:牛、马 0.15~0.40 g;羊、猪 0.05~0.10 g。

2. 黄芩(Baical skullcap Root)

[来源与成分]本品为唇形科植物黄芩的干燥根。主要含黄芩苷、汉黄芩苷和黄芩苷原、汉黄芩素及少量的黄芩新素等。

[体内过程]黄芩内服吸收较少(为 25% 以上的黄酮类),一部分被肠道细菌所降解,特别是草食兽,随胆汁排入肠道;小部分经肾随尿排出。除静脉或肌内注射外,尿中很少见有以原形排出的黄酮类物质。

[作用与应用]本品具有广谱抗菌作用。对多种革兰阳性菌和阴性菌如金黄色葡萄球菌、志贺痢疾杆菌、沙门菌、绿脓杆菌、肺炎球菌及某些真菌、病毒等有抑制作用,对钩端螺旋体、原虫等也有抑杀作用。

临床用于肠炎、肺炎、流感、子宫内膜炎、布鲁菌病、结膜炎及雏鸡白痢的预防用药,也可用于鱼烂腮、赤皮、肠炎、出血。

[用法用量]粉碎混饲或煎水自饮。牛、马 20~60 g;羊、猪 5~15 g;犬 3~5 g;兔、禽 1.5~2.5 g;鱼每千克体重 2~4 g,拌饵投喂。

3. 穿心莲(Common Andrographis Herb)

[来源与成分]本品为爵床科植物穿心莲的干燥地上部分。主要成分为内酯类。内酯类

包括穿心莲内酯和新穿心莲内酯等。

［体内过程］亚硫酸氢钠穿心莲内酯能迅速透过血脑屏障，广泛分布于中枢神经系统，然后迅速以原形经尿排出。

［作用与应用］本品具有广谱抗菌作用，对肺炎球菌、甲型链球菌、金黄色葡萄球菌、变形杆菌、绿脓杆菌、大肠杆菌、卡他球菌、痢疾杆菌和钩端螺旋体等均有抑杀作用；对埃可病毒 ECHO11 所致的肾细胞退变有延缓作用；有促进白细胞吞噬金黄色葡萄球菌的作用。临床用于畜禽及鱼类的细菌性感染疾病，如肠炎、下痢、仔猪白痢、鸡白痢、鱼肠炎、仔猪副伤寒，亦可用于肺炎、肺脓肿，以及尿路感染、脑炎、疮肿等。

［制剂与用法用量］穿心莲片剂。内服，1 次量：牛、马 60~120 g；羊、猪 30~60 g；禽 1~2 g。

4. 板蓝根（Isatis Root）

［来源与成分］本品为十字花科菘兰的根和叶。根称板蓝根，叶称大青叶。大青叶经加工后所得的色素称为青黛。本品主要成分为靛苷、松蓝苷、β-谷甾醇、板蓝根乙素等。

［体内过程］靛苷内服大部分在胃肠道破坏。血中浓度以服药后 2~4 h 为最高，12 h 内大部分被排出。

［作用与应用］本品对多种革兰阳性菌、革兰阴性菌及流感病毒有抑制作用。

临床主要用于流感、流脑、咽喉炎、肺炎及其他全身性感染病症和化脓创。

［制剂与用法用量］板蓝根注射液。肌内注射：牛、马 30~40 mL；羊、猪 4~6 mL。

5. 金银花（Honeysuckle Bud and Flower）

［来源与成分］本品为忍冬科植物忍冬、红腺忍冬、山银花或毛花柱忍冬的干燥花蕾，故又称忍冬花。其茎枝称为金银花藤，亦具有相似作用，功效稍弱。本品含木樨草素、异绿原酸、绿原酸、肌醇、皂苷等。

［作用与应用］本品对多种革兰阳性菌和革兰阴性菌如金黄色葡萄球菌、变形杆菌、溶血性链球菌、志贺杆菌、大肠杆菌、绿脓杆菌等均有抑制作用，对病毒亦有抑制作用。

临床主要用于流感、脑膜炎、肺炎、呼吸道感染、乳房炎、肠炎、下痢及外科感染等。

金银花提取物有一定的溶血作用，不宜做静脉注射。

［制剂与用法用量］银黄片（每片含金银花提取物 100 mg、黄芩素 80 mg）。内服，1 次量：猪 5~8 片，3 次/d。银黄针剂（2 mL，含金银花提取物 25 mg、黄芩粗苷 20 mg）。肌内注射，猪 6~10 mL。

6. 连翘（Weeping Forsythia Capsule）

［来源与成分］本品为木犀科植物连翘的干燥果实。主要含连翘酚、连翘苷、连翘苷元等及少量的挥发油和皂苷等。

［作用与应用］本品具有广谱抗菌作用，对多种革兰阳性及革兰阴性细菌均有抑制作用。如对金黄色葡萄球菌、肺炎双球菌、溶血性链球菌、志贺痢疾杆菌、鼠疫杆菌、伤寒杆菌、副伤寒

杆菌、霍乱弧菌、变形杆菌、大肠杆菌、亚洲甲型流感病毒、鼻病毒 17 型等有抑制作用。

用于流感、肺炎、肠炎、流行性淋巴管炎、胸疫及疮肿等。

［用法用量］牛、马 20~30 g；羊、猪 10~15 g；兔、禽 1~2 g。

7. 鱼腥草（Heartleaf Houttuynia Herb）

［来源与成分］本品为三白草科蕺菜的干燥地上部分。含挥发油,有强烈的鱼腥味。其主要成分为鱼腥草素。因其性质不稳定,极易聚合,故合成其亚硫酸氢钠合成物,称为合成鱼腥草素。

［体内过程］本品吸收后,主要分布于呼吸系统,由呼吸道及泌尿道排泄。

［作用与应用］鱼腥草素的抗菌作用较强,对金黄色葡萄球菌、溶血性链球菌、肺炎球菌、结核杆菌作用最显著,高浓度时对真菌亦有抑制作用,并能增强机体白细胞吞噬作用和提高机体的免疫机能。主要用于呼吸道感染、尿路感染、肠炎、下痢、乳腺炎及外科感染。

合成鱼腥草素有溶血作用,不宜静脉注射。

［制剂与用法用量］鱼腥草片。内服:牛、马 80~120 mg；羊、猪 40~80 mg；禽 5~10 mg。

鱼腥草注射液。肌内注射:牛、马 40~80 mg；羊、猪 12~20 mg；禽 1 mg。

8. 大蒜（Garlic）

［来源与成分］本品为百合科植物大蒜的鳞茎。其主要成分为大蒜素。大蒜素是白色油状液体,难溶于水,遇碱失效,遇热不稳定,在室温内两日即失效。其干燥粉末的抗菌性质能长期保存。大蒜素是以蒜素原的形式存在于大蒜中,在大蒜破碎时经蒜素原酶的作用分解产生。

［体内过程］本品单胃动物内服后于 0.5 h 出现于血中。肺部分布最多,其次是心、肠、脂肪、脑、肌肉、脾、肝。胃液和胆汁可提高其作用。6 h 后自尿中排出。

［作用与应用］本品具有广谱抗菌作用,对革兰阳性菌和革兰阴性菌如葡萄球菌、链球菌、肺炎球菌、结核杆菌、大肠杆菌、变形杆菌、绿脓杆菌均有不同程度的抑制作用。对真菌、阿米巴原虫及阴道滴虫等也有作用。

大蒜内服除有抗肠道细菌感染作用外,还能刺激胃肠黏膜反射性地加强胃肠的蠕动和胃液的分泌,故具有健胃作用。

临床主要用于内服治疗反刍减弱、瘤胃弛缓、肠炎、下痢、仔猪白痢、仔猪副伤寒等。本品汁液可外用于创伤感染及皮肤癣病。

［制剂与用法用量］大蒜酊（40%）。内服:牛、马 50~100 mL；羊、猪 10~20 mL；禽 2~4 mL。

9. 野菊花（Wild Chrysanthemum Flower）

［来源与成分］本品为菊科植物野菊的干燥花蕾。本品含挥发油、菊色素、野菊花内酯黄酮类化合物等。

［作用与应用］本品对溶血性链球菌、金黄色葡萄球菌、大肠杆菌、绿脓杆菌等均有抑制作

用,并有解热和增强白细胞吞噬机能的作用。

　　临床主要用于流感、猪附红细胞体病、尿道感染、结膜炎、乳腺炎及外科疮疡肿毒等。

　　[制剂与用法用量]野菊花注射液(每1 mL含生药1 g)。肌内注射或静脉注射,猪20~30 mL。

　　10. 马齿苋(Purslane Herb)

　　[来源与成分]本品为马齿苋科马齿苋的全草。含儿茶酚胺、生物碱、皂苷、氨基酸、鞣质及多种维生素等成分。

　　[作用与应用]本品乙醇浸出液能抑制多种肠道杆菌,有利尿、止血、增强子宫收缩、促进肠蠕动和促进溃疡愈合的作用。

　　临床主要用于肠炎下痢、仔猪白痢的防治。本品鲜草外用治疗疮疡肿毒。注射剂可用于子宫止血。

　　[制剂与用法用量]消痢片(每片相当于马齿苋2.5 g)。内服:牛、马15~60片;羊、猪7~15片。

　　马齿苋针剂。肌内注射,猪12~18 g。

　　11. 紫花地丁(Tokyo Violet Herb)

　　[来源与成分]本品为堇菜科植物紫花地丁的全草,主要含黄酮类、苷类化合物。

　　[作用与应用]本品对金黄色葡萄球菌和卡他球菌有较强的抑制作用,对甲型链球菌和肺炎双球菌亦有作用。主要用于治疗肠炎、乳腺炎及外科疮疡肿毒等。

　　[用法用量]内服:牛、马60~80 g;羊、猪15~30 g;犬3~6 g。

　　12. 大叶桉(Folium Eucalypti)

　　[来源与成分]本品为桃金娘科植物大叶桉、蓝桉及柠檬桉等的叶或幼枝。桉叶含挥发油约0.7%,油的主要成分为桉油精。

　　[作用与应用]大叶桉抗菌力较强,对葡萄球菌、链球菌、大肠杆菌、绿脓杆菌等有抑制作用,还有明显的祛痰作用。临床用于流感咳嗽、肠炎下痢、肾炎等。其煎剂(20%)可用于皮肤消毒或治疗局部感染。

　　[用法用量]内服:牛、马30~90 g;羊、猪15~30 g。

　　13. 双黄连口服液(Shuanghuanglian Oral Liquid)

　　[组成成分]金银花375 g、黄芩375 g、连翘750 g按《兽药典·2000年版·二部》制成1 000 mL药液。

　　[作用与应用]本品具有广谱抗菌作用。对多种革兰阴性菌和革兰阳性菌、某些真菌、亚洲甲型流感病毒、钩端螺旋体及原虫等都有抑制作用。主要用于肺炎、感冒发烧、咽喉肿痛、咳嗽、上呼吸道感染。

　　[用法用量]内服:犬、猫1.0~1.5 mL;鸡0.5~1.0 mL。

任务实施

中草药抗菌试验

[目的] 掌握中草药抗菌试验的实验方法并筛选出抗菌效果好的中草药用于临床上疫病的防治。

[材料]

(1) 药品　肉汤培养基、黄连、连翘。

(2) 菌种　大肠杆菌或金黄色葡萄球菌。

(3) 器材　天平、吸管、pH 试纸、洗耳球、试管、离心机、灭菌锅等。

[方法]

(1) 中草药原液的制备

水浸剂:取 100 g 黄连、连翘分别加 5 倍量的水,经浸泡后放置于冰箱内过夜,取出待达到室内温度后再加热至 100 ℃（加石棉网防止玻璃器皿炸裂）,保持 30 min。用纱布过滤后取药渣再加 5 倍量的水,再加热至 100 ℃,保持 30 min。过滤,将两次滤液混合,加热蒸发浓缩至 100 mL,做成每毫升药液含生药 1 g 浓度的中药原液。

校正 pH 至 7.4~7.6,使用离心机离心后用高压灭菌(8 kPa,15 min),待凉后放冰箱内备用。

(2) 肉汤培养基的制备　根据说明书进行肉汤培养基的配置并灭菌。

(3) 用试管法进行结果总判定

① 培养基　1 号试管加 1.5 mL,以后每支试管加 1 mL 摇匀。

② 中药原液　先在 1 号试管加 0.5 mL,摇匀。

③ 从 1 号试管吸出 1 mL 放入 2 号试管中,摇匀,再从 2 号试管中吸出 1 mL 放入 3 号试管中,以此类推,到 9 号试管吸出 1 mL,弃掉。

④ 加菌　除 9 号试管外,每管加 0.05 mL 的菌液(大肠杆菌)。

⑤ 10 号试管不加药作为菌液生长情况对照。

⑥ 37 ℃培养 24 h,观察结果。

[结果与测定]

(1) 最低抑菌浓度　凡能抑制试验菌生长的最高药物稀释度为该药物对试验菌的最低抑菌浓度。

(2) 将未生长菌的培养液再接种于适当的琼脂平板培养基上,如培养后重新长出试验菌,则说明该药物仅有抑菌作用,如没有细菌生长则说明该药有杀菌作用。

[讨论] 抗菌中草药在临床中有何使用意义?

任务反思

1. 简述抗真菌药的分类并列举代表药物。
2. 试述抗病毒药在临床上的使用意义。

任务小结

其他抗微生物药主要包括抗真菌药物、抗病毒药物、抗菌中草药等。目前除抗真菌药物具有确切的治疗效果外,抗病毒药、抗菌中草药一直是试用于临床。特别是中草药的许多特性还没有完全被我们所掌握,一般兽药企业都会在不良反应一栏中填上"不详"二字。因此,尽管我们普遍认为中草药在一定程度上比西药更加安全,但由于中药的特殊性,更需要兽医师合理地使用,否则会引起更为严重的后果。

任务 8.4　消毒防腐药的认识与使用

任务背景

某动物医院王医师对一股骨骨折犬完美地进行了手术治疗,在后期康复护理中,发现创口严重感染,无法正常愈合,在医护人员共同努力下,最终以丙级愈合收场。经过术后研讨,医生在手术过程中的消毒十分严格,器械消毒严格,术后护理规范,最后一致认为是手术室未经彻底消毒,有大量病原微生物存在。于是决定对手术室进行彻底的消毒,以避免类似事件发生。同学们,你们知道怎么对手术室进行彻底消毒吗?

任务目标

知识目标:1. 了解消毒防腐药的分类及抗菌谱,各类消毒防腐药的作用机制。
　　　　　2. 掌握各类消毒防腐药的主要特点。
技能目标:1. 能够完成各种常用消毒剂的配制。
　　　　　2. 能根据各类消毒防腐药典型药物的特点进行养殖场的消毒。

任务准备

消毒药是指能杀灭病原微生物的药物,主要用于环境、厩舍、器械等非生物表面的消毒。防腐药是指能抑制病原微生物生长繁殖的药物,主要用于皮肤、黏膜等生物体表及食品、生物制品的防腐。消毒药与防腐药两者之间没有严格的界限,消毒药在低浓度时是防腐药,防腐药在高浓度时是消毒药。

消毒防腐药在防治疫病,保障人、畜健康及公共卫生方面都有重要作用。为防治各种传染病,对公共环境、动物厩舍、动物体表进行消毒,都可选用消毒防腐药。因此,这类药物具有非常实用的临床价值。

消毒防腐药的种类较多,其作用机制各不相同,目前认为主要有下列三种:

1. 使菌体蛋白质凝固、变性

大部分消毒药都是通过这一机制而起作用的,其作用无选择性,可损害一切生活物质,即属于"一般原浆毒"。由于其不仅能杀菌,也能损害动物的细胞组织,因而只适用于环境消毒。如酚类、醛类、醇类、重金属盐类。

2. 改变菌体细胞膜的通透性

有些消毒防腐药能降低菌体的表面张力,增加菌体细胞膜的通透性,引起重要的酶和营养物质的缺失,使菌体溶解或崩溃,从而起到抗菌作用。如表面活性剂。

3. 抑制细菌的重要酶系统

消毒防腐药既可因其结构同菌体内的代谢物相似而与酶结合,从而抑制酶的活性,也可以通过氧化还原反应损害酶的活性基团起到抑菌作用。如重金属类、氧化剂类和卤化物类。

消毒防腐药作用的强弱,不仅取决于自身的理化性质,而且受许多其他因素的影响:

1. 药物的浓度与作用时间

一般说来,消毒防腐药的浓度越大、时间越长,则效果越好,但对组织的毒性也增大。而浓度太低,时间太短,则达不到效果。因此应按各种消毒药的特性,选取合适的浓度,并达到规定的消毒时间。

2. 温度

外界环境温度与消毒药的抗菌效果成正比,即温度越高,杀菌力越强。一般规律是温度每升高 10 ℃时,消毒效果增强 1~1.5 倍。

3. 有机物

粪便、尿液、脓液、血液及体液等有机物与防腐消毒药结合后,必然影响消毒药与病原微生物的接触,而且有机物越多,对消毒防腐药抗菌效力影响越大。因此,在消毒前应将消毒场所打扫干净,把感染创中的脓血、坏死组织清洗干净。

4. 微生物的类型

不同菌种和处于不同状态的微生物,对药物的敏感性是不同的。病毒对碱类敏感,细菌、芽孢却对碱的耐受力极强,不易杀死。处于生长繁殖期的细菌对消毒液较为敏感,一般常用的消毒液都能收到较好的效果。

5. 配伍禁忌

当两种消毒药合用时,由于其物理性或化学性的配伍禁忌而产生相互拮抗作用,使消毒效果降低。如阳离子表面活性剂与阴离子表面活性剂共用,使消毒作用减弱甚至消失。

6. 其他

消毒液的表面张力、pH、剂型以及消毒物表面形状、结构等都能影响消毒作用。

一、常用的环境消毒药

(一) 酚类

酚类是一种表面活性物质,它能使蛋白质变性、凝固,故有杀菌作用。

酚类在适当浓度下能杀灭繁殖型细菌和真菌,但对芽孢和病毒的作用不强。其抗菌活性不受环境中有机物的影响,具有较强的穿透力,故用于环境、器械、排泄物的消毒。常用的有苯酚、煤酚、克辽林、鱼石脂等。

1. 甲酚(Cresol)

又名煤酚。

[理化性质]本品为近乎无色、淡紫色或淡棕黄色的澄明液体,有特臭。难溶于水。在日光下色渐变深。

[作用与应用]抗菌作用较苯酚强 3~10 倍,因此药用浓度较低,故其毒性比苯酚小。对多数病原菌有杀灭作用,对病毒有一定的作用,对芽孢无效。

5%~10% 甲酚皂溶液用于厩舍、用具、排泄物等的消毒。甲酚对皮肤有刺激性。

[制剂]甲酚皂溶液(来苏水)。

2. 复合酚(Compound Phenol)

又名菌毒敌。

[理化性质]为酚及酸类复合型消毒剂,含酚 41%~49%、醋酸 22%~26% 及十二烷基苯磺酸,呈深红褐色黏稠样,特臭。

[作用与应用]为广谱、高效、新型消毒剂。可杀灭细菌、霉菌和病毒,对多种寄生虫卵也有杀灭作用。还能抑制蚊、蝇等昆虫和老鼠的滋生。

常用 0.3%~1.0% 的溶液,喷洒消毒畜(禽)舍、笼具、饲养场地、运输工具及排泄物。用药后药效可维持 1 周。稀释用水的温度应不低于 8 ℃。对严重污染的环境,可适当增加药物浓度和用药次数。

［注意事项］切忌与其他消毒药或碱性药物混合应用，以免降低消毒效果。严禁使用喷洒过农药的喷雾器械喷洒本品，以免引起动物意外中毒。

（二）醛类

醛类能使蛋白质变性，使酶和核酸功能发生改变而呈现强大的杀菌作用。这类消毒药有很强的化学活性，在常温下易挥发。常用的有甲醛、聚甲醛、戊二醛等。

1. 甲醛溶液（Formaldehyde Solution）

又名福尔马林。

［理化性质］本品为无色的澄明液体，含甲醛 40%；有特殊刺激性气味。能与水和乙醇任意混合。在冷处久贮（9 ℃以下），可生成聚甲醛而沉淀，常加入 10%~15% 的甲醇，以防聚合。

［作用与应用］具有强大的广谱杀菌作用。能杀死各种细菌、病毒及芽孢等。主要用于厩舍、仓库、皮毛、衣物、用具等消毒。2% 溶液用于器械消毒，5%~10% 溶液用于固定和保存解剖标本，10%~20% 甲醛溶液可治疗蹄叉腐烂。另外，可采用每立方米 15~42 mL 的甲醛溶液对室内、孵化室等进行熏蒸消毒。

2. 戊二醛（Glutaraldehyde）

［理化性质］本品为无色或微黄色透明油状液体，带有刺激性气味，溶于热水。对眼睛、皮肤和黏膜有强烈的刺激作用。溶于热水、乙醇、氯仿、冰醋酸、乙醚等有机溶剂。市售戊二醛主要有：2% 碱性戊二醛和 2% 强化酸性戊二醛两种。

［作用与应用］戊二醛属高效消毒剂，具有广谱、高效、低毒、对金属腐蚀性小、受有机物影响小、稳定性好等特点。适用于医疗器械和耐湿忌热的精密仪器的消毒与灭菌。碱性戊二醛属广谱、高效消毒剂，可有效杀灭各种微生物，因而可用作灭菌剂，但强化酸性戊二醛杀芽孢效果稍弱。其灭菌浓度为 2%，碱性戊二醛常用于医疗器械灭菌，pH 在 7.5~8.5 时，戊二醛的杀菌作用最强。2% 强化酸性戊二醛是以聚氧乙烯脂肪醇醚为强化剂，可增强戊二醛杀菌的作用。它的 pH 低于 5，对细菌芽孢的杀灭作用较碱性戊二醛弱，但对病毒的灭活作用较碱性戊二醛强，稳定性较碱性戊二醛好。

（三）碱类

碱类化合物在水中易解离出氢氧根离子，高浓度的氢氧根离子可使菌体蛋白质和核酸水解，使酶系和细胞结构受损而死亡。其抗菌强度取决于氢氧根离子的浓度，解离度越大，杀菌作用越强。碱对病毒和细菌有很强的杀灭作用，高浓度还可杀灭芽孢。常用的药物有氢氧化钠、石灰、氢氧化钾等。

1. 氢氧化钠（Sodium Hydroxide）

又名苛性钠、烧碱或火碱。

烧碱能杀死细菌、病毒和芽孢。2% 溶液用于口蹄疫、猪瘟等病毒和猪丹毒、鸡白痢等细菌感染的消毒，亦用于食品厂、牛奶场、厩舍、饲槽、车船等的消毒。5% 溶液用于炭疽芽孢污染的消毒。

氢氧化钠对组织有腐蚀性,对织物和铝制品有损坏作用,消毒时应注意防护。

2. 石灰(Lime)

石灰(生石灰)主要成分为氧化钙(CaO),是一种价廉易得的消毒药,对细菌有良好的杀灭作用,对芽孢无效。常于临用前配成 20% 的石灰乳涂刷厩舍墙壁、畜栏、地面,或对粪便进行消毒,或将石灰直接撒在潮湿地面、粪池周围及污水沟等进行消毒。在传染病流行期间,牧场、圈舍门口可放置浸透 20% 石灰乳的草垫进行鞋底消毒。

（四）氧化剂

氧化剂消毒药通过氧化反应,直接与菌体或酶蛋白发生反应而损伤细胞导致其死亡;或通过氧化还原反应,损害细菌生长过程而致死。本类药物杀菌力强,但易分解,不稳定,具有漂白和腐蚀作用。

过氧乙酸(Peracetic Acid)

又名过醋酸。

[理化性质] 本品为强氧化剂。有刺激性酸味,易挥发,易溶于水,性质不稳定。浓度高于 45% 遇热或剧烈碰撞易爆炸,20% 以下溶液则无此危险。故市售浓度为 20% 的过氧乙酸。

[作用与应用] 本品是一种高效广谱杀菌剂,作用快而强。对细菌、真菌、病毒、芽孢均能杀死,在低温下也有作用。

主要用于厩舍、器具的消毒。0.02%~0.20% 溶液用于皮肤、黏膜消毒;0.04%~0.20% 用于玻璃、搪瓷、橡胶等器具浸泡消毒;0.5% 溶液用于厩舍、场地、墙壁、车船等喷雾消毒;3%~5% 溶液用于空间加热熏蒸消毒。

（五）卤素类

卤素和易放出卤素的化合物有强大的杀菌作用。它们易渗入菌体细胞内,对菌体蛋白产生卤化或氧化作用而呈杀菌作用。卤素类抗菌谱广,杀菌作用强大,对细菌、病毒和芽孢都有效。

含氯石灰(Chlorinated Lime)

又名漂白粉。

[理化性质] 本品为次氯酸钙与氢氧化钙的混合物。含有效氯为 25%~30%。为灰白色粉末,有氯臭。微溶于水,在空气中吸收水分和二氧化碳而缓慢分解失效。不能与易燃易爆物混放。

[作用与应用] 本品的主要成分是次氯酸钙,加水生成次氯酸。次氯酸释放活性氯和初生氧而起杀菌作用。其杀菌作用快而强,但是不持久,并受有机物的影响。

主要用于饮水、场地、厩舍、车辆、排泄物的消毒。

饮水消毒可在每 50 L 水中加 1 g 漂白粉,30 min 后即可饮用。

1%~3% 溶液用于餐具、玻璃器皿等器具消毒,10%~20% 溶液用于场地、厩舍、车船等消毒。

(六) 季铵盐类

百毒杀（Bestaquam-s）

本品为双链季铵盐消毒剂。对细菌、真菌及病毒都有杀灭作用。其 0.01% 浓度可用于饮水消毒;0.02%~0.04% 浓度用于环境、种蛋、孵化室及用具消毒。

二、常用于皮肤、黏膜及创伤的消毒防腐药

本类药物具有对皮肤、黏膜无刺激性、无毒性、不引起过敏的特点。主要用于皮肤、黏膜和创面的感染预防或治疗,属于防腐药。临床中常将皮肤、黏膜防腐药称为皮肤黏膜消毒药。目前兽医临床主要用于外科清创和术者皮肤消毒。

(一) 醇类

醇类是使用较早的一类消毒防腐药。它能使菌体蛋白质凝固和脱水而呈现抗菌作用。性质稳定,作用迅速,但对细菌芽孢无杀灭作用。最常用的药物是乙醇。

乙醇（Ethanol,Alcohol）

又名酒精。

[理化性质] 本品为无色透明液体,易挥发,易燃烧,能与水以任意比例混合。无水乙醇浓度为99.0% 以上,医用乙醇浓度不低于95.0%。处方上凡未注明浓度的乙醇,均指95% 的乙醇。

[作用与应用] 乙醇是临床最常用的皮肤消毒药,它可使菌体蛋白脱水凝固而杀死细菌和病毒,对芽孢无效。70%~75% 的乙醇杀菌力最强,过高浓度可使组织表面形成一层蛋白凝固膜,妨碍渗透而影响杀菌效果;浓度低于 20% 时,乙醇的杀菌作用微弱。

常用 75% 乙醇用于皮肤消毒和器械浸泡消毒;用稀乙醇(50%)涂擦久卧病畜的皮肤,可预防褥疮;用 70%~90% 乙醇涂擦局部,可促进炎性产物吸收,减轻疼痛,用于治疗急性关节炎、腱鞘炎和肌炎等。

(二) 有机酸类

有机酸类杀菌作用不强,主要用作防腐药。本类药物较多,其中苯甲酸、山梨酸、戊酮酸、甲酸、乙酸、丙酸和丁酸等广泛用作药品、粮食和饲料的防腐,水杨酸、苯甲酸等具有抗真菌作用。

1. 硼酸（Boric Acid）

[理化性质] 本品为无色鳞片状结晶或疏松的白色粉末,无臭。易溶于沸水和甘油。

[作用与应用] 硼酸为一种弱酸,只有抑菌作用,对组织无刺激性。常用2%~4% 溶液洗眼、冲洗各种黏膜、清洁新鲜创。

2. 水杨酸（Salicylic Acid）

[理化性质] 本品为白色细微针状结晶性粉末,无臭,味微苦。难溶于水,易溶于乙醇。

［作用与应用］本品有抑菌和杀霉菌的作用,并有溶解角质作用。2%~10% 醇溶液治疗霉菌性皮肤病;50% 醇溶液治疗腐蹄病(蹄叉腐烂)。

(三) 表面活性剂

表面活性剂又称清洁剂,是一类能降低水溶液表面张力的物质,可分为阴离子表面活性剂和阳离子表面活性剂。阳离子表面活性剂抗菌力强,它能吸附在细菌表面,使其张力降低,从而改变细胞膜的通透性而杀菌。抗菌作用快,抗菌谱广,能杀灭多种细菌、真菌及部分病毒,但不能杀死芽孢、结核杆菌和绿脓杆菌。杀菌效果受有机物的影响,阳离子表面活性剂不能与阴离子表面活性剂同时使用。

1. 苯扎溴铵(Benzalkonium Bromide)

又名新洁尔灭。

［理化性质］本品为季铵盐类阳离子表面活性剂。为无色或淡黄色胶状体,芳香,味苦。易溶于水,水溶液呈碱性,性质稳定。无刺激性,无腐蚀性。

［作用与应用］本品具有去污和杀菌作用。用于创面、皮肤和手术器械消毒。0.01%~0.05% 溶液用于子宫、膀胱、尿道黏膜及深部感染伤口的冲洗消毒;0.1% 溶液用于手术前手部(浸泡 5 min)、皮肤、手术器械(浸泡 30 min)及玻璃器具的消毒;1% 用于术野消毒。对金属器械消毒时,需加 0.5% 亚硝酸钠以防生锈,不宜用于眼科器械和橡胶制品的消毒。

禁与肥皂等阴离子活性剂、碘化物和过氧化物合用。

2. 醋酸氯己定(Chlorhexidine Acetate)

又名洗必泰。

［理化性质］本品为阳离子型双胍化合物。为白色结晶性粉末,无臭,味苦。在水中微溶,在乙醇中溶解,在酸中解离,其溶液呈强碱性,无刺激性。

［作用与应用］抗菌作用强于新洁尔灭,作用快速持久,毒性小,与新洁尔灭合用对大肠杆菌有协同作用;两药混合液呈相加作用。常用于皮肤、手术野、创面、器具等消毒。

0.02% 水溶液用于术前手部消毒(浸泡 3 min);0.05% 水溶液冲洗黏膜、创面;0.1% 水溶液用于器具消毒(浸泡 10 min);0.5% 水溶液或醇(由 70% 乙醇配制)溶液用于皮肤消毒,其效力与碘酊相当。

本品禁与肥皂等阴离子活性剂、碘化物和过氧化物合用。

［制剂］醋酸氯己定外用片。

3. 度米芬(Domiphen Bromide)

本品为季铵盐消毒剂。其抗菌作用和应用与新洁尔灭相似。其 0.05%~0.10% 溶液用于皮肤、器械消毒,0.02%~0.05% 用于创面、黏膜消毒。

(四) 碘与碘化物

碘属卤素类,碘与碘化物的抗菌作用与卤素相同。常用药物有碘、碘仿及聚维酮碘。

1. 碘（Iodine）

[理化性质]本品为灰黑色有金属光泽的片状结晶或块状物，有臭味，具挥发性。难溶于水，易溶于乙醇和碘化钾溶液。

[作用与应用]碘具有强大的杀菌作用，对芽孢、真菌、病毒及原虫亦能杀灭。其稀溶液（2%~5%）对组织刺激性小，浓溶液(10%)则有刺激性和腐蚀性。因此，碘酊涂擦皮肤待稍干后，宜用 75% 乙醇擦去（脱碘），以免引起皮肤发泡、脱皮和皮炎。

2% 碘酊用于一般皮肤消毒，5% 碘酊用于大家畜皮肤及手术野消毒，10% 浓碘酊可用作局部皮肤刺激药，对慢性腱炎、腱鞘炎、关节炎、骨膜炎等有消炎作用，也可用作化脓疮的消毒；碘甘油刺激性小，用于口腔炎症与溃疡及阴道炎的治疗。

[制剂]5% 碘酊：碘 5 g，碘化钾 3 g，蒸馏水适量（溶解碘化钾），加乙醇至 100 mL 即成。

碘甘油：碘 50 g，碘化钾 100 g，甘油 200 mL，加蒸馏水至 1 000 mL 即成。

2. 聚维酮碘（Povidone Iodine）

本品杀菌力比碘强，毒性低，刺激性小，有去污力。

0.1% 溶液用于黏膜、创面冲洗，0.5%~1.0% 用于奶牛乳头浸泡，5% 用于皮肤、手术野消毒。

3. 碘仿（Iodoform）

本品对组织刺激性小，能促进肉芽形成，具有防腐、防臭和防蝇作用。

4%~6% 碘仿纱布用于填充深而易污染的伤口，10% 碘仿醚溶液治疗深部瘘管、蜂窝织炎和关节炎等。

（五）氧化剂

本类药物与有机物相遇时，可释放出游离态氧，使细菌体活性基团氧化而起杀菌作用。

1. 过氧化氢溶液（Hydrogen Peroxide Solution）

又名双氧水。

为无色、无臭的澄明液体。遇有机物迅速分解释放出游离态氧而起杀菌作用。因其释放氧时间短，故抗菌作用弱，但由于分解迅速，产生的大量气泡能机械松动脓块和坏死组织，有利于清洁创面。临床常用 1%~3% 的过氧化氢溶液清洗深部化脓创、瘘管等。高浓度溶液对组织有刺激性。

2. 高锰酸钾（Potassium Permanganate）

[理化性质]本品为紫色的菱形结晶或颗粒。溶于水，水溶液呈深紫色。与某些有机物或易燃物混合时易发生爆炸。

[作用与应用]本品为强氧化剂，遇有机物或加热、加酸、加碱等均立即释放出氧（非游离态氧，不产生气泡）而呈现杀菌、除臭、解毒作用。

高锰酸钾的抗菌作用较过氧化氢强，而且还原后的氧化锰能与蛋白质结合成蛋白盐类复合物，使高锰酸钾在低浓度时对组织有收敛作用，在高浓度时有刺激和腐蚀作用。在酸性环境中杀菌作用增强,遇有机物易被分解而作用减弱。

高锰酸钾对士的宁、吗啡等生物碱、氰化物及苯酚、水合氯醛、氯丙嗪、磷等有氧化作用,使它们失去毒性。

0.05%~0.10% 溶液用于腔道冲洗、生物碱、氰化物等中毒时抢救洗胃,0.1%~0.2% 溶液用于冲洗黏膜、创伤,1% 溶液冲洗毒蛇咬伤的伤口。

(六) 染料类

染料分为两类,即碱性染料(阳离子)和酸性染料(阴离子)。两者仅能抑菌,作用慢,抗菌谱窄,阳离子染料的抑菌作用强于阴离子染料。兽医临床常用的为碱性染料。碱性染料在碱性环境中有杀菌作用,碱度越高,杀菌力越强,主要作用于革兰阳性菌。其作用机制是碱性染料的阳离子能与菌体蛋白结合,因抑制酶的活性和破坏细胞膜结构等而抑菌。

1. 乳酸依沙吖啶(Ethacridine Lactate,Rivanol)

又名雷佛奴尔、利凡诺。

本品为黄色结晶性粉末。溶于水,难溶于乙醇。对革兰阳性菌,特别对各种化脓菌有较强的抑制作用,最敏感的细菌是魏氏梭状芽孢杆菌和酿脓链球菌。对组织无刺激性。

0.1%~0.3% 水溶液冲洗黏膜、创面,或以浸泡纱布湿敷,治疗皮肤、黏膜的创面感染。

本品溶液宜新鲜配制使用,不宜用 NaCl 溶液配制。

2. 甲紫(Methylrosanilinium Chloride)

本品和龙胆紫、结晶紫是同类性质的碱性染料,为深绿紫色颗粒粉末或碎片。能溶于水和乙醇。本品对革兰阳性菌有强大的抗菌作用,对真菌也有作用。对组织无刺激性。

0.1%~1.0% 水溶液用于烧伤,因有收敛作用能使创面干燥;也用于皮肤表面抗真菌感染。

1%~2% 溶液用于皮肤黏膜的创面感染和溃疡。

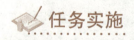 **任务实施**

常用消毒药的配制及使用

[目的] 通过本次实训,使学生学会常用消毒药的配制方法和养殖场的常用消毒方法。

[材料] 新鲜生石灰、氢氧化钠、福尔马林、高锰酸钾、百毒杀、来苏尔等;量筒、天平、搅拌棒、电炉、简易消毒喷雾瓶、橡胶手套、实训服等。

[方法]

1. 配制要求

(1) 所需药品应准确称量。

(2) 配制浓度应符合消毒环境的要求。

（3）所配制药品应完全溶解,混合均匀。

2. 配制方法

（1）液体消毒剂的配制方法

公式:消毒剂浓度(高)× 体积 = 消毒剂浓度(低)× 体积

[例 1] 需要配制 75% 的乙醇 100 mL,问需要 95% 的乙醇多少毫升? 需要加多少水?

设需要 95% 的乙醇为 X 毫升,

$$95\% \times X = 75\% \times 100$$

$$水 = 100 - X$$

[例 2] 现有 95% 的乙醇 100 mL,问能配制多少毫升 75% 的乙醇? 需要加多少水?

设能配置 75% 的乙醇 X 毫升,

$$75\% \times X = 95\% \times 100$$

$$水 = X - 100$$

（2）固体消毒剂的配制方法　忽略固体的体积,采用粗配。

公式:配成 $n\%$ 的某消毒剂,称 n 克固体消毒剂溶入 100 mL 水中。

[例 1] 2% 的 NaOH,为 2 kg NaOH 加入 100 L 水中。

[例 2] 0.1% 的 $KMnO_4$,为 1 g $KMnO_4$ 加入 1 000 mL 水中。

[例 3] 20% 的石灰乳,为 1 kg 生石灰(CaO)加入 5 kg 水中。先加入等量的水,待石灰变成粉状再加入余下的水,搅拌均匀。

注意:如需其他浓度溶液,可按液体消毒剂的配制方法计算。

[实验操作]

（1）配制 5% 煤酚皂(来苏尔)溶液。

（2）配制 4% 福尔马林溶液。

[讨论] 防腐消毒药在疫病防治中有哪些重要意义?

任务反思

1. 影响防腐消毒药作用的因素有哪些?

2. 简述防腐消毒药的分类。

任务小结

消毒防腐药主要包括常用的环境消毒药和常用于皮肤、黏膜的消毒药两大类。在防治畜禽传染病过程中,合理使用防腐消毒药是非常重要的;针对不同的消毒物体,应选择合适的消毒药物。理想的消毒药应杀菌性能好、作用迅速,对人畜无损害,性质稳定,可溶于水,无易燃性和爆炸性,价格合适。消毒药的作用会受许多因素的影响而增强或减弱,在养殖生产中,为了充分发挥消毒药的效力,应充分考虑影响消毒药作用的各种因素。

项 目 总 结

抗微生物药的合理选用

抗微生物药是临床中最常见的药物,在养殖业中占据着非常重要的位置;同时也是药物滥用、残留最多的一类,近年来的食品安全问题多数与之有关。随着我国经济的飞速发展,食品安全问题越来越为广大消费者所关注,抗生素滥用与残留问题也逐渐走入了公众视野。另外,我国兽用抗生素、抗菌药物的发展远远跟不上细菌耐药性的脚步,因而在不断研发新药的同时,应该更加关注当前兽用抗生素、抗菌药物的生存现状。养殖业中使用抗生素由来已久,作为制约食品安全问题的一个关键因素,如何去应对并解决这些问题已成为保证畜禽产品卫生安全的关键,合理选用抗微生物药物就是解决这一关键问题的一种有效措施。

一、临床应用的基本原则

临床应用抗微生物药的基本原则如图 8-1 所示。

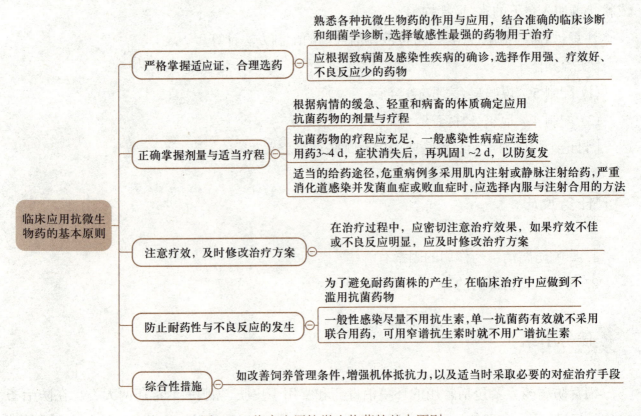

图 8-1 临床应用抗微生物药的基本原则

二、抗菌药物的联合应用

联合应用抗菌药的主要目的是增强疗效,减少用量,避免或降低毒副作用,防止或延缓耐药菌株的产生。

联合应用抗菌药可以取得协同作用或相加作用,在临床应用时,必须根据抗菌药的作用特性和机制进行选择,以达到较好的效果,防止盲目组合。抗菌药的联合应用指征如图 8-2 所示。

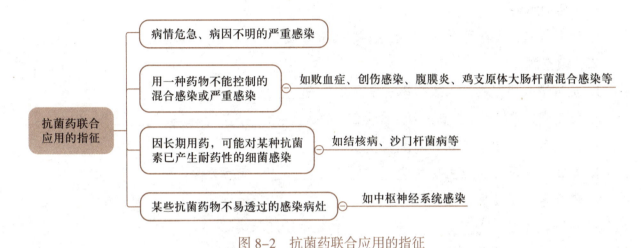

图 8-2　抗菌药联合应用的指征

抗菌药的联合应用虽能获得协同作用或相加作用,但还应注意其不良反应的发生。对作用机制或方式相同的同一类药物的合用,疗效不但不增强,反而使其毒性增大。如氨基糖苷类之间合用能增强对第八对脑神经的毒性;大环内酯类、林可霉素类,因其作用机制相同,均为竞争细菌同一靶位,如果合用可能出现拮抗作用而降低药效(图 8-3)。

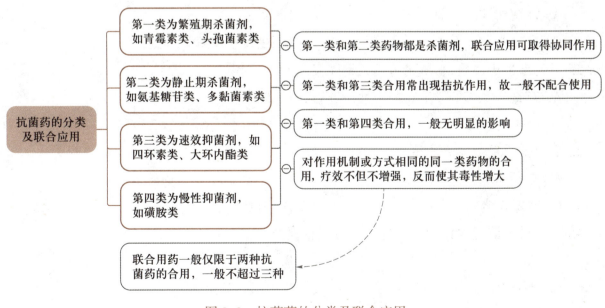

图 8-3　抗菌药的分类及联合应用

联合用药一般仅限于两种抗菌药的合用,一般不超过三种。滥用抗菌药的联合也可使细菌同时对各种抗菌药产生耐药性,增加临床用药困难。另外,抗菌药的理化性质及配伍禁忌也是联合用药必须注意的问题。

项 目 测 试

一、名词解释

1. 耐药性;2. 联合用药;3. 抗生素;4. 抗菌增效剂。

二、填空题

1. 抗菌谱是指药物杀灭或抑制病原微生物的_____。

2. 抗生素作用机制是抑制细菌蛋白质合成的抗生素有_____、_____等。

3. 抗生素按抗菌谱来分可分为_____和_____。

4. 青霉素的不良反应主要是_____,尤以_____最为严重。

5. 氯霉素的不良反应主要是_____。

6. 磺胺药主要分为_____、_____和外用磺胺三类。

7. 国内常用的抗菌增效剂主要有_____和_____两种。

8. 抗真菌药按其作用部位可分为_____和_____。

9. 甲醛溶液按_____/m³用于室内进行熏蒸消毒。

10. 皮肤黏膜消毒药主要用于_____和_____。

三、单项选择题

1. 下列主要用于烧伤感染的是(　　)。
   A. 磺胺嘧啶　　　　　　　　B. 新诺明
   C. 磺胺咪　　　　　　　　　D. 磺胺嘧啶银

2. 下列可用于皮肤、器械消毒的乙醇浓度是(　　)。
   A. 75%　　　　　　　　　　B. 50%
   C. 95%　　　　　　　　　　D. 90%

3. 下列主要用于体表真菌病的是(　　)。
   A. 克霉唑　　　　　　　　　B. 灰黄霉素
   C. 制霉菌素　　　　　　　　D. 两性霉素 B

4. 下列用于固定和保存标本的甲醛溶液浓度是(　　)。
   A. 2%　　　　　　　　　　　B. 4%
   C. 5%~10%　　　　　　　　D. 10%~20%

5. 下列主要用于手术前皮肤消毒的是(　　)。

A. 过氧乙酸   B. 漂白粉

C. 苯扎溴铵   D. 碘

6. 脑部细菌感染应首选（   ）。

  A. 青霉素   B. 磺胺嘧啶

  C. 杆菌肽   D. 洁霉素

7. 下列可用于猪丹毒治疗的是（   ）。

  A. 青霉素   B. 链霉素

  C. 庆大霉素   D. 卡那霉素

8. 下列药物不良反应主要是抑制骨髓造血机能的是（   ）。

  A. 甲砜霉素   B. 氯霉素

  C. 氟苯尼考   D. 泰乐菌素

9. TMP 应与下列哪类磺胺药合用？（   ）

  A. 磺胺脒   B. 氨苯磺胺

  C. 磺胺嘧啶   D. 磺胺嘧啶银

10. 下列几对抗菌药物中，能发挥协同作用的是（   ）。

  A. 青霉素与链霉素   B. 青霉素与四环素

  C. 链霉素与磺胺药   D. 红霉素与头孢菌素

四、简答题

1. 抗微生物药物临床应用的基本原则有哪些？

2. 阐述影响防腐消毒药作用的因素。

3. 抗生素的作用机制都有哪些？

4. 哪些情况下，抗微生物药物必须联合用药？

5. 简述磺胺类药物的抗菌机制。

项目 9

抗寄生虫药物

项目导入

　　寄生虫病在兽医临床是一种常见病、多发病。许多寄生虫病还是人畜共患病,它不仅严重妨碍畜禽的生长发育和畜牧业生产,而且给人类的健康也带来了极大的危害。抗寄生虫药物可以驱除或杀灭动物体内外寄生虫,该类药物不仅给畜牧业的发展做出了巨大贡献,而且还对人类健康具有十分重要的意义。在寄生虫病的防治中,药物防治是一个重要的环节。抗寄生虫药物是怎么驱除和杀灭畜禽寄生虫的呢,有哪些抗寄生虫药呢?

　　根据抗寄生虫药的作用特点和驱除杀灭寄生虫的种类不同,抗寄生虫药分为了抗蠕虫药、抗原虫药和杀虫药三大类。此外在药物的应用过程中,除了正确掌握药物驱虫、杀虫作用外,还需掌握药物、寄生虫和宿主三者之间的关系和相互作用,根据动物种类、寄生虫种类及动物机体状况选择广谱、高效、低毒、便于投药、无残留和不易产生耐药性的理想的抗寄生虫药。

　　本项目将要完成 3 个学习任务:(1)抗蠕虫药的认识与应用;(2)抗原虫药的认识与应用;(3)杀虫药的认识与应用。通过本项目的学习,进一步提高团队合作意识;理解抗寄生虫药物的作用机制,树立保护环境的意识,培养社会责任感。

任务 9.1　抗蠕虫药的认识与应用

任务背景

　　小杨是学校暂养室的实训畜禽主管人员,负责实训畜禽日常的饲养与护理工作。上周学校新购进了一批实训畜禽:犬 15 只、鸡 30 只、兔 50 只、羊 5 只、牛 2 头、猪 10 只。老师让小杨制订一份驱虫方案,对所有新购进的畜禽进行一次体内、外寄生虫驱除。老师要求制订的方案中详细写出所用药物的具体名称、用药剂量和用药方法。如果你是小杨,你将如何制订这个驱虫方案呢?

任务目标

知识目标:熟悉畜禽常用抗体内外寄生虫药物的种类与药物名称。

技能目标:能根据不同的驱虫对象选用对应的驱虫药物。

任务准备

抗蠕虫药是指能驱除或杀灭畜禽体内寄生蠕虫的药物。根据其主要作用对象不同,分驱线虫药、抗绦虫药、抗吸虫药三大类。

一、驱线虫药

线虫病是畜禽普遍感染的一种疾病,它给畜牧业带来的危害极大。目前,兽医临床应用的驱线虫药较多,可分为抗生素类、苯并咪唑类、咪唑并噻唑类、四氢嘧啶类、有机磷化合物和其他类。

(一) 抗生素类

驱除畜禽寄生虫的抗生素类药物主要有大环内酯类和氨基糖苷类。大环内酯类主要是阿维菌素类。阿维菌素类以其优异的驱虫活性和较高的安全性,被看作是目前临床驱虫效果最好、应用最广、价值最大的一种新型高效、广谱、安全和用量小的较理想的抗体内外寄生虫药。目前应用于临床的有阿维菌素、伊维菌素、莫西克汀、多拉菌素。氨基糖苷类有越霉素 A 和潮霉素 B。

1. 阿维菌素(Avermectin)

[理化性质]阿维菌素是我国首先研究开发的新型大环内酯类药物。本品为白色或淡黄色结晶性粉末,无味,不溶于水,微溶于甲醇、乙醇,易溶于氯仿、丙二醇等。

本品性质不太稳定,对光敏感,可能被迅速氧化而灭活,故应严格避光保存。

[体内过程]阿维菌素类药物具有高脂溶性,无论内服还是注射给药,吸收均快而良好,特别是皮下注射的生物利用度最高,体内维持时间较长。吸收后分布广泛,主要在肝脏代谢,大部分经粪便排出,小部分经尿液及乳汁排出。

[作用与应用]阿维菌素的作用机制可能是促进虫体内抑制神经递质 γ- 氨基丁酸(GA-BA)的释放,从而阻断虫体神经信号的传导,导致虫体麻痹、死亡。

阿维菌素是一种广谱、高效的驱肠道线虫和体表寄生虫的药物。对家畜家禽体内的蛔虫、蛲虫、肺线虫、旋毛虫、钩虫、肾虫、心丝虫等各种线虫均有极佳的作用,对体外寄生虫如螨、虱、蜱、蝇、蛆等也有很好的效果。对吸虫与绦虫无效。

本品广泛用于治疗家畜、家禽及宠物的各种体内线虫及体表寄生虫感染。目前被认为是最好的驱线虫抗生素药。

［应用注意］①本品超剂量可引起中毒,无特效解毒药,泌乳期禁用;②不可肌内注射或静脉注射;③柯利犬家族的所有犬都对本品敏感,禁用;④对鱼、虾等水生生物有剧毒,残存药物的包装切勿污染水源;⑤使用本品时,操作人员不得进食或吸烟,操作后应及时洗手。

［制剂与用法用量］阿维菌素片。内服,1 次量,每千克体重:家畜 0.3 mg;兔、禽 0.2 mg;猫 0.1 mg。

阿维菌素注射液。皮下注射,1 次量,每千克体重:犬、猫 0.1 mg;牛、羊 0.2 mg;猪 0.3 mg。休药期:牛宰前 35 d,羊宰前 21 d,猪宰前 28 d,乳牛产乳前 28 d。

2. 伊维菌素(Ivermectin)

伊维菌素是人工合成的阿维菌素 B1a 的衍生物,其作用、应用等均与阿维菌素相同,其毒性比阿维菌素小。

［理化性质］本品为白色或淡黄色结晶性粉末,难溶于水,可溶于乙醇,性质稳定,但溶液易受光线影响而降解。

［作用与应用］伊维菌素的作用与应用等均与阿维菌素相同,其毒性较阿维菌素小。

［制剂与用法用量］伊维菌素片。混饲,每千克体重:牛、马、羊 0.2 mg/d;猪 0.1 mg/d;犬 0.006~0.012 mg/d。连用 7 d。

伊维菌素注射液。皮下注射,1 次量,每千克体重:牛、羊 0.2 mg;猪 0.3 mg。牛、羊泌乳期禁用。

［应用注意］①休药期,牛、羊宰前 35 d,猪宰前 28 d,乳牛产乳前 28 d;②泌乳期禁用;③柯利犬禁用;④母猪妊娠前 45 d 慎用;⑤注射液仅限于皮下注射,且一个注射点不宜超过 10 mL;⑥含甘油缩甲醛和丙二醇的伊维菌素注射剂,仅适用于牛、羊和猪;⑦对鱼、虾等水生生物有剧毒,残存药物的包装切勿污染水源;⑧与乙胺嗪同时使用,可能产生严重或致死性脑病。

3. 莫西克汀(Moxidectin)

［理化性质］莫西克汀是由一种链霉菌发酵产生的半合成单一成分的大环内酯类抗生素。

［体内过程］由于莫西克汀较伊维菌素更具脂溶性和疏水性,因此,维持组织的治疗有效药物浓度更持久。药物原形在血浆中的残留达 14~15 d,泌乳牛皮下注射约有 5% 剂量进入哺乳犊牛。本品与伊维菌素一样,主要经粪便排泄,经尿排泄的为 3%。

［作用与应用］本品与其他多组分大环内酯类抗寄生虫药(如伊维菌素、阿维菌素、美贝霉素肟)的不同之处在于它是单一成分,且能维持更长时间的抗虫活性。本品具有广谱驱虫活性,对犬、牛、绵羊、马的线虫和节肢畜禽寄生虫有高度驱杀作用。其驱虫机制与伊维菌素相似。本品主要用于驱除反刍畜禽和马的大多数胃肠线虫和肺线虫,反刍畜禽的某些节肢畜禽寄生

虫,以及犬恶丝虫发育中的幼虫。

[应用注意]莫西克汀对畜禽较安全,而且对伊维菌素敏感的柯利犬亦安全,但高剂量时,个别犬可能会出现嗜睡、呕吐、共济失调、厌食、腹泻等症状。牛使用浇淋剂后,6 h内不能都淋雨。

4. 多拉菌素(Doramectin)

[理化性质]本品是土壤微生物阿氟曼链霉菌的发酵产物,为白色或类白色结晶性粉末,有引湿性,在水中溶解度极低,易溶于甲醇、氯仿。本品性质不太稳定,在阳光照射下迅速分解灭活,应避光保存。

[作用与应用]本品为新型、广谱抗寄生虫药,其抗虫谱和药理作用与伊维菌素相似,但作用稍强,毒性稍小。本品对胃肠道线虫、肺线虫、眼丝虫、牛皮蝇、螨、蜱、蚤、虱和伤口蛆等均有高效,用于治疗家畜线虫病和螨病等体内、外寄生虫病,主要适用于牛、猪。

本品不良反应较少,当用于治疗犬的脂螨病时可能会有部分犬出现嗜睡、瞳孔散大、视觉障碍,严重的甚至导致昏迷。本品的安全范围广,当牛给予25倍推荐剂量时未见明显中毒症状。

[制剂与用法用量]注射液,皮下注射或肌内注射:一次量,每千克体重,牛0.2 mg,猪0.3 mg。浇泼剂(背部浇泼):每千克体重,牛0.5 mg。

[应用注意]本品对鱼类及水生生物有毒,应注意保护水源。为保证药效,牛用药后6 h内不能淋雨。休药期:牛35 d,猪56 d。

5. 越霉素 A(Destomycin A)

[理化性质]越霉素A为链霉菌产生的碱性水溶性抗生素,为黄色或黄褐色粉末,微溶于乙醇。

[作用与应用]本品为畜禽专用抗生素,对猪、鸡的蛔虫、结节虫等有特效,并对革兰阳性菌和阴性菌及某些放线菌有效。

[制剂与用法用量]混饲多用于预防雏鸡和猪肠道寄生虫。每1 000 kg饲料,猪10 g,鸡8 g。连用8周。本品毒性小,长期饲喂毒副作用极小。

6. 乙酰氨基阿维菌素(Eprinomectin)

又名依立诺克丁。

[理化性质]本品为白色至淡黄色结晶性粉末,有引湿性,难溶于水,易溶于甲醇、乙醇、丙酮等有机溶剂。常用剂量下不良反应较少,临床中给予10倍常用剂量时,有个别牛出现瞳孔散大。

[作用与应用]本品抗虫谱与伊维菌素相似,其中对辐射食道口线虫、蛇行毛圆线虫和古柏线虫的驱杀活性强于伊维菌素,对牛皮蝇蚴能100%杀灭,对牛蜱也有较强驱杀作用。皮下注射本品后对畜禽的多数线虫成虫及幼虫有效驱杀率约为95%,透皮制剂对牛的多种线虫成

虫及幼虫驱杀率均不低于 99%,对人工感染的山羊捻转血矛线虫和蛇行毛圆线虫的驱杀率分别为 100% 和 97%。本品临床主要用于治疗牛体内线虫及虱、螨、蜱、蝇蛆等体外寄生虫病。

[制剂与用法用量] 皮下注射,一次量,每千克体重:牛 0.2 mg。

[应用注意] 本品的注射液仅能皮下注射,禁止肌内注射或静脉注射。本品对虾、鱼及其他水生生物有剧毒,应注意保护水源。其他参见伊维菌素。

休药期:肉牛为 1 d,弃奶期为 1 d。

7. 美贝霉素肟(Milbemycin Oxime)

本品在有机溶剂中易溶,在水中不溶。

[作用与应用] 本品对某些节肢动物和线虫有高度活性,是专用于犬的抗寄生虫药,对内寄生虫(钩虫、犬弓蛔虫、犬恶丝虫、鞭虫等线虫)和外寄生虫(犬蠕形螨)均有高效,以较低剂量(0.5 mg/kg 体重或更低)对线虫即有驱除效应,对犬恶丝虫发育中幼虫极其敏感。

在国外,本品主要用于预防微丝蚴和肠道寄生虫。治疗犬微丝蚴病,一次内服 0.25 mg/kg 体重,几天内可使微丝蚴数减少 98% 以上;治疗犬蠕形螨极有效,按 1~4.6 mg/kg 体重的量内服,在 60~90 d 内,患犬的症状迅速改善,而且大部分犬能彻底治愈。本品对钩口线虫属的钩虫有效,但对弯口属钩虫不理想。

本品是强而有效的杀灭犬微丝蚴药物,还可防治犬的线虫病和蠕形螨等体外寄生虫病。

[制剂与用法用量] 内服,一次量,每千克体重,犬 0.5~1 mg,每月 1 次。

[应用注意] 若动物体内有大量的微丝蚴存在,则应用本品后可能导致动物出现短暂的休克症状,大剂量时易诱发神经症状。8 周龄幼犬按 2.5 mg/kg 体重内服,连用 3 d,第二或第三天后可能出现肌肉震颤、共济失调。

8. 潮霉素 B(Hygromycin B)

潮霉素 B 是吸水链霉菌的发酵产物,为氨基糖苷类抗寄生虫药。

本品为畜禽专用抗生素。对猪、鸡的蛔虫、结节虫等有效,并对革兰阳性菌或阴性菌及某些放线菌有效。

混饲多用于预防雏鸡、猪肠道寄生虫。每 1 000 kg 饲料,猪 10 g,鸡 8 g。连用 8 周。本品毒性小,长期饲喂毒副作用小。

(二) 苯并咪唑类

苯并咪唑类药物是一类广谱、高效、低毒的抗蠕虫药。本类药不仅对线虫的成虫有效,有的药物对幼虫及虫卵也有效,甚至对绦虫、吸虫也有效果。主要药物有阿苯达唑、噻苯达唑、芬苯达唑、非班太尔、丁苯达唑、奥芬达唑等。

1. 阿苯达唑(Albendazole)

又名丙硫苯咪唑、丙硫咪唑。

[理化性质] 本品为白色或米黄色粉末,无臭,无味。不溶于水,微溶于有机溶剂,溶于冰

醋酸。

［体内过程］本品内服易吸收，主要在肝代谢为阿苯达唑亚砜和砜。亚砜具有药理活性。多数代谢产物随尿和粪便排泄。乳汁也有少量排出。

［作用与应用］本品为广谱抗虫药。对畜禽体内线虫、吸虫、绦虫及囊虫、纤毛虫等均有驱除作用。本品广泛用于牛、马、羊、猪的肠道线虫、肺线虫的成虫和幼虫及肝片吸虫的感染，猪囊尾蚴的感染。对犬、猫蛔虫、钩虫、绦虫及旋毛虫有很好的杀灭作用；对禽类的鸡蛔虫、赖利绦虫、鹅裂口线虫、棘口吸虫等也有很高的疗效；还可用于野生畜禽的奥斯特线虫、毛圆线虫、细颈线虫、捻转血矛线虫等寄生虫病。

［注意］马对本品敏感，应慎用；牛、羊妊娠前期(45 d)禁用。

［制剂与用法用量］阿苯达唑片。内服，1 次量，每千克体重：马、猪 5~10 mg；牛、羊 10~15 mg；犬 25~50 mg；禽 10~20 mg。

休药期：牛 14 d、羊 4 d、猪 7 d、禽 4 d，弃乳期 60 h。

2. 噻苯达唑(Thiabendazole)

又名噻苯唑、噻苯咪唑。

［理化性质］本品为白色或米黄色晶体粉末，无味。难溶于水，微溶于醇和酯类。

［体内过程］本品内服易吸收，体内分布广，组织代谢快，其代谢产物主要由尿液排泄，少数随粪便排出，乳汁也可排出。

［作用与应用］本品为广谱驱虫药。对肠道线虫有杀灭作用，并具杀蚴和抑杀虫卵的作用，驱虫率达 95% 以上。

本品既可用于治疗又可用于预防。内服本品对牛、羊肠道内的各种线虫及蚴虫有效；对马的圆形线虫有效。但对马的蛔虫疗效较差；对猪肠道线虫有效；对鸡的气管比翼线虫有效，但对鸡蛔虫、异刺线虫、毛细线虫效果差。用 0.025% 噻苯达唑拌饲，对幼犬的蛔虫、钩虫和鞭虫有预防作用；对犬的钱癣和皮肤霉菌感染有优良的防治效果。

［应用注意］妊娠期母羊对本品较敏感，应慎用；犬较敏感，长期连续用药可出现贫血现象。

［制剂与用法用量］噻苯达唑片。内服，1 次量，每千克体重：家畜 50~100 mg。

休药期：牛 3 d，羊、猪 30 d，乳牛产乳前 5 d。

3. 芬苯达唑(Fenbendazole)

又名苯硫苯咪唑或硫苯咪唑。

［理化性质］本品为白色或类白色粉末，无臭，无味。不溶于水，可溶于二甲亚砜和冰醋酸。

［体内过程］本品内服仅少量吸收。吸收后在体内代谢为活性产物芬苯达唑亚砜和砜。约 50% 以原形从粪便排出，少量(约 1%)从尿中排出。

［作用与应用］本品为广谱驱虫药。不仅对胃肠道线虫的成虫及蚴虫有极强的杀虫作用，

对肺线虫、肝片吸虫和绦虫有很好的驱杀效果,还对虫卵有杀灭作用。

用于畜禽的消化道线虫,牛、羊的吸虫、绦虫及犬、猫的线虫和绦虫的驱除。

[用量与用法]芬苯达唑片。内服,1次量,每千克体重:牛、马、羊、猪5~7.5 mg;犬、猫25~50 mg;禽10~50 mg。

休药期:芬苯达唑片,牛、羊21 d,猪3 d,弃奶期7 d;芬苯达唑粉剂,牛、羊14 d,猪3 d,弃乳期为5 d。

4. 非班太尔(Febantel)

又名苯硫脲。

[理化性质]本品为白色或类白色结晶性粉末,不溶于水,微溶于丙酮,易溶于氯仿。

[作用与应用]本品自身无驱虫活性,但可在动物体内经代谢生成芬苯达唑、奥芬达唑和芬苯达唑砜等具有驱虫活性的代谢物,其抗虫谱、作用与芬苯达唑相似,主要用于羊、猪胃肠道线虫和肺线虫。

[制剂与用法用量]内服,片剂,每片0.1 g;颗粒剂,10 g含1 g,100 g含10 g,1 000 g含100 g;复方片剂,每片0.344 g(含非班太尔0.15 g、双羟萘酸噻嘧啶0.144 g和吡喹酮0.05 g)。一次量:每千克体重,猪、羊5 mg;每10 kg体重,犬1片(复方非班太尔片)。

[应用注意]复方非班太尔片仅用于宠物犬,慎用于妊娠母犬,且禁与哌嗪类联用。片剂和颗粒剂,羊、猪的休药期为14 d,弃奶期为2 d。其他参见芬苯达唑。

(三)咪唑并噻唑类

本类药物为化学合成的广谱驱线虫药,主要包括咪唑(噻咪唑)和左旋咪唑(左噻咪唑)。前者为混合体,后者为左旋体,具有驱虫作用的是左旋体。因此,临床所用药物为左旋咪唑。

左旋咪唑(Levamisole)

又名左咪唑。

[理化性质]左旋咪唑的盐酸盐或磷酸盐为白色结晶性粉末。易溶于水,在酸性溶液中稳定,在碱性溶液中易水解失效。

[体内过程]左旋咪唑可内服,肌内注射吸收快而完全,还可通过皮肤吸收。在体内维持时间短,在肝内代谢,主要随尿排出,小部分随粪便排出,极少部分随乳汁排出。

[药理作用]本品为广谱、高效、低毒的驱线虫药,对吸虫、绦虫、原虫等无效。本品还对畜禽机体具有免疫增强作用。

左旋咪唑主要作用于虫体的酶活性中心,使延胡索酸还原酶失去活性,影响虫体内无氧代谢导致虫体肌肉麻痹而被排出体外。左旋咪唑在动物机体内,通过刺激淋巴组织的T细胞系,增加淋巴细胞数量,并增强巨噬细胞和嗜中性粒细胞的吞噬作用,因而对畜禽有明显的免疫调节功能。

[作用与应用]牛、羊:对血矛线虫、奥斯特属线虫、古柏线虫、毛圆线虫、仰口线虫、食道口

线虫、牛新蛔虫、牛胎生网尾线虫和羊丝状网尾线虫的成虫有很好的效果,对毛细线虫无效。

马:对马副蛔虫、毛线科线虫及肺丝虫有效,对圆形线虫效果差。

猪:对猪蛔虫、后圆线虫、食道口线虫、毛首线虫、红色舌圆线虫效果很好,对猪蛔虫和后圆线虫的幼虫也有效。但对猪肾虫效果不稳定。

犬、猫:对犬、猫蛔虫、钩虫和犬心丝虫的效果较好。

家禽:对鸡蛔虫、异刺线虫及鹅裂口线虫有极好的驱虫作用。

[不良反应]本品的安全范围较窄,马较敏感,宜慎用;骆驼很敏感,治疗量与中毒量接近,禁用;牛、羊、猪超过治疗量的 2~3 倍,易引起中毒反应以致亡。中毒机制据研究认为是与抑制胆碱酯酶有关,中毒症状表现 N- 胆碱样和 M- 胆碱样作用,可用阿托品解毒。

单胃畜禽宜选用内服给药法,泌乳期禁用。休药期:内服,牛 2 d,羊、猪 3 d;皮下注射,牛 14 d,羊 28 d。

[制剂与用法用量]盐酸左旋咪唑片。内服,1 次量,每千克体重:牛、羊、猪 7.5 mg;犬、猫 10 mg;禽 25 mg。

盐酸左旋咪唑注射液。皮下注射和肌内注射:1 次量,每千克体重:牛、羊、猪 7.5 mg;犬、猫 10 mg;禽 25 mg。

(四) 四氢嘧啶类

四氢嘧啶类主要有噻吩嘧啶、甲吩嘧啶及羟嘧啶,因抗寄生虫新药的不断问世,这类药物已较少应用于临床。

1. 噻嘧啶(Pyrantel)

又名抗虫灵、噻吩嘧啶。

[理化性质]临床常用双羟萘酸噻嘧啶,为淡黄色粉末,无臭,无味。不溶于水,易溶于碱。宜避光保存。

[体内过程]本品内服后不易吸收(猪、犬除外),在肝代谢迅速,大部分以代谢产物从尿中排出,其余部分和未被吸收的药物随粪便排出。

[作用与应用]本类药物为去极化型神经肌肉传导阻断剂,对虫体和宿主有同样作用。本品对家畜、犬、鸡等多种消化道线虫有较好的驱虫作用,但对呼吸道线虫无效。本品对牛、羊的捻转血矛线虫、细颈线虫、毛圆线虫、奥斯他他线虫、古柏线虫、食道口线虫、仰口线虫等均有很好的驱虫作用;对猪蛔虫、鸡蛔虫、犬的钩虫及弓首蛔虫、马副蛔虫等都有良好的效果。由于本品未被吸收部分随粪便排出,还适用于驱除畜禽消化道后段的蛲虫感染。

[制剂与用法用量]双羟萘酸噻嘧啶片。内服,1 次量,每千克体重:马 7.5~15.0 mg;犬、猫 5~10 mg。休药期:猪 1 d,肉牛 14 d。

2. 甲噻嘧啶(Morantel)

又名保康宁、甲噻吩嘧啶,为噻嘧啶的衍生物。

本品的应用范围与噻嘧啶相似。作用更强,毒性更小。忌与含铜、碘的制剂配伍。屠宰畜禽休药期为 14 d。1 次量,每千克体重:牛、马、羊、骆驼 10 mg;猪 15 mg;犬 5 mg。

(五) 有机磷化合物

用于畜禽驱虫的低毒有机磷化合物有精制敌百虫、哈罗松、敌敌畏、蝇毒磷等。其中以精制敌百虫应用最较多。

精制敌百虫(Dipterex)

[理化性质] 本品为白色结晶性粉末。有潮解性。易溶于水,水溶液呈酸性,性质不稳定,久置可分解,宜现用现配。在碱性水溶液中不稳定,可生成敌敌畏,增强毒性。

[体内过程] 本品无论以何种途径给药都易吸收,以肝、肾、心、脑及脾、肺的含量为高,肌肉、脂肪等组织较少。内服 1 h 后,各脏器中浓度达到最高。体内代谢较快,代谢产物主要随尿排出。

[作用与应用] 敌百虫的驱虫作用机制是抑制虫体胆碱酯酶活性,导致乙酰胆碱蓄积,引起虫体肌肉麻痹而死亡。敌百虫的这种作用对虫体和宿主有同样的作用机制。

敌百虫为广谱驱虫药,不仅对多种寄生虫有效,而且还对体外寄生虫有杀灭作用。用于畜禽体内各种线虫及猪的姜片吸虫、牛的血吸虫的驱除。还可用于鱼鳃吸虫及鱼虱的治疗。

[制剂与用法用量] 精制敌百虫片。内服,1 次量,每千克体重:牛 20~40 mg(极量 15 g);马 30~50 mg(极量 20 g);山羊 50~75 mg;绵羊、猪 80~100 mg。

[应用注意] 本品安全范围较窄,治疗量与中毒量接近,易引起中毒。主要症状为腹痛、流涎、呼吸困难、缩瞳、肌肉痉挛、肠蠕动增强,不时排便和拉稀,最后因支气管平滑肌痉挛、呼吸中枢麻痹而死亡。可用阿托品、碘解磷定进行解毒。各种畜禽对敌百虫的敏感性各不相同,家禽对敌百虫最敏感,易中毒,禁用;乳牛不宜用;水牛敏感,黄牛、羊次之;猪、犬较安全。敌百虫不宜与碱性药物配伍,以免增强毒性。家禽应慎用高剂量,鹅禁用;乳牛、乳羊慎用。休药期:7 d。

(六) 其他驱线虫药

1. 哌嗪(Piperazine)

又名驱蛔灵、二氮六环。

[理化性质] 临床常用其枸橼酸盐和磷酸盐,均为白色结晶性粉末,有咸味。磷酸盐不溶于水和乙二酸盐,在水中只溶 5%;其他盐制剂均易溶于水。

[作用与应用] 本品主要对畜禽消化道线虫有较好的驱杀作用,尤以驱蛔虫效果最好,对其他线虫效果较差。对马的副蛔虫、马尖尾线虫有特效;对猪蛔虫、食道口线虫有很好的作用;对犬、猫的蛔虫、钩虫效果较好;对鸡蛔虫的成虫有效。

本品毒性较小,犬、猫大剂量内服偶有呕吐和腹泻现象,猪用治疗量的 4 倍时,可出现精神沉郁、腹泻等反应。反刍畜禽一般不用,家禽宜慎用。

[制剂与用法用量] 枸橼酸哌嗪粉剂。混饲或内服,1 次量,每千克体重:牛、马 250 mg;猪

300 mg;犬 100 mg;禽 250 mg。

2. 碘硝酚（Disophenol）

〔理化性质〕本品为淡黄色结晶性粉末,无味,难溶于水,可溶于乙醇,易溶于乙酸乙酯,使用的安全范围较窄,治疗剂量下可能导致动物呼吸、心跳加快、体温升高;大剂量时甚至可能引起动物呼吸困难、失明、抽搐和死亡。

〔作用与应用〕本品驱线虫谱较窄,主要对犬钩虫、猫管形钩虫、羊线虫（钩虫）、羊鼻蝇蛆、螨、蜱,以及野生猫科动物的钩口或颚口线虫有效,对上述寄生虫的幼虫、蛔虫、鞭虫或肺吸虫效果差,而且对秋季螨虫病的防治效果也差。

临床上本品主要用于羊钩虫、羊鼻蝇蛆、螨和蜱的感染。

〔制剂与用法用量〕皮下注射,1 次量,每千克体重:羊 10~20 mg。

〔注意事项〕由于本品对组织中的幼虫效果差,故一般需间隔 3 周后重复用药。羊休药期为 90 d,弃乳期为 90 d。

3. 乙胺嗪（Diethylcarbamazine,Hetrazan）

又名海群生。

〔理化性质〕本品为哌嗪衍生物。临床常用枸橼酸乙胺嗪。为无色结晶性固体,无味。极易溶于水、醇和氯仿。自然条件下放置十分稳定。

〔体内过程〕本品内服后被胃肠迅速吸收,3 h 血药浓度达峰值,48 h 后检测不出。吸收后药物分布到体内大多数器官组织,部分发生降解代谢,然后由尿中排出,但以原形排出仅占 10%~25%。

〔作用与应用〕本品主要对丝虫如马、羊脑脊髓丝状虫、犬心丝虫和微丝蚴有特效,对肺线虫及蛔虫也有抗虫作用。可用于马、羊脑脊髓丝状虫病,犬心丝虫病,家畜肺线虫病、蛔虫病等的治疗,以及犬心丝虫病的预防。

大剂量对犬、猫的胃有刺激性,宜喂饲后内服。

〔制剂与用法用量〕枸橼酸乙胺嗪片。内服,1 次量,每千克体重:牛、马、羊、猪 20 mg;犬、猫 50 mg。预防犬心丝虫病 6.6 mg。连用 3~5 周。

二、抗绦虫药

抗绦虫的常用药物有氯硝柳胺、吡喹酮、硫双二氯酚、丁萘脒等;南瓜子、槟榔碱、仙鹤草酚等植物种子和提取物制剂也有很好的抗绦虫作用。另外,阿苯达唑等苯并咪唑类药物也兼有抗绦虫的作用。

1. 氯硝柳胺（Niclosamide）

又名灭绦灵、育米生。

〔理化性质〕本品为类白色或淡黄色结晶性粉末,无臭,无味。难溶于水,微溶于乙醇、乙醚。置于空气中易呈黄色。

[体内过程] 本品内服不易吸收,在肠中浓度高,随粪便排出;少数被吸收的药物在体内转化为氨基氯硝柳胺而灭活。

[作用与应用] 本品为抗虫效果好、毒性低的广谱抗绦虫药,另有杀钉螺的作用。

本品通过抑制虫体线粒体的氧化磷酸化过程并干扰虫体的三羧酸循环,致使乳酸蓄积而致虫体死亡。虫体与药物接触后,虫体逐渐萎缩,继而头节脱落而死亡。一般在用药48 h即可使虫体全部排出。

主要用于畜禽绦虫病,反刍兽前后盘吸虫病,马的裸头绦虫、叶状裸头绦虫和侏儒副裸头绦虫,牛、羊的莫尼茨绦虫、曲子宫绦虫,犬、猫的带钩绦虫和犬腹孔绦虫,禽的赖利绦虫、漏斗带钩绦虫等,同时还能杀灭丁螺及血吸虫尾蚴、毛蚴。

本品安全范围大,牛、羊、马应用安全;犬、猫比较敏感,2倍治疗剂量则出现拉痢现象;鱼类敏感,易中毒死亡。

[制剂与用法用量] 氯硝柳胺片。内服,1次量,每千克体重:牛 40~60 mg,羊 60~70 mg,犬、猫 80~100 mg,禽 50~60 mg。

本品安全范围较广,马、牛、羊较安全,犬、猫稍敏感,但对鱼易中毒致死。动物应用本品前应禁食0.5 d。片剂,牛、羊休药期为28 d。

2. 吡喹酮(Praziquantel)

又名环吡异喹酮。

[理化性质] 本品属异喹啉吡嗪衍生物,白色或类白色结晶性粉末,味苦,不溶于水、乙醚,可溶于乙醇,易溶于氯仿。

[体内过程] 本品内服吸收迅速。分布于体内各组织,其中以肝、肾中含量最高,能透过血脑屏障。首过效应强,在肝内迅速代谢,主要经尿液排出,少部分随粪便排出。

[作用与应用] 本品为新型、高效、广谱的抗绦虫、抗吸虫的药物。吡喹酮能直接作用于虫体,引起虫体强直性收缩和表皮结构损伤,最终导致虫体崩解死亡。

本品对曼氏血吸虫、埃及血吸虫和日本血吸虫的成虫及童虫有效,对虫卵无效。对牛、羊的肝片吸虫、阔盘吸虫,对猪的姜片吸虫和畜禽的各种绦虫及多种囊尾蚴等均有极好的作用。抗虫谱主要包括羊的莫尼茨绦虫、球点斯泰绦虫、无卵黄腺绦虫、胰阔盘吸虫和矛形歧腔吸虫,牛、羊、猪的细颈囊尾蚴,牛、羊的日本分体血吸虫,犬、猫和禽的绦虫等。

临床上本品主要用于治疗动物的血吸虫病、绦虫病和囊尾蚴病。本品对羊日本血吸虫病、绦虫病有极好的效果,应用1次,灭虫率接近100%;连用3 d,对细颈囊尾蚴也有100%的效果;对家禽绦虫具有100%的灭虫率。

[制剂与用法用量] 吡喹酮片。内服,1次量,每千克体重:牛、羊 10~35 mg;猪 10~35 mg;犬、猫 2.5~5.0 mg;禽 10~20 mg。

［应用注意］4 周龄以下的犬和 6 周龄以下的猫禁用。吡喹酮与非班太尔配伍的产品可用于各种年龄的犬、猫,还可以安全用于怀孕的犬、猫。

休药期 28 d,弃乳期 7 d。

3. 依西太尔(Epsiprantel)

［理化性质］又称伊喹酮。为白色结晶性粉末,难溶于水。

［作用与应用］依西太尔的作用机制与吡喹酮类似,即影响绦虫正常的钙和其他离子浓度导致强直性收缩,也能损害绦虫外皮,使之损伤后溶解,最后被宿主所消化。依西太尔为吡喹酮系物,是犬、猫专用抗绦虫药。本品对犬、猫常见的绦虫如犬猫复孔绦虫、犬豆状带绦虫、猫绦虫均有接近 100% 的疗效。

［制剂与用法用量］依西太尔片,内服,1 次量,每千克体重:犬 5.5 mg,猫 2.75 mg。

［应用注意］本品毒性虽较吡喹酮更低,但美国规定,不足 7 周龄的犬、猫不用为宜。

4. 硫双二氯酚(Bithionol)

又名别丁。

［理化性质］本品为白色或类白色粉末,无臭或微带酚臭。不溶于水,易溶于乙醇、乙醚、丙酮。在稀碱溶液中溶解。

［体内过程］本品内服吸收不完全。用药后 2 h 血药浓度达峰值。胆汁中药物浓度显著高于血液。主要通过胆汁排出。

［作用与应用］本品有广谱抗绦虫和抗吸虫的作用。对牛、羊、鹿的肝片吸虫,牛、羊前后盘吸虫、莫尼茨绦虫、曲子宫绦虫,猪姜片吸虫,马裸头绦虫,犬、猫带状绦虫及禽类绦虫均有效。但对肝片吸虫童虫的效果较差。

用于治疗牛、羊肝片吸虫病、前后盘吸虫病,猪姜片吸虫病及畜禽绦虫病。

［制剂与用法用量］硫双二氯酚片。内服,1 次量,每千克体重:牛 40~60 mg;马 10~20 mg;羊、猪 75~100 mg;犬、猫 200 mg;鸡 100~200 mg。

［应用注意］多数动物用药后出现食欲下降、轻度腹泻的现象,牛的不良反应现象较严重,但一般在 2 d 内自愈。为减小副作用,可小剂量连用 2~3 次。马属动物对本品较敏感,宜慎用。禁用乙醇或稀碱液溶解本品后内服,否则会造成中毒死亡。不宜与四氯化碳、吐酒石(酒石酸锑钾)、吐根碱、六氯对二甲苯、六氯乙烷合用,否则增强毒性。

5. 氢溴酸槟榔碱(Arecoline Hydrobromide)

［理化性质］本品为白色或淡黄色结晶性粉末,味苦,微溶于乙醚、氯仿,易溶于乙醇和水,性质比较稳定,应置于避光容器内保存。

［作用与应用］槟榔碱对绦虫肌肉有较强的麻痹作用,同时可增强宿主肠蠕动,因而产生驱除绦虫作用。本品抗绦虫谱主要包括犬的细粒棘球绦虫、豆状带钩绦虫、多头绦虫,鸡的赖利绦虫,鸭、鹅的剑带绦虫等。

临床上本品主要用于治疗犬、家禽常见的绦虫病。

［制剂与用法用量］内服，1 次量，每千克体重：犬 1.5~2.0 mg；鸡 3 mg；鸭、鹅 1~2 mg。

［应用注意］马属动物敏感，以不用为宜。中毒时可用阿托品解救。用药前应禁食 0.5 d。

6. 氯硝柳胺哌嗪（Niclosamide Piperazine）

［理化性质］本品是氯硝柳胺的哌嗪盐，黄色结晶性粉末，在水中几乎不溶，在氢氧化钠溶液中溶解。

［作用与应用］本品的抗虫作用比氯硝柳胺更强，为兽医专用制剂，对牛、羊、猫、犬的常见绦虫均有良好的驱杀作用，对鸡蛔虫亦有良效。

［制剂与用法用量］内服，1 次量，每千克体重：牛 60~65 mg；羊 75~80 mg；犬、猫 125 mg；禽 50 mg。

7. 丁萘脒（Bunamidine）

［理化性质］本品为化学合成药，临床上常用其盐酸盐和羟萘酸盐。前者为白色结晶性粉末，无臭。可溶于水（1∶200,20 ℃），易溶于甲醇和热水。熔点 208~211 ℃。后者为淡黄色结晶性粉末，不溶于水，可溶于乙醇（1∶35,20 ℃）。

［体内过程］盐酸丁萘脒溶解后内服，由于吸收速度快，使血液中药物浓度急增，易发生中毒，故多以包衣片内服。在胃内迅速崩解，药物可立即到达小肠、十二指肠部位，产生抗绦虫作用。

［作用与应用］本品主要为犬、猫抗绦虫药。盐酸丁萘脒用于犬、猫的复殖孔绦虫、豆状带绦虫、泡状带绦虫、细粒棘球绦虫等。羟萘酸丁萘脒用于羊的莫尼茨绦虫和贝氏莫尼茨绦虫。两种丁萘脒盐都有很好的杀绦虫作用。另外对鸡的赖利绦虫也有很高的灭虫率。

［不良反应］本品对口腔黏膜有刺激性，不宜用粉剂或溶液剂内服。猫、犬用药后，可见呕吐、腹泻等胃肠反应。对犬具有肝毒。

［制剂与用法用量］盐酸丁萘脒。内服，1 次量，每千克体重：犬、猫 25~50 mg。

羟萘酸丁萘脒。内服，1 次量，每千克体重：羊 25~50 mg；鸡 400 mg。

三、抗吸虫药

畜禽吸虫病是各种吸虫寄生在畜禽体内而引起的各种疾病的总称。危害性最大的吸虫是牛、羊肝片吸虫，其次有牛、羊矛形双腔吸虫和前后盘吸虫，猪的姜片吸虫，犬、猫肺吸虫和鸡的前殖吸虫等。

（一）抗肝片吸虫药

抗肝片吸虫药较多，除前述的硫双二氯酚、吡喹酮外，常用药物还有硝氯酚、氯氰碘柳胺钠、硝碘酚腈、三氯苯达唑、双酰胺氧醚等。

1. 硝氯酚（Niclofolan）

又名拜耳 9015、联硝氯酚。

［理化性质］本品为黄色结晶性粉末，无臭，无味。不溶于水，微溶于乙醇。其钠盐易溶于水。

［体内过程］本品内服后经胃肠道吸收，在瘤胃内可逐渐灭活。牛在服药后 1~2 d 血中药物浓度达峰值，其后很快下降。在体内排泄较慢，9~10 d 后乳、尿中才难以检出。

［作用与应用］本品是高效、低毒的抗肝片吸虫药物。其作用是能抑制虫体琥珀酸脱氢酶，干扰虫体的能量代谢，从而致虫体麻痹死亡。

本品是应用广泛的抗牛、羊肝片吸虫较理想的药物。牛内服 1 次治疗量后，24 h 后可排出成虫率达 90% 以上；羊、猪内服 1 次治疗后，对肝片吸虫的杀虫率可达 100%。硝氯酚对前后盘吸虫移行期幼虫也有较好的效果。

各种畜禽对本品耐受性差异较大，牦牛耐受性最大，绵羊最小，中毒量为治疗量的 3~4 倍。奶牛用药后 15 d 内所分泌的乳汁禁止上市。休药期：屠宰畜禽、乳牛 15 d。

［制剂与用法用量］硝氯酚片，内服，1 次量，每千克体重：黄牛 3~7 mg；水牛 1~3 mg；羊 3~4 mg；猪 3~6 mg。

硝氯酚注射液。深层肌内注射，1 次量，每千克体重：牛、羊 0.5~1.0 mg。

2. 氯氰碘柳胺钠（Closantel Sodium）

［理化性质］本品为微黄色粉末，无臭或微臭，不溶于甲醇，略溶于氯仿，可溶于丙醇。

［作用与应用］本品为新型广谱抗寄生虫药，对肝片吸虫、胃肠道线虫具有良好的驱杀作用，但对前后盘吸虫无效。本品主要用于防治牛、羊肝片吸虫和胃肠道线虫，如血矛线虫、仰口线虫、食道口线虫等，亦可用于牛皮蝇、羊鼻蛆的防治。

［不良反应］本品毒性较低，但当牛肌内注射剂量达每千克体重 30 mg 时，可能导致动物视力障碍、失明，甚至死亡。

［制剂与用法用量］内服，1 次量，每千克体重：牛 5 mg；羊 10 mg。皮下注射或肌内注射，一次量，每千克体重：牛 2.5~5 mg；羊 5~10 mg。

［应用注意］注射液对局部组织具有一定的刺激性。本品在动物体内的残留期长，而且不易被降解灭活。休药期 28 d，弃乳期为 28 d。

3. 硝碘酚腈（Nitroxinil）

又名氰碘硝基苯酚、碘硝腈酚、硝羟碘苄腈。

［理化性质］本品为黄色带光泽结晶性粉末。微溶于水，易溶于大部分有机溶剂及碱性溶液，可溶于乙醇和乙醚，对光十分敏感。

［作用与应用］本品为较新型杀肝片吸虫药。它能阻断虫体的氧化磷酸化作用，降低 ATP 浓度，减少细胞分裂所需的能量而导致虫体死亡。

本品对牛、羊肝片吸虫、大片形吸虫成虫有高效，但对幼虫效果差；对阿维菌素类和苯并咪唑类药物有抗药性的羊捻转血矛线虫也有很好的作用。

本品注射给药较内服效果更好,1 次皮下注射,驱虫率可达 100%。药物排泄缓慢,重复用药应间隔 4 周以上。

泌乳畜禽禁用,休药期:60 d。

［制剂与用法用量］25% 硝碘酚腈注射液。皮下注射,1 次量,每千克体重:牛、羊、猪、犬 10 mg。

4. 三氯苯达唑(Triclabendazole)

又名三氯苯咪唑。

［作用与应用］新型苯并咪唑类驱虫药,对各种日龄、各阶段的肝片吸虫均有很好的杀灭效果,是比较理想的杀肝片吸虫药。

本品对牛、羊大片形吸虫、前后盘吸虫有很好的作用,对鹿肝片吸虫效果极佳。

本品毒性小,治疗量对畜禽无不良反应,与左旋咪唑、甲噻嘧啶合用,也安全有效。休药期:28 d。

［制剂与用法用量］内服,1 次量,每千克体重:牛 12 mg;羊、鹿 10 mg。

(二)抗血吸虫药

血吸虫病是人畜共患病,在疫区耕牛易患。药物治疗上主要有锑制剂和非锑制剂。锑制剂(如酒石酸锑钾)是传统应用最有效的药物,因其毒性太大,已被其他药物代替。临床上常用的非锑制剂抗血吸虫药物有吡喹酮、硝硫氰醚、六氯对二甲苯、硝硫氰胺、呋喃丙胺等。吡喹酮为目前人和畜禽抗血吸虫病的首选药物,在抗绦虫药中已介绍,它是较为理想的新型广谱抗绦虫、抗吸虫和抗血吸虫的药物。

1. 硝硫氰醚(Nitroscanate)

［理化性质］本品为无色或淡黄色微细结晶性粉末。不溶于水,略溶于乙醇,溶于丙酮和二甲亚砜。

［作用与应用］本品为新型广谱驱虫药。对血吸虫,肝片吸虫,弓首蛔虫,钩口线虫,犬、猫的带绦虫,犬复孔绦虫等有高效。对姜片吸虫、细粒棘球绦虫未成熟虫体也有良好效果。主要用于牛血吸虫病、肝片吸虫病的治疗。用于牛的血吸虫病时,给药途径必须采用第三胃注射法才有良好的效果;用于牛肝片吸虫病,采用第三胃注射法的效果明显优于内服法。亦用于猪、犬、猫、禽的线虫、绦虫、吸虫病。

本品颗粒越细,作用越强。对胃肠道有刺激性。做第三胃注射应配成 3% 油溶液。

［制剂与用法用量］内服,1 次量,每千克体重:牛 30~40 mg;猪 15~20 mg;犬、猫 50 mg;禽 50~70 mg。

第三胃注射,1 次量,每千克体重:牛 15~20 mg。

2. 六氯对二甲苯(Hexachloroparaxylene)

又名血防 846、海涛尔。

［理化性质］本品为白色有光泽的结晶性粉末,微臭,无味。不溶于水,溶于乙醇和植物油。遇光、碱逐渐分解。

［体内过程］本品内服能吸收,用药后 8~12 h 开始在血清中检测到药物,用药后 3~6 d,血药浓度达峰值。本品排泄缓慢,有蓄积作用,在脂肪组织和牛乳中含量极高,停药 2 周后,血液中才能检测不出药物。主要通过肾排出,部分以原形随粪便排出。

［作用与应用］本品为有机氯化合物类广谱抗吸虫药,对童虫效果优于成虫。

本品用于耕牛的血吸虫,牛、羊肝片吸虫,前后盘吸虫,胰阔盘吸虫,腹腔吸虫有很好的疗效;对猪姜片吸虫也有作用。

［制剂与用法用量］治疗血吸虫病,内服,1 次量,每千克体重:黄牛 120 mg;水牛 90 mg。1 次 /d(日服极量:黄牛 28 g;水牛 36 g),连用 10 d。

治疗肝片吸虫病,内服,1 次量,每千克体重:牛 200 mg;羊 200~250 mg。

［应用注意］本品毒性较锑制剂小,但对肝有损害作用,使肝变性或坏死。因可透过胎盘到达胎儿体内,孕畜和哺乳母畜慎用。

3. 硝硫氰胺（Nithiocyamine）

又名 7505。

［理化性质］本品为异硫氰酸化合物,黄色结晶性粉末,无味,无臭。不溶于水,易溶于酯类化合物。

［体内过程］本品内服后在胃肠吸收进入血液,药物颗粒越细,吸收越好。血浆半衰期长达 7~14 d,胆汁中浓度比血液浓度高 10 倍左右,有明显的肠肝循环作用。主要从尿中排出,使尿液变黄。与血浆蛋白结合紧密,不能通过胎盘。

［作用与应用］本品为合成的抗血吸虫新药,有抗血吸虫、姜片吸虫和钩虫的作用。对成虫杀灭作用快而强,对童虫作用小。主要用于牛、羊血吸虫病治疗,对猪姜片吸虫、蛔虫、钩虫及丝虫也有效。

本品内服安全性好,但反刍畜禽所需剂量太大,多用吐温作助溶剂。静脉注射剂量小,疗效高,但兽医临床供静脉注射用的混悬剂毒性较大,宜慎用。

［制剂与用法用量］内服,1 次量,每千克体重:牛 60 mg。

 任务实施

阿维菌素的驱虫效果观察

［目的］熟悉阿维菌素的使用方法与驱虫谱。

［材料］阿维菌素片、感染体内外寄生虫的犬若干只。

［方法］用药前对感染寄生虫的犬进行驱虫前的粪便显微镜检查及体外寄生虫的检查,记录粪便检查和视诊结果;然后根据 0.1 mg/kg 体重的用药量口服阿维菌素片,用药后的犬每天进行粪便镜检以及体外寄生虫视诊。记录每天的镜检结果和视诊结果。

［记录］将观察到的结果记入表 9-1。

表 9-1　阿维菌素的驱虫效果观察表

处理阶段	粪便中虫卵种类	粪便中虫卵数量	体外检查结果
用药前			
用药当天			
用药 1 d			
用药 2 d			
用药 3 d			
用药 4 d			
用药 5 d			
用药 6 d			
用药 7 d			

［讨论］阿维菌素类药物的驱虫谱是什么样的? 在常见的家畜、家禽上用药有哪些注意事项?

任务反思

1. 常用的驱线虫药物有哪些种类?
2. 常用的抗绦虫药物有哪些种类?
3. 常用的抗血吸虫药物及抗吸虫药物有哪些?

任务小结

抗蠕虫药分为驱线虫药、抗绦虫药、抗吸虫药三大类,临床上驱线虫药较多,主要分为抗生素类、苯并咪唑类、咪唑并噻唑类、四氢嘧啶类、有机磷化合物、哌嗪类六大类;抗绦虫的常用药物有氯硝柳胺、吡喹酮、依西太尔、硫双二氯酚、丁萘脒等;抗肝片吸虫药常用的有硝氯酚、氯氰碘柳胺钠、硝碘酚腈、三氯苯达唑、双酰胺氧醚等;常用的抗血吸虫药物有吡喹酮、硝硫氰醚、硝硫氰胺、六氯对二甲苯等。在临床用药中需要注意的是阿苯达唑等苯并咪唑类药物具有驱线虫和抗绦虫双重作用;硫双二氯酚、吡喹酮也具有抗绦虫和吸虫的双重作用。

任务 9.2　抗原虫药的认识与应用

📖 任务背景

小张为一肉鸡场实习技术人员,工作半个月左右,发现部分地面平养鸡只出现拉红色血痢现象,病鸡精神沉郁,食欲废绝,经驻场技术员取粪便进行显微镜检查,发现大量球虫卵囊。确认鸡群发生球虫病感染,需要对整个鸡群进行鸡球虫病的治疗。

请问该养鸡场需要选用什么抗球虫药进行治疗? 具体的给药方法是什么?

🔆 任务目标

知识目标:熟悉常用的抗球虫药名称与使用方法。

技能目标:能根据不同寄生虫感染,合理选用药物对感染动物进行治疗。

🛠 任务准备

畜禽原虫病是由单细胞原生动物所引起的一类寄生虫病。根据原虫的种类不同,抗原虫药分为抗球虫药、抗锥虫药、抗梨形虫药和抗滴虫药。抗滴虫药主要为甲硝唑,详见任务 8.2,此处不再做介绍。

一、抗球虫药

畜禽的球虫病是球虫寄生于肠道、胆管及肾小管上皮细胞的一种原虫病,它以下痢、便血、贫血、消瘦为临床特征。雏禽、幼兔、犊牛、羔羊等都易感染,其中雏鸡、幼兔受害特别严重。

目前用于临床的抗球虫药多为广谱抗球虫药,可分为聚醚类离子载体抗生素、化学合成类抗球虫药两大类。球虫病主要是依靠药物预防,药物治疗不易奏效。为了较好地控制球虫病,减少球虫对抗球虫药物产生耐药性,通常根据实际情况采用轮换或穿梭用药,或联合用药的方法。将药物混入饮水或饲料中混饮、混饲,能取得较好的效果。

聚醚类离子载体抗生素是从放线菌链球菌的培养物中提取的抗生素,是一类广谱、高效的新型抗球虫药。本类药物常用的有莫能菌素、盐霉素、马杜米星、拉沙霉素、山度霉素、甲基盐霉素、海南霉素等,莫能菌素为它们的代表药。本类药物是目前世界上使用最多的一类药物。

主要用于鸡球虫病的预防。

聚醚类离子载体抗生素能与球虫体内的钠离子、钾离子等形成亲脂性络合物,妨碍离子的正常运转和平衡,使钠离子大量进入细胞内,为平衡渗透压,大量的水分也进入球虫细胞内,使球虫过度膨胀而死亡。

因本类药物的独特作用机制,使得与人工合成的抗球虫药之间没有交叉耐药性。但本类药物之间有交叉耐药性。

本类药物对哺乳动物毒性较大,特别是马最敏感,易引起死亡;对鸡易引起羽毛生长迟缓。

(一) 聚醚类离子载体抗生素

1. 莫能霉素(Monensin)

又名莫能星、瘤胃素。

[理化性质] 本品是从肉桂链霉菌的发酵物中提取而获得的单价离子载体类抗生素。其钠盐为白色结晶性粉末,略有特异臭味。不溶于水,溶于有机溶剂。

[体内过程] 本品内服后极少量被吸收,多数以原形随粪便排出。吸收后在组织中被分解,停药 24 h 后组织中检不出莫能菌素。

[作用与应用] 本品为广谱抗球虫药,对鸡的柔嫩艾美尔球虫、毒害艾美尔球虫、巨型艾美尔球虫、堆型艾美尔球虫、变位艾美尔球虫、布氏艾美尔球虫等有高效杀灭作用。其抗虫活性主要在球虫生活周期最初两天抑制子孢子或第一代裂殖体。莫能菌素对革兰阳性菌如产气荚膜芽孢梭菌有抑制作用,可预防坏死性肠炎的发生。

本品主要用于鸡球虫病、兔球虫病的预防,还用于肉牛促生长。

[注意事项] 产蛋鸡禁用;添加于鸡饲料中,其浓度不要超过每千克体重 120 mg。马属动物禁用。禁与泰妙菌素、竹桃霉素、磺胺类药物等配伍。鸡休药期 3 d。

[制剂与用法用量] 莫能菌素钠预混剂(含莫能菌素钠 20%)。混饲,每 1 000 kg 饲料:禽 90~110 g;兔 20~40 g;牛 20 g。

2. 盐霉素(Salinomycin)

又名沙利霉素。

[理化性质] 本品由白色链霉菌中提取,一般用其钠盐。为白色或淡黄色结晶性粉末,不溶于水,溶于有机溶剂。

[体内过程] 本品内服几乎不能吸收,主要从粪便中排出。

[作用与应用] 本品与莫能菌素相似。对鸡的多种艾美尔球虫有杀灭作用,对多数革兰阳性菌有抑制作用,还具有提高饲料转化率、促进家畜生长的作用。主要用于鸡球虫病的预防。

[注意事项] 本品毒性较大,应严格控制混饲浓度,若浓度过大(饲料添加量中超过每千克体重 75 mg),或时间过长,会抑制鸡的增重和降低饲料报酬,出现共济失调和腿无力现象。成年火鸡和马禁用。配伍禁忌同莫能菌素。禽类休药期为 5 d。

［制剂与用法用量］盐霉素预混剂。混饲,1 000 kg 饲料,以盐霉素计:鸡 60 g;猪 50 g;牛 30 g。

3. 马度米星(Maduramicin)

又名马杜霉素。

［理化性质］本品由马杜拉放线菌的发酵产物中分离而得。常用其钠盐,为白色结晶性粉末。不溶于水,溶于有机溶剂。

［体内过程］本品内服难以吸收,绝大部分随粪便排出体外。

［作用与应用］本品是一种较新型的聚醚类一价单糖苷离子载体抗生素,为广谱抗球虫药,效果较其他聚醚类抗生素强。其活性主要是对球虫早期的子孢子和第一代裂殖体有抑制和杀灭作用。本品广泛用于鸡球虫病的预防。

［注意事项］马杜霉素的安全范围极窄,混饲浓度超过每千克体重 6 mg 时,对禽生长有明显的抑制作用;以每千克体重 7 mg 浓度混饲,即可引起鸡不同程度的中毒。以每千克体重 5 mg 的量混饲对鸡是安全的。本品只能用于肉鸡,产蛋鸡禁用,休药期 5 d。

4. 拉沙菌素(Lasalocid)

又名拉沙洛西。

［理化性质］本品是从拉沙链霉菌的发酵产物中分离而得的,常用其钠盐。为白色结晶性粉末。不溶于水,溶于有机溶剂。

［作用与应用］本品为二价聚醚类离子载体抗生素。对禽的柔嫩艾美尔球虫、巨型艾美尔球虫、毒害艾美尔球虫等作用最强,对堆型艾美耳球虫的作用较弱。主要用于预防禽球虫病。

［注意事项］产蛋鸡禁用。混饲浓度不能超过每千克体重 150 mg,否则会导致生长抑制和动物中毒,休药期 5 d。

［用法与用量］混饲,每 1 000 kg 饲料,以拉沙菌素计:犊牛 30~40 g;羔羊 20~60 g;肉鸡 75~125 g;雏鸡 75 g;促生长 22 g。

5. 那拉菌素(Narasin)

本品又名甲基盐霉素。

其作用机制与莫能菌素相似,用于禽球虫病的预防。临床常与尼卡巴嗪等量合用,抗虫效果好。混饲浓度为每千克体重 50~80 mg。喂药鸡粪不宜排入鱼池。休药期 5d。

6. 山度霉素(Semduramicin)

本品又名赛杜霉素。

为新型的聚醚类载体抗生素。主要用于预防鸡球虫病,对鸡抗球虫的效果好于盐霉素。混饲浓度为每千克体重 25 mg。休药期 5 d。

(二) 化学合成类抗球虫药

化学合成类抗球虫药物除在化学合成抗菌剂中介绍的磺胺二甲嘧啶(SM_2)、磺胺间甲氧嘧啶（SMM）、二甲氧苄啶（DVD）及呋喃唑酮外，常用的还有下面几种。

1. 二硝托胺（Dinitolmide）

又名球痢灵、二硝苯甲酰胺。

［理化性质］本品属硝苯酰胺类抗球虫药，为无色或黄褐色结晶粉末，无臭，无味。不溶于水，可溶于乙醇和丙酮。

［体内过程］本品内服少量吸收，吸收后在体内迅速降解。主要从粪便中排出。

［作用与应用］本品对鸡的多种球虫有抑制作用，特别对小肠毒害艾美尔球虫效果更佳，对堆形艾美尔球虫效果稍差。主要作用于鸡球虫第一代和第二代裂殖体。

本品不仅有预防作用，也有较好的治疗效果。主要用于鸡、火鸡的球虫病和兔球虫病的预防和治疗。

本品毒性小，安全范围大，使用推荐剂量不影响鸡的发育、增重、产蛋率，亦不影响鸡对球虫产生免疫力。

［注意事项］不宜与痢特灵等轮换穿梭用药或联合用药时使用。产蛋鸡禁用，休药期 3 d。

［用量与用法］混饲，每 1 000 kg 饲料，鸡 500 g。

2. 氨丙啉（Amprolium）

又名安保宁。

［理化性质］本品为酸性淡黄色结晶性粉末，无臭。有吸湿性。不溶于水、乙醇、乙醚和三氯甲烷，微溶于二甲基甲酰胺。属抗硫胺类抗球虫药，其化学结构与硫胺相似。

［作用与应用］本品对鸡的柔嫩艾美尔球虫、堆型艾美尔球虫有良好的效果，对鸡的毒害艾美尔球虫、布氏艾美尔球虫、巨型艾美尔球虫的作用较弱。

本品的作用机制是因其化学结构与硫胺素（维生素 B_1）相似，干扰球虫的维生素 B_1 的代谢使球虫缺乏硫胺素而发挥抗球虫作用。主要作用于球虫第一代裂殖体，阻止形成裂殖子，对子孢子也有一定的抑制作用。

本品具有高效、低毒、不易产生耐药性等特点，临床应用较广泛。用于预防和治疗鸡球虫病，亦用于牛、羊的球虫病。本品与磺胺类、呋喃类等合用，可增强抗球虫的效果。

［注意事项］本品长期使用，能引起雏鸡硫胺素缺乏症，可在饲料中添加硫胺素解除中毒症状。产蛋鸡禁用，休药期为 7 d。

［制剂与用法用量］盐酸氨丙啉预混剂。治疗鸡球虫病，以每千克体重 125~250 mg 混饲，连喂 3~5 d；再以每千克体重 60 mg 混饲喂 1~2 周。混饮，加入饮水的氨丙啉浓度为 60~240 mg/L。

预防球虫病，常用复方预混剂。

盐酸氨丙啉、乙氧酰胺苯甲酯、磺胺喹噁啉预混剂。混饲，每 1 000 kg 饲料，鸡 500 g。蛋鸡产蛋期禁用，休药期 7 d。

3. 硝基二甲硫胺（Nitrodithiamine）

本品为抗硫胺类抗球虫药，主要作用于第一代裂殖体，对子孢子和配子有一定的抑制作用。主要用于鸡球虫病的预防。特别对鸡的柔嫩艾美尔球虫、堆型艾美尔球虫作用较强。混饲，每 1 000 kg 饲料用本品 62 g。

4. 尼卡巴嗪（Nicarbazin）

又名球虫净、双硝苯脲二甲嘧啶醇。

［理化性质］本品为 4,4-二硝基苯脲和 2-羟基-4,6-二甲基嘧啶的复合物，为淡黄色结晶性粉末，无臭，无味。不溶于水、乙醇、氯仿和乙醚，微溶于二甲基甲酰胺。

［体内过程］本品内服能吸收，吸收后药物在组织中的消除较慢，在动物体组织中有一定程度的残留。

［作用与应用］本品具有抗球虫作用。主要抑制第二裂殖体。对鸡的柔嫩艾美尔球虫等 9 种球虫有效。主要用于鸡、火鸡球虫病的预防和治疗。

本品与其他抗球虫药无交叉耐药性，球虫对本品产生耐药性的速度很慢，因此尼卡巴嗪是一种具有实际使用价值的抗球虫药。

本品毒性小，但混饲浓度过高（每千克体重 800~1 600 mg）时，鸡可出现轻度贫血；长期使用使产蛋率和孵化率下降；高热季节使用，可使鸡热应激反应增强。

［注意事项］禁用于产蛋鸡、种鸡。高热季节慎用。休药期 5 d。

［用法与用量］混饲，每 1 000 kg 饲料用本品 125 g。

5. 磺胺喹噁啉（Sulfaquinoxaline，SQ）

又名磺胺喹沙啉。

［理化性质］本品为白色或淡黄色结晶性粉末。难溶于水。

［体内过程］本品内服吸收迅速，在体内排泄缓慢，半衰期长。药物容易在组织器官和蛋中残留。

［作用与应用］本品主要作为抗球虫药使用。对鸡的巨型艾美尔球虫、布氏艾美尔球虫、堆型艾美尔球虫有较强的抑制作用，主要抑制球虫第二代裂殖体。临床主要用于鸡、兔、牛、羊的球虫病治疗，特别是在鸡感染后第一次发现其排泄物中带血时，应用本品最为适宜。本品与抗菌增效剂合用，可产生协同作用，尤其适用于球虫病爆发症。

球虫对本品易产生耐药性，本品与磺胺类药物有交叉耐药性。若超过正常剂量的 1~2 倍，连续用药 5~10 d，鸡可能会出现中毒症状，出现循环障碍，肝、脾出血，坏死，产蛋量下降等。

［制剂与用法用量］磺胺喹噁啉、二甲氧苄啶预混剂。混饲，每 1 000 kg，鸡 500 g。连续饲喂不超过 5 d。产蛋鸡禁用。休药期为 10 d。

6. 地克珠利（Diclazuril）

又名杀球灵。

［理化性质］本品属均三嗪类新型抗球虫药,为淡黄色或米黄色粉末,几乎不溶于水,化学名为氯嗪苯乙氰。

［作用与应用］本品具有广谱、高效、低毒的优点,被认为是目前抗球虫药中作用最强、毒性最低、用量最小的一类药物。

本品的抗虫活性主要是抑制球虫的子孢子和第一代裂殖体早期阶段。对鸡、鸭、兔的球虫都有很好的效果。可用于球虫病的预防和治疗。本品与其他抗球虫药不产生交叉耐药性,可与其他的药轮换、穿梭使用。

本品药效期短,用药 2 d 后作用基本消失,使用时应连续用药。

［制剂与用法用量］地克珠利预混剂,混饲,每 1 000 kg 饲料,禽 1 g(按原料药计)。地克珠利溶液,混饮,每升水,鸡 0.5~1.0 mg(按原料药计)。

7. 托曲珠利(Toltrazuril)

又名多嗪珠利、百球清、拜可。

［作用与应用］本品属均三嗪类新型广谱抗球虫药。对家禽的多种球虫有良好效果。对鸡、火鸡体内的所有艾美尔球虫,鹅、鸽的球虫,哺乳动物球虫,住肉孢子虫及弓形虫都有作用,并对其他抗球虫药有耐药的虫株也有效。

其抗虫活性是干扰球虫细胞核分裂和线粒体的作用,影响虫体的呼吸和代谢功能,从而发挥杀虫作用。主要用于鸡球虫病的预防和治疗。临床多制成饮水剂混饮。

［用法与用量］混饮,每升水,鸡 25 mg,连用 2 d。

8. 氯羟吡啶(Clopidol)

又名克球粉、广虫灵、克球多、可爱丹、氯吡多。

［理化性质］本品为白色或浅棕色结晶粉末,无臭,无味。难溶于水,在强酸中有一定的溶解性,易溶于氢氧化钠溶液中。

［作用与应用］本品属吡啶类抗球虫药。对鸡的各种球虫,特别是柔嫩艾美尔球虫有抑制作用。主要作用于球虫子孢子的形成,使其子孢子不能发育。本品主要用于预防禽、兔球虫病,而不用于治疗。

本品能抑制鸡对球虫产生免疫力,过早停药会导致球虫病爆发。球虫对本品易产生耐药性。产蛋鸡禁用。休药期:鸡 5 d,兔 5 d。

［制剂与用法用量］氯羟吡啶预混剂。混饲,每 1 000 kg 饲料:鸡 500 g;兔 800 g。

9. 常山酮(Halofuginone)

又名卤夫酮、速丹、溴氯常山酮。

［理化性质］本品是从中药常山中提取的一种生物碱,现已能人工合成。原粉为白色或带灰色的结晶性粉末,可耐 80 ℃高温,长期保存药效不减。

［作用与应用］本品为新型抗球虫药。对鸡的 9 种艾美尔球虫以及火鸡球虫都有效。对

兔艾美尔球虫也有效。主要作用于球虫第一代、第二代裂殖体。本品与其他抗球虫药无交叉耐药性，为鸡和火鸡良好的抗球虫药。产蛋鸡禁用，休药期 5 d。

［制剂与用量用法］常山酮预混剂（含常山酮 0.6%）。混饲，每 1 000 kg 饲料，鸡 500 g。充分混匀饲喂。

二、抗锥虫药

锥虫是一种吸血性原虫，由蠓等吸血蚊为中间宿主而传播的一种寄生虫病。我国家畜的锥虫病主要是马媾疫锥虫和伊氏锥虫，主要危害牛、马、骆驼。常用的抗锥虫药有喹嘧胺、苏拉明、三氮脒、新胂凡纳明等。

1. 喹嘧胺（Quinapyramine）

又名安锥赛。

［理化性质］本品有甲基硫酸盐和氯化盐两种。前者易溶于水，后者难溶于水。均为白色或淡黄色结晶性粉末，无臭，味苦。有引湿性，在有机溶剂中不溶。

［作用与应用］本品对伊氏锥虫和马媾疫锥虫有很好的效果。主要作用是抑制锥虫代谢，影响虫体细胞分裂。主要用于治疗牛、马、骆驼的伊氏锥虫和马媾疫锥虫的感染。

［不良反应］马属动物及禽较为敏感，注射后 15 min 至 2 h 可出现兴奋不安、肌肉震颤、呼吸急促、腹痛、全身出汗等不良反应。一般在 3~5 h 内消失。本品有刺激性，引起注射部位肿胀和硬结，可采用分点注射法。

当剂量不足时，锥虫可产生耐药性。

［制剂与用法用量］注射用喹嘧胺。肌内、皮下注射，1 次量，每千克体重：牛、马、骆驼 4~5 mg。临用前配成 10% 水悬液。

2. 苏拉明（Suramin）

又名萘磺苯酰胺、那加宁。

［理化性质］本品钠盐为白色或淡玫瑰色粉末，易溶于水，水溶液不稳定，宜新鲜配制，并在 5 h 内用完。

［作用与应用］本品为杀锥虫药。苏拉明吸收入血液后，与血浆蛋白结合率高，逐渐释放，因而作用持久，甚至可持续 1~2 个月。本品既可用于治疗，又可用于预防。对伊氏锥虫病有效，对马媾疫疗效差。主要用于锥虫病早期感染的防治。

本品的抗虫活性是能抑制虫体代谢，影响其同化作用，从而导致虫体分裂和繁殖受阻，最后溶解死亡。

［不良反应］本品安全范围小，马属动物及禽敏感，常出现荨麻疹、浮肿、食欲下降及蹄冠糜烂等现象，一般经 1 h 至 3 d 可逐渐消失。可与钙剂合用以减轻不良反应，并可提高疗效。

［制剂与用法用量］注射用萘磺苯酰胺。静脉、皮下或肌内注射,1次量,每千克体重:牛 15~20 mg;马 10~15 mg;骆驼 8.5~17 mg。预防可采用低量、皮下或肌内注射;治疗须采用静脉注射。治疗伊氏锥虫病时,应于 20 d 后再注射 1 次;马媾疫则于 30~40 d 后重复注射。

3. 三氮脒(Diminazene Aceturate)

又名贝尼尔。

［理化性质］本品为重氮氨苯脒乙酰甘氨酸盐水化合物。为黄色结晶性粉末,遇光、遇热变为橙红色。易溶于水,不溶于乙醇,水溶液在低温下析出结晶。

［作用与应用］本品对锥虫、梨形虫及边虫(无形体)均有作用。其作用机制为选择性阻断锥虫 DNA 的合成,从而使其不能生长繁殖。

本品用药后血中浓度高,但持续时间较短,故主要用于治疗,预防效果差。用于马媾疫和伊氏锥虫病,对马媾疫疗效最好,对牛伊氏锥虫病效果稍差。对由梨形虫引起的家畜巴贝斯虫病和泰勒虫病有治疗作用。

［不良反应］本品毒性大,应用治疗量时也会出现起卧不安、频频排尿、肌肉震颤等不良反应。骆驼敏感,禁用;马、水牛较敏感,应慎用;对局部有刺激作用,宜分点注射。

食品动物休药期为 28~35 d。

［制剂与用法用量］注射用三氮脒,用注射用水或生理盐水配制成 5%~7% 无菌溶液。深部肌内注射,1次量,每千克体重:马 3~4 mg;牛、羊 3~5 mg;犬 3.5 mg。

三、抗梨形虫药

梨形虫是焦虫或血孢子虫的现用名。梨形虫病为蜱传播的寄生于畜禽红细胞内、破坏红细胞的原虫性传染病。抗梨形虫药除了在抗锥虫药中介绍的三氮脒(同时有抗梨形虫作用)外,还有硫酸喹啉脲、双脒苯脲、间脒苯脲、青蒿素等。

1. 硫酸喹啉脲(Quinuronium)

又名阿卡普林或抗焦虫素。

［理化性质］本品为淡黄色或黄色粉末,易溶于水。

［作用与应用］为传统的抗梨形虫药。对马、羊、猪、犬的梨形虫病、牛的巴贝斯梨形虫病、双芽梨形虫病等均有效,早期一次给药效果最显著。对牛早期的泰勒虫病也有一定的效果,对鞭虫的效果较差。

本品毒性大,治疗剂量也可使畜禽出现不良反应,表现为神经兴奋、流涎、出汗、呼吸困难、频频排便等症状,常持续 30~40 min 后消失。牛的副作用明显,可用小剂量阿托品在给药前注射,既可减轻副作用,又不影响药物杀虫作用。

［制剂与用法用量］硫酸喹啉脲注射液。皮下注射,1次量,每千克体重:马 0.6~1.0 mg;牛

1 mg；羊、猪 2 mg；犬 0.25 mg。

2. 双脒苯脲（Imidocarb，Amicarbalide）

又名咪唑苯脲。

[理化性质] 本品常用其二盐酸盐和二丙酸盐，均为白色粉末，易溶于水。

[作用与应用] 本品为新型抗梨形虫药，对泰勒虫和巴贝斯虫病均有治疗和预防的作用，对锥虫也有效果。

本品的疗效和安全范围大于三氮脒。毒性较小，但有类似抗胆碱酯酶的作用。治疗量可使畜禽出现兴奋、流涎、频频排便等症状，可用小剂量阿托品注射缓解。本品对注射局部组织有一定刺激性，禁用于静脉注射，因畜禽反应激烈，甚至可引起死亡。马属畜禽较敏感，忌用高剂量。休药期为 28 d。

[用法用量] 皮下、肌内注射，1 次量，每千克体重：牛 1~2 mg（锥虫病 3 mg）；马 2.2~5.0 mg；犬 6 mg。

3. 青蒿素（Artemisinin）

青蒿素是从青蒿类草本植物中提取而得的。

本品对环形泰勒梨形虫、双芽巴贝斯虫、疟原虫、住白细胞虫等有作用。主要用于牛、羊双芽巴贝斯虫、环形泰勒梨形虫和鸡的住白细胞虫病的治疗。

禁用于怀孕母牛，不可与酸性药物配伍。

[制剂与用法用量] 青蒿琥酯片，50 mg/ 片。内服，每千克体重：牛 5 mg（首次剂量加倍），2 次 /d，连用 2~4 d；羊 8 mg，2 次 /d。

青蒿素混悬注射液，100 mg/2 mL。肌内注射量参照内服用量。

 **任务实施**

养鸡场常用抗球虫药的种类与应用效果比较调查

[目的] 熟悉养鸡场常用抗球虫药的种类及用药效果。

[材料] 调查表，笔。

[方法] 以问卷的形式调查养鸡场常用抗球虫药的种类及用药效果。

[记录] 将调查结果记入表 9-2。

表 9-2　养鸡场抗球虫病用药名录与使用效果调查统计表

养殖场名称	抗球虫药名称	抗球虫药使用数量	使用效果评价

［讨论］（1）养鸡场常用于拌料预防球虫病的药物是哪几个？

　　　　（2）养鸡场一旦爆发球虫病后，第一时间用哪几种抗球虫药的治疗效果较理想？

任务反思

1. 常用的化学合成类抗球虫药有哪些种类？
2. 常用的聚醚类离子载体抗球虫药有哪些种类？

任务小结

　　抗原虫药主要分为抗球虫药、抗锥虫药、抗梨形虫药和抗滴虫药四类，其中抗球虫药种类多，主要分为聚醚类离子载体抗生素类抗球虫药、化学合成类抗球虫药两大类。抗锥虫药常用的有喹嘧胺、苏拉明、三氮脒三种。抗梨形虫药常用的有硫酸喹啉脲、双脒苯脲、青蒿素三种。其中需要注意的是抗锥虫药中的三氮脒具有抗梨形虫的作用。

任务 9.3　杀虫药的认识与应用

任务背景

　　小王工作的肉牛场圈舍内最近苍蝇、蚊虫肆虐，加之天气炎热，严重影响了牛的休息与饮食。场长让小张立即选用杀虫药，组织养殖员对整个圈舍进行杀虫处理。请为小王提供一个专业的建议，科学选用和合理使用杀虫药，对牛群及圈舍进行杀虫处理。

任务目标

知识目标:熟悉常用的杀虫药种类、名称及各种药物的使用注意事项。

技能目标:能根据不同动物和场地选用适合的杀虫药进行杀虫操作处理。

任务准备

杀虫药是指对体外寄生虫具有杀灭作用的药物。体外寄生虫有螨、蜱、虱、蚤、蚋、蚊、蠓及蝇蛆等,它们不仅引起畜禽体外寄生虫病,危害畜禽健康,而且传播许多寄生虫病、传染病和人畜共患病,给人类健康带来危害,给畜牧业造成巨大经济损失。因此,选用高效、安全、经济、方便的杀虫药具有重要意义。常用的杀虫药可分为有机磷类、除虫菊酯类、大环内酯类和其他杀虫药。大环内酯类药物介绍详见任务 8.1。

一、有机磷类杀虫药

有机磷类杀虫药具有广谱、高效、残效期短的特性,广泛用于畜禽体外寄生虫病。

本类药物的作用机制是抑制虫体胆碱酯酶的活性,使虫体内乙酰胆碱蓄积,引起虫体先兴奋、痉挛,最后麻痹死亡。对宿主也具有同样的抑制作用。加之本类药物具有接触毒、胃毒和内吸作用,因此在使用过程中,动物会经常出现胆碱能神经兴奋的中毒症状。所以在使用中一定要控制好剂量和方法。出现中毒时,用阿托品或胆碱酯酶复活剂进行解救(详见项目 10)。

1. 倍硫磷(Fenthion)

[作用与应用]本品为广谱、低毒、高效、快速的杀虫药。通过接触毒和胃毒的作用方式进入虫体,杀灭外寄生虫。如牛皮蝇幼虫、虱、蝇。本品对牛皮蝇幼虫有特效,可将牛皮蝇消灭在皮肤穿孔之前,为防治牛皮蝇的首选药物。

[制剂与用法用量]市售药为 50% 乳油制剂。喷淋时,牛每千克体重 10~20 mg,混溶于液状石蜡中,配成 2% 溶液。

2. 皮蝇磷(Fenchlorphos,Fenclofos)

又名芬氯磷。

[作用与应用]本品是专供兽用的有机磷杀虫剂。对双翅目昆虫有特效,对牛皮蝇幼虫有杀灭作用,对室内苍蝇、蚊、臭虫及蜱等均有效。本品主要用于牛皮蝇蛆的防治。

[注意事项]泌乳母牛禁用,母牛产犊前 10 d 内禁用。肉牛休药期 10 d。

[制剂与用法用量]25% 皮蝇磷粉。内服,1 次量,每千克体重:牛 100 mg。24% 皮蝇磷乳

油,外用,喷淋,每 100 L 水加 1 L。

3. 二嗪农（Diazinon）

[理化性质] 本品性质不稳定,在酸、碱溶液中迅速分解。

[作用与应用] 本品为新型有机磷杀虫、杀螨剂,具有接触毒、胃毒作用。外用对虱、螨、蚊、蝇、蝇蛆等具有极好的杀灭作用。对蚊、蝇能保持药效 6~8 周。

[注意事项] 本品毒性小,但禽、猫较敏感,对蜜蜂剧毒。休药期为 14 d,弃乳期为 3 d。

[制剂与用法用量] 25% 的二嗪农溶液,稀释后药浴。

4. 氧硫磷（Oxinothiophos）

[作用与应用] 本品为高效、低毒的有机磷杀虫药。对家畜各种体外寄生虫均有杀灭作用,对蜱有特效。1 次用药对硬蜱杀灭作用可维持 10~20 周。

[制剂与用法用量] 一般配成 0.01%~0.02% 溶液药浴、喷淋、浇淋。

5. 敌百虫（Dipterex）

[理化性质] 本品为白色结晶性粉末。易溶于水,水溶液呈酸性,性质不稳定,宜新鲜配制。在碱性水溶液中不稳定,可生成敌敌畏,增强毒性。

[作用与应用] 敌百虫为广谱驱虫药,现主要用于杀灭体外寄生虫。

[用法用量] 杀灭牛皮蝇蛆:用 2% 溶液涂擦背部;杀螨:1%~3% 溶液局部应用或 0.2%~0.5% 溶液药浴。鸡可用 0.1% 或 0.15% 溶液洗浴,治疗鸡膝螨病;杀虱、蚤、蜱、蚊和蝇,用 0.1%~0.5% 溶液喷洒。

二、拟菊酯类杀虫药

本类杀虫药是根据菊科植物百花除虫菊的有效成分——除虫菊酯的化学结构而人工合成的一类杀虫药,具有广谱、高效、速效、低毒、残效期短、环境污染小、对人畜安全无毒及对其他杀虫药耐药的昆虫也有杀灭作用的特点。因此广泛用于植物除虫、畜禽驱体外寄生虫,以及环境卫生的杀虫等。本类药物的性质不稳定,进入畜禽机体后被迅速降解灭活,因此不能内服或注射给药,只能用作药浴或者喷淋。

1. 溴氰菊酯（Deltamethrin）

又名敌杀死。

[理化性质] 纯品为白色结晶,难溶于水,在碱性溶液中易分解。

[作用与应用] 本品具有广谱、高效、低残留的优点,是使用最广泛的一种拟菊酯类杀虫药。具有接触毒和胃毒作用,能杀灭体外蚊、蝇、虱、蜱、螨等各种寄生虫。常用于牛、羊体外寄生虫的治疗及卫生、农业的除虫、消毒。

[注意事项] 蜜蜂、家蚕对本品敏感,环境消毒时应注意。本品对皮肤、呼吸道有刺激性,对塑料制品有腐蚀性,对鱼和冷血动物毒性大,不宜洒入鱼塘中。

［制剂与用法用量］5% 溴氰菊酯乳油。药浴或喷淋,每 1 000 L 水加 100~300 mL。

2. 氯菊酯(Permethrin)

又名扑灭司林。

［理化性质］本品在空气和阳光中稳定,残效期长,在碱性溶液中易分解。

［作用与应用］本品为高效、速效、无残毒、不污染环境的广谱杀虫剂。对多种体表寄生虫如虱、螨、虻、蚊、蝇、蟑螂等均有杀灭作用,对家禽螨的杀灭效力可持续 1.5 月左右;室内灭蝇力可持续 1~3 个月;马体表喷雾 1 次可持续 2~4 周。广泛用于农业、牧业及环境卫生杀虫。

［注意事项］本品禁用于鱼。

［制剂与用法用量］杀体外寄生虫。用氯菊酯乳油配成 0.2%~0.4% 乳液喷洒体表;室内灭蝇,用 10% 乳剂喷雾。

3. 胺菊酯(Tetramethrin)

又名四甲司林。

［理化性质］本品在高温和碱性溶液中易分解,残效期短。

［作用与应用］本品对蚊、蝇、虱、蚤、螨等都有杀灭作用,是环境卫生杀灭有害昆虫最常用的拟菊酯类杀虫药。对昆虫击倒的速度是本类药物中最快的,因其残效短,部分昆虫又可以复苏,一般多与苄呋菊酯并用,达到速效、高效的作用。

本品主要用于环境杀虫。对人畜安全,无刺激性。

［制剂与用法用量］杀螨:牛、马 200 mL/L;羊、猪、犬、兔、鸡 80~200 mL/L。杀虱:牛、猪、犬、兔、鸡 4~5 mL/L。杀蝇、蚊、蚤、虻 40~80 mL/L。喷雾、涂布、药浴均可。室内除虫:0.03~0.05 mL/m³ 喷雾后密闭 4 h。

三、其他杀虫药

1. 双甲脒(Amitraz)

又名阿米曲士、虫螨脒。

［作用与应用］是一种接触性、广谱、高效、低毒的杀虫剂。对牛、羊、猪、兔的体表寄生虫,如疥螨、痒螨、蜱、虱的各阶段虫体均有极强的杀灭作用。其作用缓慢,用药后 24~48 h 才使虱、螨等寄生虫解体脱落。残效期长,用药 1 次可维持药效 6~8 周。本品对人、畜毒性极小,可用于妊娠、哺乳母畜。

［注意事项］马对本品较为敏感,宜慎用;对鱼有剧毒,禁用;高浓度可引起家畜中毒;对蜜蜂虽无毒,但用药后蜂产品有药物残留,禁用。休药期:牛、羊、猪 1 d。禁用于水生食品畜禽的杀虫剂。

［制剂与用法用量］12.5% 双甲脒乳油:药浴、喷淋、涂擦体表,每 1 000 L 水加 3~4 L。

2. 环丙氨嗪（Cyromazine）

又名灭蝇胺。

[物理性状] 纯品为无色晶体或结晶性粉末，无臭，微溶于水及乙醇。

[作用与应用] 实验证明，它可以延迟幼虫体的生长期，影响蜕皮过程和阻止正常的化蛹，从而导致幼虫体的死亡。可用于控制集约化养殖场几乎所有的蝇类，并可控制跳蚤及防治羊身上的绿蝇属幼虫等。对抗药性蝇蛆，无交叉抗药性。还可明显降低鸡舍内氨气的含量，大大改善畜禽饲养环境。可用于肉鸡种鸡、蛋鸡、猪、牛、羊等动物，用于控制动物厩舍内蝇蛆的生长繁殖，杀灭粪池内蝇蛆。

[制剂与用法用量] 环丙氨嗪预混剂（1%）：10%（用于配制1%的环丙氨嗪预混剂），以环丙氨嗪计。混饲，每1 000 kg饲料，鸡5 g，连用4~6周。

环丙氨嗪可溶性粉（50%）：以本品计。喷洒，每20 m²，10 g加水15 L；喷雾，每20 m²，10 g加水5 L。

环丙氨嗪可溶性颗粒（2%）：以本品计，5 g/10 m²。洒水，每10 m²，2.5 g加水10 L；喷雾，每10 m²，5 g加水1~4 L。

3. 非泼罗尼（Fipronil）

又称氟虫腈。

[性状] 属于苯吡唑类，纯品为白色结晶性粉末。难溶于水，水中溶解度为2 mg/L，易溶于玉米油。

[作用与应用] 非泼罗尼毒性中等，对多种寄生虫均有杀灭作用，杀虫活性是有机磷酸酯、氨基甲酸酯的10倍以上。主要用于犬、猫体表的蚤类、犬蜱及其他体表害虫的防治。

[注意事项] 非泼罗尼对鱼和蜜蜂毒性较大，使用时应避免污染鱼塘、河流、湖泊和蜂群所在地。

[制剂与用法用量] 非泼罗尼喷剂：喷雾时每千克体重，犬、猫3~6 mL。

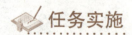任务实施

精制敌百虫治疗犬体外寄生虫的应用效果试验

[目的] 熟悉精制敌百虫溶液的使用方法和驱虫的效果。

[材料] 精制敌百虫粉末、被跳蚤感染的试验犬、喷壶、烧杯、纯净水、玻棒。

[方法] 将精制敌百虫粉配成0.5%的溶液均匀喷洒在犬全身的被毛毛根处，记录犬用药前和用药后一段时间内的瘙痒动作次数。

[记录] 将观察结果记入表9-3。

表 9-3　精制敌百虫在犬体外寄生虫上的应用效果观察

用药情况	瘙痒次数	备注
用药前		
用药后 30 min		
用药后 60 min		

[讨论] 为了保证用药动物的安全,在使用敌百虫过程中有哪些注意事项?

任务反思

1. 常用的有机磷类杀虫药有哪些种类,该类药物的副作用是什么?
2. 拟菊酯类杀虫药有哪些种类,在用药途径方面有什么特点?

任务小结

常用的杀虫药可分为有机磷类、拟除虫菊酯类和大环内酯类和其他杀虫药四类,有机磷类杀虫药常用的有倍硫磷、皮蝇磷、二嗪农、氧硫磷等,此类药物对动物具有一定的毒性。拟除虫菊酯类常用的是溴氰菊酯、氯菊酯、胺菊酯等,此类药物只适合药浴、喷淋外用。

项 目 总 结

抗寄生虫药的合理选用

一、抗螨虫药的合理选用

抗螨虫药的种类很多,根据寄生螨虫、宿主对药物的敏感性以及药物的作用范围不同,建议抗螨虫药的选药顺序如下(图 9-1)。

二、抗球虫药的合理选用

抗球虫药的合理选用如图 9-2 所示。

为了防止抗球虫药在实际生产过程中产生耐药性,在使用各类抗球虫药的过程中还需要注意做到如下几点:

(1) 重视药物预防作用　实际生产过程中要做到预防球虫病为主,治疗为辅。

(2) 采用轮换用药、穿梭用药或联合用药方法　季节性或定期地更换药物,或在动物群体不同生长阶段换用不同峰期的抗球虫药物。

(3) 用药的剂量合理,疗程充足。

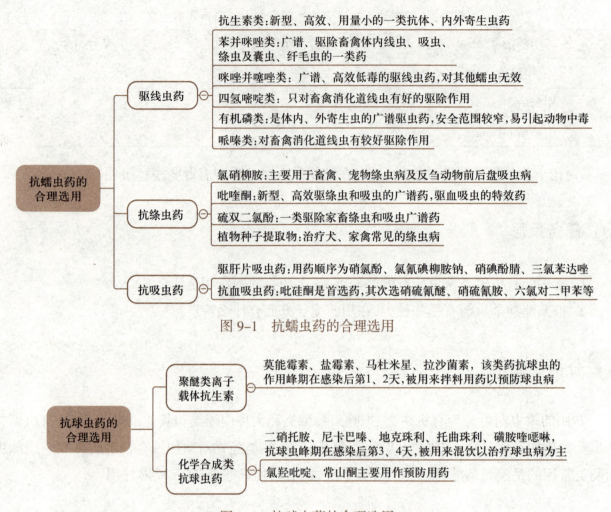

图 9-1　抗蠕虫药的合理选用

图 9-2　抗球虫药的合理选用

（4）选择正确的给药方法与途径　预防用药时选择药物拌料为好,治疗用药时以饮水为好。

（5）条件好的养殖场可采用球虫弱毒疫苗免疫注射的方法预防球虫病,这种方法既防止了耐药性的产生,又保证了球虫药在畜禽产品中的残留,为我国食品安全承担应有的责任。

三、杀虫药的合理选用

杀虫药的合理选用如图 9-3 所示。

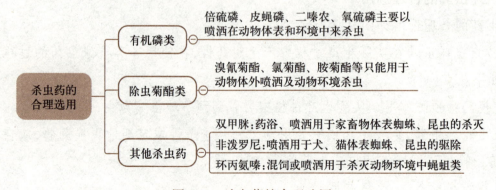

图 9-3　杀虫药的合理选用

项 目 测 试

一、名词解释

抗蠕虫药;抗原虫药;杀虫药。

二、填空题

1. 根据抗寄生虫药作用的寄生虫种类不同,分为_____、_____和杀虫药三类抗寄生虫药。

2. 常见的抗蠕虫药根据作用的寄生虫种类不同分为_____、_____和抗吸虫药三大类。

3. 驱线虫药中的_____是一种广谱、高效的驱肠道线虫和体表寄生虫的药物。

4. _____药物是一类广谱、高效、低毒的抗蠕虫药。本类药不仅对线虫的成虫有效,有的药物对幼虫及虫卵也有效,甚至对绦虫、吸虫也有效果。

5. 用于畜禽驱虫的低毒有机磷化合物有_____、_____、敌敌畏、蝇毒磷等。

6. 氯硝柳胺又名_____,本品主要用于畜禽绦虫病的治疗,如_____的前后盘吸虫病,_____的带钩绦虫和犬腹孔绦虫,禽的赖利绦虫、漏斗带钩绦虫等。

7. 常用的抗肝片吸虫药物除了硫双二氯酚、吡喹酮,还有_____、_____、双酰胺氧醚等。

8. 聚醚类离子载体抗寄生虫药常用的有_____、_____马杜米星、那拉菌素和山度霉素等几种。

9. 常用的杀虫药可分为_____、_____、大环内酯类和其他杀虫药。

10. _____、_____等有机磷类杀虫药具有广谱、高效、残效期短的特性,广泛用于畜禽外寄生虫病。

三、单项选择题

1. 下列哪项不属于阿维菌素类抗寄生虫药? (　　　)

　　A. 多拉菌素　　　　　　　　　　B. 阿维菌素

　　C. 伊维菌素　　　　　　　　　　D. 越霉素 A

2. 下列哪项不属于苯并咪唑类抗寄生虫药? (　　　)

　　A. 阿苯达唑　　　　　　　　　　B. 芬苯达唑

　　C. 左旋咪唑　　　　　　　　　　D. 噻苯达唑

3. 下列(　　　)又名驱蛔灵,其主要对畜禽消化道线虫有较好的效果,尤其以驱蛔虫的效果最好。

　　A. 哌嗪　　　　　　　　　　　　B. 吡喹酮

    C. 伊维菌素   D. 噻苯达唑

4. 下列(   )又名球痢灵,主要作用于鸡球虫第一代和第二代裂殖体。

    A. 氨丙啉   B. 二硝托胺

    C. 尼卡巴嗪   D. 磺胺喹恶啉

5. 地克珠利,属于三嗪类新型(   )。

    A. 抗蠕虫药   B. 抗吸虫药

    C. 抗球虫药   D. 杀虫药

6. 下列哪项不属于抗锥虫药?(   )

    A. 阿苯达唑   B. 喹嘧胺

    C. 苏拉明   D. 三氮脒

7. 下列哪个选项的药物只能体外喷淋给药,不能口服或注射给药?(   )

    A. 阿苯达唑   B. 喹嘧胺

    C. 苏拉明   D. 溴氰菊酯

8. 下列哪项不属于有机磷类杀虫药?(   )

    A. 倍硫磷   B. 二嗪农

    C. 皮蝇磷   D. 磺胺喹恶啉

9. 下列哪项属于纯植物提取类抗原虫药?(   )

    A. 青蒿素   B. 地克珠利

    C. 三氮脒   D. 二硝托胺

10. 下列哪项不属于抗血吸虫药?(   )

    A. 硝硫氰醚   B. 地克珠利

    C. 六氯对二甲苯   D. 吡喹酮

四、简答题

1. 临床治疗动物寄生虫病使用抗寄生虫药的指导原则是什么?

2. 为了防止抗球虫药耐药性的产生,畜禽生产过程中在使用抗球虫药过程中有哪些注意事项?

3. 根据畜禽感染球虫的不同发病阶段,应如何正确地选择抗球虫药?

4. 分别列举一种抗肝片吸虫、猪蛔虫、犬蛔虫、牛羊绦虫和牛羊消化道线虫的首选药。

5. 使用有机磷类杀虫药过程中有哪些注意事项?

项目 *10*

解 毒 药

📖 项目导入

　　不同种类动物的中毒病例经常会在畜牧业生产及宠物饲养过程中出现,根据不同动物的各种不同中毒原因与症状,经验丰富的兽医往往会选取不同的解毒药再结合不同的治疗方法对中毒动物及时进行解毒治疗。兽医临床上常用的解毒药根据作用特点不同分成了哪些种类? 在使用过程中有哪些注意事项?

　　临床上根据解毒药对毒物作用的特点及疗效不同,将解毒药分为了两大类,一类是阻止毒物被继续吸收和促进毒物排出的非特异性解毒药;一类是对毒物具有特异性对抗和阻断作用的特异性解毒药。

　　本项目将要完成 2 个学习任务:(1)非特异性解毒药的认识与应用;(2)特异性解毒药的认识与应用。通过认识和使用解毒药,树立正确的毒物相对观;结合安全用药知识,提高珍爱生命的意识。

任务 10.1　非特异性解毒药的认识与应用

📖 任务背景

　　张医生家养的斗牛犬最近几天身体局部皮肤出现若干处被毛脱落、红肿、瘙痒症状,去宠物医院检查诊断为真菌性皮肤病。医生开出 200 元一瓶的皮肤病专用药浴香波治疗,但是张医生觉得该方法治疗太昂贵,拒绝此种方法。随后张医生自行在人药店买了双甲脒溶液回家对犬进行了药浴。药浴过后该犬出现精神沉郁、瞳孔缩小、心率过缓、食欲废绝的中毒症状。张医生又将犬送到宠物医院进行解毒输液治疗。请问医生会对双甲脒中毒犬用到哪几种解毒药? 每种解毒药的具体用法、用量是什么样的?

☀ 任务目标

知识目标:熟悉常用非特异性解毒药的种类与解毒机制。

技能目标:能根据中毒动物的症状选择正确的解毒药进行解毒治疗。

🔧 任务准备

非特异性解毒药又称一般解毒药,指阻止毒物被继续吸收和促进毒物排出的药物,本类药作用无特异性,对中毒的疗效较低,但能保护机体免受毒物进一步损害,为抢救赢得时间,在实践中具有重要意义。

一、物理性解毒药

1. 保护剂

蛋清、牛奶、豆浆等蛋白质类物质,能减少毒物对黏膜的刺激。常与酸、碱、酚、重金属盐生成沉淀而减少或消除毒物对组织的腐蚀作用,阻止毒物吸收。此外,淀粉浆、米汤、面汤等,对黏膜有润滑保护作用。以上物质无副作用,价格低且易得,使用方便,但保护作用不确切。

2. 沉淀剂

常用的沉淀剂为3%~5%鞣酸水或浓茶水。它们能与多种有机毒物(如生物碱)重金属盐生成沉淀而阻止或减少毒物吸收,且本身呈弱酸性,可中和碱性毒物。但生成的鞣酸盐不太稳定,一般只能作为洗胃剂,并使其迅速排出。

3. 吸附剂

最常用的吸附剂是药用炭,毒物经吸附后即失去或减弱毒性。药用炭可吸附多种毒物,如生物碱(氰化物除外)。其吸附毒物的效果很好。用量应在毒物的5倍以上,制成混悬液灌服,而后给予适量泻药。

二、化学性解毒药

1. 氧化剂

高锰酸钾等氧化物可氧化破坏多数有机毒物。使用时配成0.01%~0.02%的浓度洗胃,或以1%浓度冲洗被毒蛇咬伤的伤口。

2. 中和剂

弱酸弱碱类可与强碱强酸类毒物发生中和反应,使毒物失去作用或减少毒性。

三、药理性解毒药

药理性解毒药主要通过药物与毒物之间的拮抗作用而达到解毒的效果,如中枢兴奋药中毒时,可使用中枢抑制药解毒,反之,中枢抑制药如催眠药中毒时,可用中枢兴奋剂解毒。

利尿药与盐类泻药虽无解毒作用,但可加快毒物自体内排出,减弱毒物对机体的毒性;猪、犬、猫内服药物(毒物)中毒还可使用催吐药,促使毒物自体内排出。

四、对症治疗药

中毒往往能造成机体功能的严重损害,如发生惊厥、呼吸衰竭,如治疗不及时,将影响动物康复,甚至危及生命。因此,要及时使用抗惊厥药(如硫酸镁)、呼吸兴奋药(如尼可刹米)、强心药(如洋地黄)、抗休克药(如地塞米松)、治疗肺水肿的药物(如氯化钙)等,并同时使用特异性解毒药(如亚硝酸盐中毒用亚甲蓝等)和抗生素治疗,以度过危险期。

 **任务实施**

对症治疗解毒药对宠物猫酮康唑中毒试验的观察

[目的] 熟悉对症治疗解毒药阿托品和甲氧氯普胺(胃复安)的使用方法。

[材料] 患真菌性皮肤病猫若干只、酮康唑乳膏、甲氧氯普胺注射液、硫酸阿托品注射液、5 mL 一次性注射器两只、乙醇棉球。

[方法] 将患真菌性皮肤病猫的病灶部涂擦酮康唑乳膏,然后待猫自由活动舔舐病灶部位的酮康唑乳膏,反复涂抹 3~5 次。待猫出现口吐白沫的中毒症状时,记录猫中毒症状的各项生理指标及表现。然后给猫分别皮下注射对症解毒治疗药甲氧氯普胺注射液、硫酸阿托品注射液。分别于 1 h 后、2 h 后记录解毒治疗后猫的各项生理指标及表现。

[记录] 将观察结果记入表 10-1。

表 10-1　对症治疗解毒药对宠物猫酮康唑中毒试验的观察表

试验阶段	精神状态	唾液分泌情况	心率	体温
中毒前				
中毒后				
治疗后 1 h				
治疗后 2 h				

［讨论］试验中用到的硫酸阿托品、甲氧氯普胺两种药属于非特异性解毒药中的哪一类解毒药?

任务反思

1. 常见的物理性非特异性解毒药包括哪些种类?
2. 常见的化学性非特异性解毒药包括哪些种类?

任务小结

非特异性解毒药是一类阻止毒物被继续吸收和促进毒物排出的药物。这类药根据解毒机制的不同分为保护剂、沉淀剂、吸附剂等物理性解毒药,氧化剂、中和剂等化学性解毒药,药理性解毒药,对症治疗药四大类。

任务 10.2　特异性解毒药的认识与应用

任务背景

小李是一家宠物医院的实习医生助理,今天上午医院来了一只不明毒物中毒的宠物犬,他们及时对该犬进行了抢救治疗,医生在抢救治疗过程中用到了好几种药物和治疗方法,其中有他认识的药物,也有他不认识的解毒药,经过三个多小时紧张抢救,宠物犬终于度过了危险期,继续留在医院输液治疗。小李不明白医生在抢救过程中为什么要使用好几种解毒药,且不同的药物给药途径不同。如果你是小李你将如何找到这些问题的答案?

任务目标

知识目标:熟悉常用解毒药的种类与解毒机制。
技能目标:1. 会根据不同的解毒药种类选择正确的给药途径。
　　　　　2. 能根据中毒动物的症状选择正确的解毒药物进行解毒治疗。

任务准备

特异性解毒药又称特效解毒药,是一类具有高度专属性的解毒药物,能起到对因治疗作用。

　　本类药物可特异性地对抗或阻断毒物或药物的作用,而其本身并不具有与毒物相反的作用。本类药物特异性强,如能及时应用则解毒效果好,在中毒的治疗中占有十分重要的地位。下面主要介绍临床常用的几种特异性解毒药。根据解毒对象(毒物或药物)和性质,它们可以分为:金属与类金属中毒的解毒药、有机磷酸酯类中毒的解毒药、血红蛋白还原剂、氰化物解毒剂和其他解毒剂等。

一、金属与类金属中毒的解毒药

1. 依地酸钠钙(Calcium Disodium Edetate)

　　又名二乙胺四乙酸二钠钙、EDTA 二钠钙、解铅乐。

　　[理化性质]本品为白色结晶性或颗粒性粉末,无臭,无味。在空气中易潮解。易溶于水,不溶于乙醚。

　　[体内过程]内服不易吸收。静脉注射后几乎全部分布于血液和细胞外液而不能进入细胞内,脑脊液中分布极微。

　　[作用与应用]本品能与多种金属和放射性物质(钇、镭、钚等)络合,经肾小球滤过后,迅速由尿排出,起解毒作用。对贮存于骨内的铅有明显的络合作用,而对软组织中和红细胞中的铅,则作用较弱。

　　本品主要用于治疗铅中毒,对无机铅中毒有特效。亦可用于镉、锰、铬、镍、汞、钴、铜等金属及放射性元素钇、镭、锆、钚中毒的解救。

　　依地酸钙钠应用时应严格按剂量使用,过大,易引起肾小管上皮损害、水肿、急性肾功能衰竭等。

　　[制剂与用法用量]依地酸钙钠注射液,静脉注射,1 次量:牛、马 3~6 g;羊、猪 1~2 g。2 次 /d,连用 4 d。皮下注射,每千克体重,犬、猫 25 mg。

2. 二巯丙醇(Dimercaprol)

　　又名二巯基丙醇。

　　[理化性质]本品为无色或几乎无色易流动的澄明液体;有强烈的、似蒜的特异臭。溶于水,但水溶液不稳定;在乙醇和苯甲酸苄酯中极易溶解。一般配成 10% 的油溶液(加有 9.6% 苯甲酸苄酯)供肌内注射用。应遮光、密封保存。

　　[体内过程]本品内服不吸收。肌内注射后,30 min 内达血药高峰浓度,半衰期短,在 4 h 内药物可全部转化,以中性硫形式经尿液迅速排出体外。

　　[作用与应用]本品属巯基络合剂。与金属亲和力大,能夺取已与组织中酶系统结合的金属,形成不易离解的无毒络合物而由尿排出,使巯基酶恢复活性,从而解除金属引起的中毒症状。

本品主要用于治疗砷中毒,对汞、铜、锌、镍和金中毒也有效。对锰中毒疗效差。与依地酸钙钠合用,可治疗幼小动物的急性铅脑病。本品对其他金属的促排效果如下:排铅不及依地酸钙钠;排铜不如青霉胺;对锑和铋无效。

本品在使用中应严格控制用量,注射后易引起剧烈疼痛,必要时做深部肌内注射。对肝、肾有损害作用,故肝、肾功能不全动物慎用。但碱化尿液可减少络合物的重新解离,能减轻肾损害。本品不能与硒、铁同用,易产生有毒络合物。

[制剂与用法用量] 二巯丙醇注射液,0.2 g/2 mL、0.5 g/5 mL、1 g/10 mL。肌内注射,1 次量,每千克体重:犬、猫 2.5~5.0 mg;家畜 3 mg。

用于砷中毒,第 1~2 天,1 次/4 h;第 3 天,1 次/8 h;以后 10 d 内,2 次/d,直至痊愈。

3. 二巯丙磺钠(Sodium Dimercaptopropane Sulfonate)

又名二巯基丙磺酸钠。

作用与二巯丙醇相似,且副作用小。对砷、汞中毒效果较好,对铋、铬、锑中毒有效。

[制剂与用法用量] 注射用二巯丙磺钠,0.5 g/5 mL~1 g/10 mL。静脉注射或肌内注射,0.5 g/5 mL、1 g/10 mL。1 次量,每千克体重:牛、马 5~8 mg;羊、猪 7~10 mg;第 1~2 日,每 4~6 h 1 次,第 3 日开始 2 次/d。

4. 二巯丁二钠(Sodium Dimercaptosuccinate)

又名二巯琥珀酸钠。

[理化性质] 二巯丁二钠为带有硫臭的白色粉末,易吸水潮解,水溶液无色或微红色,不稳定。

[体内过程] 本品注射吸收快,但迅速从血液中消失,4 h 排出达 80%。

[作用与应用] 本品为我国研制的广谱金属解毒剂。主要用于锑、汞、砷、铅中毒,也可用于铜、锌、镉、钴、镍、银等金属中毒。对肝豆状核变性病有驱铜及减轻症状的效果。排铅作用与依地酸钙钠相同,能使中毒症状迅速缓解;对锑的解毒作用最强,比二巯丙醇强 10 倍;对砷的解毒作用与二巯丙磺钠相同;对汞作用不如二巯丙磺钠。毒性较小,无蓄积作用。

注射用粉针在溶解后如变为混浊或呈土黄色,则不可使用,因久置后毒性增大,也不可加热。本品应现配现用,不可久置。

[制剂与用法用量] 注射用二巯丁二钠。一般以灭菌生理盐水稀释成 5%~10% 溶液,缓慢静脉注射。1 次量,每千克体重,家畜 20 mg。慢性中毒,1 次/d,5~7 d 为 1 疗程。急性中毒,4 次/d,连用 3 d。

5. 青霉胺(Penicillamine)

又名二甲基半胱氨酸。

[理化性质] 本品为青霉素的代谢产物,为白色或近白色细微结晶性粉末,有臭味。能吸湿,性质稳定,易溶于水。

［作用与应用］属单巯基络合剂。能络合铜、铁、汞、铅、砷等,形成稳定和可溶性复合物,迅速由尿排出。内服吸收良好,性质稳定,溶解度高。副作用轻微,在体内不易被破坏,可供轻度重金属中毒或其他络合剂有禁忌时选用。对铜中毒的解毒作用比二巯丙醇强,可使铜排出量增加 5~20 倍,并无蓄积作用。N- 乙酰 –DL- 青霉胺为青霉素的衍生物,毒性很低,对汞中毒的解救优于青霉胺。

本品可影响胚胎发育。

［制剂与用法用量］青霉胺片,内服,1 次量,每千克体重,家畜 5~10 mg,4 次 /d,5~7d 为 1 疗程,间歇 2 d。

6. 去铁胺(Deferoxamine)

又名去铁敏、除铁灵。

［理化性质］本品为白色结晶性粉末,易溶于水,水溶液稳定。

［体内过程］本品在胃肠中吸收甚少,可通过皮下、肌内或静脉注射吸收,并迅速分布到各组织。在血浆和组织中很快被酶代谢。

［作用与应用］本品属特异性铁合剂,是由长绒毛链毒菌属的变种得来的活性物质。能清除体内各种含铁蛋白和含铁血黄素中的铁离子。

本品主要是急性铁中毒的解毒药。对其他金属中毒的解毒效果差。

本品用后可出现腹泻、心动过速、腿肌震颤等副作用,严重肾功能不全动物禁用,老年动物慎用。

［制剂与用法用量］去铁胺注射液,500 mg/ 瓶。肌内注射,参考 1 次量,每千克体重,首次量 20 mg,维持量 10 mg。日总量,每千克体重,不超过 120 mg。

静脉注射剂量同肌内注射。注射速度应保持每小时、每千克体重 15 mg。

二、有机磷酸酯类中毒的解毒药

有机磷酸酯类杀虫剂对人畜的毒性主要是对乙酰胆碱酯酶活性的抑制,引起乙酰胆碱在体内蓄积,使胆碱能神经受到持续冲动,导致先兴奋后衰竭的一系列的毒蕈碱样作用、烟碱样作用和中枢神经作用,严重者出现昏迷以致呼吸衰竭而死亡。

毒蕈碱样作用主要表现为呕吐、腹痛、流涎、瞳孔缩小等症状。用阿托品能解除这些症状。

烟碱样作用主要表现为肌肉颤抖,甚至全身肌肉强直痉挛而后发生肌力减退和瘫痪、呼吸加快、狂躁、抽搐、昏迷及呼吸肌麻痹引起呼吸衰竭。这些症状不能用阿托品解除,只能用解磷定等特异性解毒药恢复胆碱酯酶的作用,通过水解消除症状。

有机磷酸酯类中毒的解毒药又称胆碱酯酶复活剂,常用的胆碱酯酶复活剂有碘解磷定、氯解磷定、双解磷定和双复磷。

1. 碘解磷定(Pralidoxime Iodide)

又名派姆、解磷定、磷定。

［理化性质］本品为黄色颗粒状结晶或结晶性粉末，无臭，味苦。遇光易变质，能溶于水，水溶液稳定，在碱性溶液中易被破坏。

［体内过程］本品静脉注射后，血中很快达到有效浓度，数分钟后被抑制的血胆碱酯酶活性开始恢复，在肝、肾、脾、心等器官含量较高，肺、骨骼肌和血中次之。脂溶性差，不易透过血脑屏障，在肝中代谢快，迅速由肾排泄，无蓄积性。

［作用与应用］本品为最早合成的肟类胆碱酯酶复活剂。能夺取已与胆碱酯酶结合的有机磷，也能与体内游离的有机磷结合，形成无毒的磷化碘解磷定而排出体外。

本品单独使用可治疗轻度有机磷中毒；对中度或重度中毒时，则必须与阿托品合用，用药越早越好。阿托品能迅速有效地消除由乙酰胆碱引起的强烈的毒蕈碱样作用的中毒症状，也能解除一部分中枢神经系统的中毒症状。由于阿托品能解除有机磷中毒症状，对体内磷酰化胆碱酯酶的复活有帮助，严重中毒时与胆碱酯酶复活剂联合应用，具有协同效果，因此临床上治疗有机磷中毒时，必须及时、足量地给予阿托品。

本品作用仅能维持 1.5 h 左右，必须反复给药。在联合应用时，能增强阿托品的作用，但要注意控制阿托品的剂量，应用时间至少维持 48~72 h。在碱性溶液中易分解，禁止与碱性药物配合。

本品主要用于有机磷中毒做解毒剂，如对 1605、1059、特普、乙硫磷的疗效好；对敌敌畏、敌百虫等中毒效果差或无效。

［制剂与用法用量］碘解磷定注射液，0.5 g/2 mL。静脉注射，每千克体重：家畜 15~30 mg；犬、猫 20 mg；兔 30 mg；鸡 10~20 mg。

2. 其他有机磷酸酯类中毒的解毒药

氯解磷定（Pralidoxime Chloride）

又名氯化派姆（paM-C）、氯磷定。

在我国生产的肟类胆碱酯酶复活剂中，以氯解磷定的水溶性高，稳定性好，作用比碘解磷定产生快、强，副作用较小。其注射液可供肌内或静脉注射。

双复磷（Obidoxime Chloride，DMO₄）

结构和作用与碘解磷定相似，容易通过血脑屏障。有阿托品样作用，对有机磷所引起的烟碱样和毒蕈碱样症状均有较好疗效，对中枢神经系统症状的消除效果很强，其注射液可供肌内注射或静脉注射。

双解磷（Trimedoxime，TMB₄）

作用比碘解磷定强而持久，不易通过血脑屏障，有阿托品样作用。常用其粉针剂。

三、血红蛋白还原剂

亚甲蓝（Methylthioninium Chloride）

又名美蓝、甲烯蓝。

　　[理化性质]本品为深绿色、具有铜样光泽的柱状结晶或结晶性粉末,无臭。易溶于水或乙醇中,溶液呈蓝色,在氯仿中溶解。应遮光、密封保存。

　　[体内过程]本品内服不易被胃肠吸收。在组织中能迅速被还原为还原型亚甲蓝,并部分被代谢。大部分代谢产物经尿和粪排出体外。

　　[作用与应用]亚甲蓝属两性物质,是氧化还原剂。高浓度时,直接使血红蛋白氧化为高铁血红蛋白;低浓度时,在还原型辅酶 I 脱氢酶作用下,还原为还原型亚甲蓝,使高铁还原型蛋白还原为血红蛋白。

　　本品临床上小剂量(1~2 mg/kg 体重)呈还原作用,解救高铁血红蛋白症。大剂量(5~10 mg/kg 体重)呈氧化作用,可用于解救氰化物中毒,其原理与亚硝酸钠相同,但作用不如亚硝酸钠强。主要用于亚硝酸盐中毒的解救。

　　本品刺激性强,可致组织坏死,禁用于皮下或肌内注射。由于亚甲蓝溶液不能与许多药物、强碱性溶液、氧化剂、还原剂和碘化物配合,只能单独使用,不能与其他药物混合注射。

　　[制剂与用法用量]亚甲蓝注射液,20 mg/2 mL、50 mg/5 mL、100 mg/10 mL。静脉注射,1 次量,每千克体重:家畜,解救高铁血红蛋白症(亚硝酸盐中毒)1~2 mg;解救氰化物中毒 10 mg(最大剂量 20 mg)。应与硫代硫酸钠交替使用。

四、氰化物解毒剂

　　氰化物中的氰离子(CN^-)能迅速与氧化型细胞色素氧化酶的 Fe^{3+} 结合,使该酶失去传递氧的作用,阻碍内呼吸进行,组织细胞不能利用血液中的氧而导致动物中毒。组织缺氧首先引起脑、心血管系统损害和电解质紊乱。牛对氰化物最敏感,其次是羊、马和猪。

1. 亚硝酸钠(Sodium Nitrite)

　　[理化性质]本品为无色或白色至微黄色结晶,无臭,味微咸。有潮解。易溶于水,微溶于乙醇。水溶液呈碱性反应。

　　[体内过程]本品内服易吸收,且迅速,静脉注射后数分钟呈现作用。

　　[作用与应用]本品为氧化剂。能将血红蛋白中的二价铁(Fe^{2+})氧化成三价铁(Fe^{3+}),形成高铁血红蛋白,而解救氰化物中毒。但仅能暂时性地延迟氰化物对机体的毒性。在静脉注射后数分钟应立即使用硫代硫酸钠。

　　临床上主要用于氰化物中毒的治疗。本品易引起高铁血红蛋白症,故不宜重复给药。

　　[制剂与用法用量]亚硝酸钠注射液,0.3 g/10 mL。以亚硝酸盐计,静脉注射,每千克体重,1 次量:牛、马 2 g;羊、猪 0.1~0.2 g。

2. 硫代硫酸钠(Sodium Thiosulfate)

　　又名次亚硫酸钠、大苏打。

　　[理化性质]本品为无色透明结晶或结晶性细粒,无臭,味咸。在干燥空气中有风化性,有

吸湿性。极易溶解于水,在乙醇中不溶。水溶液显微弱的碱性反应。应密封保存。

[体内过程]本品内服不易吸收,静脉注射后可迅速分布到各组织的细胞外液。

[作用与应用]本品具有还原作用。在酶的催化作用下,能与体内游离的或与高铁血红蛋白结合的氰离子相结合,使其变为无毒的硫氰酸盐随尿排出体外而解毒。但不如二巯基醇的疗效好。

主要用于氰化物中毒,也可用于皮肤瘙痒,慢性荨麻疹,砷、汞、铅、铋、碘等中毒。

本品解毒作用起效缓慢,应先静脉注射产生作用较快的亚硝酸钠(或亚甲蓝),立即缓慢注射本品,但不能将两种药物混合后同时静脉注射。对内服毒物引起的中毒,可将本品稀释成5%浓度洗胃,并于洗胃后保留适量溶液于胃中。

[制剂与用法用量]硫代硫酸钠注射液,0.5 g/10 mL、1 g/20 mL。静脉或肌内注射,1次量,牛、马 5~10 g;羊、猪 1~3 g;犬、猫 1~2 g。

五、其他解毒剂

其他解毒剂主要为有机氟中毒解救药。

乙酰胺(Acetamide)

又名解氟灵。

[理化性质]本品为白色透明结晶性粉末,易潮解。易溶于水和乙醇。

[作用与应用]本品解毒机制目前尚不清楚,可能因为本品在体内与氟乙酰胺竞争酰胺酶,氟乙酰胺夺取酰胺酶后,使氟乙酰胺不能转化为具有细胞毒性的氟乙酸,同时本身分解产生的乙酸能干扰氟乙酸的作用,从而消除其对机体的毒性。

主要用于有机氟杀虫药和杀鼠药氟乙酰胺、氟乙酸钠等引起的动物中毒,作解毒剂。

本品酸性强,肌内注射时局部疼痛明显,可配合应用普鲁卡因或利多卡因,以减轻疼痛。

[制剂与用法用量]乙酰胺注射液,0.5 g/5 mL、2.5 g/5 mL、1 g/10 mL、5 g/10 mL。静脉或肌内注射,每千克体重:家畜 50~100 mg。

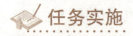 **任务实施**

乙酰胺治疗犬有机氟中毒的试验观察

[目的]熟悉乙酰胺注射液的使用方法与使用注意事项。

[材料]实验用犬、一次性注射器、一次性输液器、留置针、乙醇棉球、医用胶布、0.9%生理盐水注射液、输液泵、听诊器、乙酰胺注射液、呋塞米注射液、阿托品。

[方法]将实验犬分成两组,一组 5 只,口服有机氟药物,待犬表现不安时,开始对一组犬进行乙酰胺注射液静脉输液解毒治疗,对另一组不进行治疗。同时记录两组犬的心率、肌肉抽

搐、体温、呼吸频率等各项生命指针。

[记录] 将观察结果记入表 10-2。

表 10-2　乙酰胺治疗犬有机氟中毒的试验观察表

分组	心率	体温	呼吸频率	精神状态	治疗结果
未治疗组					
解毒治疗组					

[讨论] 在使用乙酰胺进行解毒治疗过程中有哪些注意事项？

任务反思

1. 常用的有机磷酸酯类中毒的解毒药有哪些种类？
2. 金属与类金属中毒的解毒药有哪些种类？

任务小结

特异性解毒药主要包括金属与类金属中毒的解毒药、有机磷酸酯类中毒解毒药、血红蛋白还原剂、氰化物解毒剂、有机氟中毒解救药。

项 目 总 结

解毒药的合理选用

解毒药的合理选用如图 10-1 所示。

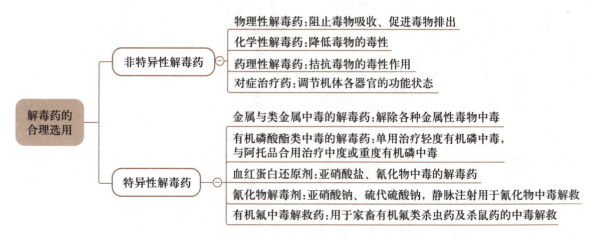

图 10-1　解毒药的合理选用

项目测试

一、名词解释

非特异性解毒药;特异性解毒药。

二、填空题

1. 解毒药根据作用的特点和疗效不同,分为_____、_____两大类。

2. 常见的物理性解毒药根据作用原理分为_____、_____和吸附剂三类。

3. 常见的化学性解毒药包括_____、_____两大类。

4. _____又称特效解毒药,是一类具有高度专属性的解毒药。

5. 亚硝酸盐中毒常用的特异性解毒药是_____。

6. 常用的氰化物解毒剂有_____、_____两类。

7. 有机磷酸酯类中毒的解毒药又称_____。

三、单项选择题

1. 下列哪项不属于金属与类金属中毒的解毒药? (   )

    A. 依地酸钙钠   B. 二巯丙醇

    C. 去铁胺   D. 碘解磷定

2. 下列哪项不属于胆碱酯酶复活剂药? (   )

    A. 亚甲蓝   B. 碘解磷定

    C. 双复磷   D. 氯解磷定

3. 对中毒动物使用蛋清、牛奶、豆浆等蛋白质类物质可以起到(   )作用。

    A. 吸附毒物   B. 沉淀毒物,阻止吸收

    C. 保护胃肠道黏膜   D. 特异性解毒

4. 下列哪项为常用的吸附解毒剂? (   )

    A. 亚甲蓝   B. 药用炭

    C. 双复磷   D. 高锰酸钾溶液

5. 下列哪项为有机氟中毒解救药? (   )

    A. 亚甲蓝   B. 硫代硫酸钠

    C. 亚硝酸钠   D. 乙酰胺

四、简答题

1. 当动物误食了不明毒物出现中毒症状时,可采取哪些治疗措施?

2. 猪亚硝酸盐中毒用什么药物解毒,如何解救,解毒机制是什么?

3. 解救氰化物中毒时,为什么要同时用亚硝酸盐和硫代硫酸钠?

附 录

附录 1　药物名称及其曾用名、俗名的对照

药物名称	曾用名或俗名	药物名称	曾用名或俗名
大黄	川军	干酵母	食母生
陈皮	橙皮	药曲	建曲
桂皮	肉桂	氨甲酰胆碱	乌拉坦碱
姜	老姜	鱼石脂	依克度
人工盐	人工矿泉盐、卡尔斯泉盐	二甲硅油	聚甲基硅
胃蛋白酶	胃蛋白酶素、胃液素	硫酸钠	芒硝
乳酶生	表飞鸣	液状石蜡	石蜡油
碱式碳酸铋	次碳酸铋	氧化亚氮	笑气
碱式硝酸铋	次硝酸铋	恩氟烷	安氟醚、易使宁
药用炭	活性炭	硫喷妥钠	戊硫巴比妥钠
高岭土	白陶土	氯胺酮	开他敏
盐酸地芬诺酯	苯乙哌啶、止泻宁	盐酸氯丙嗪	冬眠灵、氯普马嗪、可乐静
溴丙胺太林	普鲁本辛	乙酰丙嗪	乙酰普马嗪
氯苯甲嗪	敏可静	苯巴比妥	鲁米那
甲氧氯普胺	胃复安、灭吐灵	非那西汀	对乙酰氨基苯乙醚
舒必利	止吐灵、硫苯酰胺	对乙酰氨基酚	扑热息痛、醋氨酚
阿扑吗啡	去水吗啡	氨基比林	匹拉米洞
氯化铵	氯化垭、卤砂	安乃近	罗瓦尔精、诺瓦精
碘化钾	灰碘	保泰松	布他酮、布他唑丁
乙酰半胱氨酸	痰易净、易咳净	水杨酸钠	柳酸钠
喷托维林	咳必清、维静宁	阿司匹林	乙酰水杨酸、醋柳酸

续表

药物名称	曾用名或俗名	药物名称	曾用名或俗名
可待因	甲基吗啡	吲哚美辛	消炎痛
洋地黄毒苷	狄吉妥辛、地芰毒	苄达明	炎痛静、消炎灵
毒毛花苷 K	绿毒毛旋花子苷、康吡箭毒子素	萘普生	萘洛芬、消痛灵、甲氧萘丙酸
地高辛	狄高辛	布洛芬	异丁苯丙酸、芬必得
普鲁卡因胺	普鲁卡因酰胺	酮洛芬	优洛芬、酮基布洛芬
异丙吡胺	丙吡胺、达舒平	甲芬那酸	扑湿痛
明矾	硫酸铝钾、白矾	赛拉嗪	隆朋、甲苯噻嗪
安特诺新	安络血、肾上腺色腙	赛拉唑	静松灵、二甲苯胺噻唑
酚磺乙胺	止血敏	咖啡因	咖啡碱
氨甲苯酸	止血芳酸、对羧基苄胺	尼可刹米	可拉明、二乙烟酰胺
氨甲环酸	凝血酸、止血环酸	多沙普仑	多普兰、吗啉吡咯酮、吗乙苯吡酮
枸橼酸钠	柠檬酸钠	士的宁	番木鳖碱
华法林	苄丙酮香豆素	回苏灵	二甲弗林
呋塞米	速尿、利尿磺胺、尿灵、呋喃苯胺酸、腹安酸	盐酸普鲁卡因	奴佛卡因
		盐酸利多卡因	昔罗卡因
螺内酯	螺旋内酯固醇、安体舒通	丁卡因	的卡因、四卡因、潘托卡因
雌二醇	求偶二醇	毛果芸香碱	匹鲁卡品
黄体酮	孕酮、助孕素	氯化氨甲酰甲胆碱	比赛可灵、乌拉坦碱
丙酸睾酮	丙酸睾丸素、丙酸睾丸酮	新斯的明	普洛色林、普洛斯的明
甲睾酮	甲基睾丸素、甲基睾丸酮	琥珀胆碱	司可灵
苯丙酸诺龙	苯本酸去甲睾酮、多乐宝灵	泮库溴铵	溴化双哌雄酯、巴夫龙
卵泡刺激素	垂体促卵泡素、促卵泡素、FSH	肾上腺素	副肾素
黄体生成素	促黄体素、LH	麻黄碱	麻黄素
缩宫素	催产素	去甲肾上腺素	正肾素
氟烷	三氟氯溴乙烷、氟罗生	异丙肾上腺素	喘息定、治喘灵
普萘洛尔	心得安	甲砜霉素	甲砜氯霉素
氢化可的松	氢可的松、可的索、皮质醇	氟苯尼考	氟甲砜霉素
泼尼松	强的松、去氢可的松	替米考星	梯米考星、特米考星
地塞米松	氟美松	吉他霉素	柱晶白霉素、北里霉素

续表

药物名称	曾用名或俗名	药物名称	曾用名或俗名
醋酸氟轻松	肤轻松	恩诺沙星	乙基环丙沙星
维生素 A	维生素甲、甲种维生素	达氟沙星	单诺沙星
维生素 D	维生素丁	诺氟沙星	氟哌酸
维生素 E	生育酚	环丙沙星	环丙氟哌酸
维生素 B_1	硫胺素	甲硝唑	灭滴灵、甲硝咪唑
维生素 B_2	核黄素	地美硝唑	二甲硝唑、二甲硝咪唑、达美索
泛酸	遍多酸	克霉唑	抗真菌 1 号
烟酸	尼克酸、维生素 PP、维生素 B_3	吗啉胍	病毒灵、吗啉胍
维生素 B_6	吡哆辛	利巴韦林	病毒唑、三氮唑核苷
生物素	维生素 H	苯酚	石炭酸
叶酸	蝶酰谷氨酸、维生素 B_C、维生素 M	甲酚	煤酚
维生素 B_{12}	氰钴胺	甲醛溶液	福尔马林
胆碱	维生素 B_4	氢氧化钠	苛性钠
维生素 C	抗坏血酸	过氧乙酸	过醋酸
氯化钠	食盐	含氯石灰	漂白粉
碳酸氢钠	重碳酸氢钠、小苏打	乙醇	酒精
葡萄糖	右旋糖	苯扎溴胺	新洁尔灭
右旋糖酐	葡聚糖	醋酸氯己定	洗必泰
苯海拉明	可他敏	过氧化氢	双氧水
盐酸异丙嗪	非那宗、抗胺荨	乳酸依沙吖啶	雷佛奴尔、利凡诺
马来酸氯苯那敏	扑尔敏	阿苯达唑	丙硫苯咪唑、丙硫咪唑
阿司咪唑	息斯敏	噻苯达唑	噻苯唑、噻苯咪唑
西咪替丁	甲氰咪胍、甲氰咪胺	芬苯达唑	苯硫苯咪唑、硫苯咪唑
雷尼替丁	甲硝呋胍、呋喃硝胺、胃安太啶	左旋咪唑	左咪唑
青霉素 G	苄青霉素、盘尼西林	噻嘧啶	抗虫灵、噻吩嘧啶
氨苄西林	氨苄青霉素	哌嗪	驱虫灵、二氮六环
阿莫西林	羟氨苄青霉素	乙胺嗪	海群生
羧苄西林	卡比西林、羟苄青霉素	氯硝柳胺	灭绦灵、育米生
多西环素	脱氧土霉素、强力霉素	硝碘酚腈	氰碘硝基苯酚、碘硝腈酚、硝羟碘苄腈

药物名称	曾用名或俗名	药物名称	曾用名或俗名
三氯苯达唑	三氯苯咪唑	硫酸喹啉脲	阿卡普林、抗焦虫素
六氯对二甲苯	血防 846、海涛尔	双脒苯脲	咪唑苯脲
硝硫氰胺	7505	地美硝唑	二甲硝咪唑、达美索
莫能菌素	莫能星、瘤胃素	皮蝇磷	芬氯磷
盐霉素	沙利霉素	溴氰菊酯	敌杀死
马度米星	马杜霉素	氯菊酯	扑灭司林
拉沙菌素	拉沙洛西、球安	胺菊酯	四甲司林
那拉菌素	甲基盐霉素	双甲脒	阿米曲士、虫螨脒
山度霉素	赛杜霉素	氯苯脒	杀虫脒
二硝托胺	球痢灵、二硝苯甲酰胺	依地酸钙钠	二乙胺四乙酸二钠钙、EDTA 二钠钙、解铅乐
氯丙啉	安保宁	二巯丙醇	二巯基丙醇
尼卡巴嗪	球虫净、双硝苯脲二甲嘧啶醇	二巯丙磺钠	二巯基丙磺钠
磺胺喹噁啉	磺胺喹沙啉	二巯丁二钠	二巯琥珀酸钠
地克珠利	杀球灵、刻利禽、氯嗪苯乙氰	青霉胺	二甲基半胱氨酸
托曲珠利	百球清、拜可、甲苯三嗪酮	去铁胺	去铁敏、除铁灵
氯羟吡啶	克球粉、广虫灵、克球多、可爱丹、氯吡多	氯解磷定	氯化派姆（PAM-CL）、氯磷定
常山酮	卤夫酮、速丹、溴氯常山酮	亚甲蓝	美蓝、甲烯蓝
喹嘧胺	安锥赛	硫代硫酸钠	次亚硫酸钠、大苏打
苏拉明	萘磺苯酰胺、那加宁	乙酰胺	解氟灵
三氮脒	贝尼尔		

附录 2　食品动物中禁止使用的药品及其他化合物清单

　　为进一步规范养殖用药行为,保障动物源性食品安全,根据《兽药管理条例》有关规定,原农业部(现为农业农村部)修订了食品动物中禁止使用的药品及其他化合物清单,现予以发布,自发布之日起施行。食品动物中禁止使用的药品及其他化合物以本清单为准，原农业部公告第 193 号、235 号、560 号等文件中的相关内容同时废止。

食品动物中禁止使用的药品及其他化合物清单

序号	药品及其他化合物名称
1	酒石酸锑钾（Antimony potassium tartrate）
2	β- 兴奋剂（β-agonists）类及其盐、酯
3	汞制剂：氯化亚汞（甘汞）（Calomel）、醋酸汞（Mercurous acetate）、硝酸亚汞（Mercurous nitrate）、吡啶基醋酸汞（Pyridyl mercurous acetate）
4	毒杀芬（氯化烯）（Camahechlor）
5	卡巴氧（Carbadox）及其盐、酯
6	呋喃丹（克百威）（Carbofuran）
7	氯霉素（Chloramphenicol）及其盐、酯
8	杀虫脒（克死螨）（Chlordimeform）
9	氨苯砜（Dapsone）
10	硝基呋喃类：呋喃西林（Furacilinum）、呋喃妥因（Furadantin）、呋喃它酮（Furaltadone）、呋喃唑酮（Furazolidone）、呋喃苯烯酸钠（Nifurstyrenate sodium）
11	林丹（Lindane）
12	孔雀石绿（Malachite green）
13	类固醇激素：醋酸美仑孕酮（Melengestrol Acetate）、甲基睾丸酮（Methyltestosterone）、群勃龙（去甲雄三烯醇酮）（Trenbolone）、玉米赤霉醇（Zeranal）
14	安眠酮（Methaqualone）
15	硝呋烯腙（Nitrovin）
16	五氯酚酸钠（Pentachlorophenol sodium）
17	硝基咪唑类：洛硝达唑（Ronidazole）、替硝唑（Tinidazole）
18	硝基酚钠（Sodium nitrophenolate）
19	己二烯雌酚（Dienoestrol）、己烯雌酚（Diethylstilbestrol）、己烷雌酚（Hexoestrol）及其盐、酯
20	锥虫砷胺（Tryparsamile）
21	万古霉素（Vancomycin）及其盐、酯

附录3 生产A级绿色食品允许使用的抗寄生虫、抗菌化学药品

类别	药名	剂型	途径	动物	剂量	停药期
抗寄生虫药	阿苯达唑 Albendazole	片剂	口服	牛 羊	0~15 mg/kg 10 mg/kg	27 d,产奶禁用 10 d,产奶禁用
	地克珠利 Diclazuril	溶液	饮水	鸡	0.5~1 mg/L	5 d
	芬苯达唑 Fenbendazole	片剂、粉剂	口服	牛 羊 猪	5.0~7.5 mg/kg 5.0~7.5 mg/kg 5.0~7.5 mg/kg	28 d,奶废弃期4 d 21 d,产奶禁用 7 d
	伊维菌素 Ivermectin	注射液	皮下	牛 羊 猪	0.2 mg/kg 0.2 mg/kg 0.2 mg/kg	35 d,产奶禁用 42 d,产奶禁用 28 d
		浇泼剂	外用	牛	0.5 mg/kg	2 d,产奶禁用
	左旋咪唑 Levamisole (盐酸,磷酸)	片剂	口服	牛 羊 猪	7.5 mg/kg 7.5 mg/kg 7.5 mg/kg	3 d,产奶禁用 3 d,产奶禁用 3 d
		注射液	肌注或皮下	牛 羊 猪	7.5 mg/kg 7.5 mg/kg 7.5 mg/kg	28 d,产奶禁用 28 d,产奶禁用 20 d
	奥芬达唑 Oxfendazole	片剂	口服	牛 羊 猪	5.0 mg/kg 5~7.5 mg/kg 4 mg/kg	28 d,产奶禁用 42 d,产奶禁用 20 d
	盐酸氯苯胍 Robenidine HCl	片剂	口服	兔	10~15 mg/kg	7 d
	噻苯达唑 Thiabendazole	粉剂	口服	牛 羊 猪	50~100 mg/kg 50~70 mg/kg 60~90 mg/kg	3 d,奶废弃期4 d 30 d,奶废弃期4 d 30 d
抗菌药	氨苄西林钠盐 Ampicillin Sodium	钠盐注射剂	肌注,静脉	牛 羊 猪	5~10 mg/kg	12 d,奶废弃期2 d 12 d,奶不用 15 d

续表

类别	药名	剂型	途径	动物	剂量	停药期
抗菌药	苄星青霉素 Benzathine Benzylpenicillin	注射剂	肌注	牛 羊 猪	2万~3万 U/kg 3万~4万 U/kg 4万~5万 U/kg	30 d,奶废弃期3 d 14 d,产奶禁用 14 d
	普鲁卡因青霉素 Procaine Benzylpenicillin	注射剂（钠或钾）	肌注	牛 羊 猪	1万~2万 U/kg 1万~2万 U/kg 2万~3万 U/kg	10 d,奶废弃期3 d 9 d 7 d
	硫酸小檗碱 Berberine Sulfate		口服	牛 羊、猪	3~5 g 0.5~1.0 g	0 d
		注射液	肌注	马、牛 羊、猪	0.15~0.40 g 0.05~0.10 g	0 d
	氯唑西林 Cloxacillin	注射剂（钠）	乳管	泌乳期牛、干乳期牛	200 mg/乳室 200~500 mg/乳室	10 d,奶废弃期3 d 30 d
	红霉素 Erythromycin	乳糖酸注射剂	静脉	牛、羊猪	3~5 mg/kg	21 d,产奶禁用 10 d
		硫氰酸盐粉剂	饮水	鸡	125 mg/L	5 d,产蛋禁用
	庆大霉素 Gentamicin	注射液	肌注	猪	2~4 mg/kg	40 d
	林可霉素 Lincomycin	片剂	口服	猪 鸡	10 mg/kg 10 mg/kg	5 d 5 d,产蛋禁用
		注射液	肌注	猪	10 mg/kg	2 d
	新霉素 Neomycin	可溶粉	饮水	禽	50~75 mg/L	5 d,产蛋禁用
	大观霉素 Spectinomycin	可溶粉（+林可）	饮水	鸡	1 g/L 0.5~0.8 g/L	5 d,产蛋禁用 5 d,产蛋禁用
	泰乐菌素 Tylosin	可溶粉	饮水	鸡	500 mg/T	1 d,产蛋禁用
		酒石酸注射剂	皮下、肌注	猪、禽	5~13 mg/kg	14 d

附录 4　部分国家及地区明令禁用或重点监控的兽药及其他化合物清单

一、欧盟禁用的兽药及其他化合物清单

1. 阿伏霉素（Avoparcin）
2. 洛硝达唑（Ronidazole）
3. 卡巴多（Carbadox）
4. 喹乙醇（Olaquindox）
5. 杆菌肽锌（Bacitracin Zinc）（禁止作饲料添加药物使用）
6. 螺旋霉素（Spiramycin）（禁止作饲料添加药物使用）
7. 弗吉尼亚霉素（Virginiamycin）（禁止作饲料添加药物使用）
8. 磷酸泰乐菌素（Tylosin Phosphate）（禁止作饲料添加药物使用）
9. 阿普西特（Arprinocide）
10. 二硝托胺（Dinitolmide）
11. 异丙硝唑（Ipronidazole）
12. 氯羟吡啶（Meticlopidol）
13. 氯羟吡啶／苄氧喹甲酯（Meticlopidol/Mehtylbenzoquate）
14. 氨丙啉（Amprolium）
15. 氨丙啉／乙氧酰胺苯甲酯（Amprolium/Ethopabate）
16. 地美硝唑（Dimetridazole）
17. 尼卡巴嗪（Nicarbazin）
18. 二苯乙烯类（Stilbenes）及其衍生物、盐和酯，如己烯雌酚（Diethylstilbestrol）等
19. 抗甲状腺类药物（Antithyroid Agent），如甲巯咪唑（Thiamazol），普萘洛尔（Propranolol）等
20. 类固醇类（Steroids），如雌激素（Estradiol），雄激素（Testosterone），孕激素（Progesterone）等
21. 二羟基苯甲酸内酯（Resorcylic Acid Lactones），如玉米赤霉醇（Zeranol）
22. β- 兴奋剂类（β-Agonists），如克仑特罗（Clenbuterol），沙丁胺醇（Salbutamol），喜马特罗（Cimaterol）等
23. 马兜铃属植物（*Aristolochia* spp.）及其制剂
24. 氯霉素（Chloramphenicol）
25. 氯仿（Chloroform）
26. 氯丙嗪（Chlorpromazine）
27. 秋水仙碱（Colchicine）
28. 氨苯砜（Dapsone）
29. 甲硝咪唑（Metronidazole）
30. 硝基呋喃类（Nitrofurans）

二、美国禁止在食品动物使用的兽药及其他化合物清单

1. 氯霉素（Chloramphenicol）
2. 克仑特罗（Clenbuterol）
3. 己烯雌酚（Diethylstilbestrol）
4. 地美硝唑（Dimetridazole）
5. 异丙硝唑（Ipronidazole）
6. 其他硝基咪唑类（Other Nitroimidazoles）
7. 呋喃唑酮（Furazolidone）（外用除外）
8. 呋喃西林（Nitrofurazone）（外用除外）
9. 泌乳牛禁用磺胺类药物［下列除外：磺胺二甲氧嘧啶（Sulfadimethoxine）、磺胺溴甲嘧啶（Sulfabromomethazine）、磺胺乙氧嗪（Sulfaethoxypyridazine）］
10. 氟喹诺酮类（Fluoroquinolones）（沙星类）
11. 糖肽类抗生素（Glycopeptides），如万古霉素（Vancomycin）、阿伏霉素（Avoparcin）

三、日本对动物性食品重点监控的兽药及其他化合物清单

1. 氯羟吡啶（Clopidol）
2. 磺胺喹噁啉（Sulfaquinoxaline）
3. 氯霉素（Chloramphenicol）
4. 磺胺甲基嘧啶（Sulfamerazine）
5. 磺胺二甲嘧啶（Sulfadimethoxine）
6. 磺胺 -6- 甲氧嘧啶（Sulfamonomethoxine）
7. 噁喹酸（Oxolinic Acid）
8. 乙胺嘧啶（Pyrimethamine）
9. 尼卡巴嗪（Nicarbazin）
10. 双呋喃唑酮（DFZ）
11. 阿伏霉素（Avoparcin）
注：日本对进口动物性食品重点监控的兽药种类经常变化，建议我国出口肉禽养殖企业予以密切关注。

续表

四、香港地区禁用的兽药及其他化合物清单	
1. 氯霉素（Chloramphenicol）	5. 阿伏霉素（Avoparcin）
2. 克仑特罗（Clenbuterol）	6. 己二烯雌酚（Dienoestrol）
3. 己烯雌酚（Diethylstilbestrol）	7. 己烷雌酚（Hexoestrol）
4. 沙丁胺醇（Salbutamol）	

附录 5　药物物理化学配伍禁忌表

类别	药名	剂型*	禁忌配伍药物	变化
消化系统用药	稀盐酸	液	有机酸盐,如水杨酸钠 碱类 重金属 生物碱 浸膏类	沉淀 中和失效 析出金属 分解变性 分解
	氯化钠	液	硝酸银、甘汞等	生成不溶性盐类
	碳酸氢钠	液	酸及酸性盐类 含鞣酸类药物 生物碱、镁盐、钙盐 重金属盐 利尿素 氯化铵或铵盐 碱式硝酸铋 胃蛋白酶	中和失效 分解 沉淀 生成难溶性盐,变色 分解沉淀 分解放出氨 疗效减弱 降低酶活性
	人工盐	液	酸类	中和
	硫酸钠	液	钙盐、汞盐、钡盐	沉淀
	硫酸镁	液	碳酸盐、水杨酸盐、氯化钙	沉淀
	鞣酸	液	生物碱类 碱类及碳酸碱类 重金属盐及明矾	沉淀 分解变色 生成难溶性盐,变色
	鞣酸	固	氧化剂 人工盐	爆炸或分解氧化 疗效减弱
	碱式硝酸铋	液	硫 黄 鞣 酸	生成硫化物 逐渐分解变黄色
	明矾	液	碱类、鞣酸、石灰水	沉淀
	乳酶生	固	抗菌药、酊剂、收敛药	减效

续表

类别	药名	剂型*	禁忌配伍药物	变化
祛痰药	碘化钾	液	金属盐类	分解
	氨茶碱	液	氢氧化钠及碳酸钠等	分解放出氨气
	氯化铵	液	氢氧化钠及碳酸钠等	分解放出氨气
强心药	咖啡因	液	鞣酸、碱类、酸类、氯化钙	析出生物碱沉淀
	维生素 K_2（维生素 V，维生素 K_3）	注	还原剂、卤素、碱类	分解游离出甲萘醌
	洋地黄苷	液	钙盐钾盐	增强洋地黄的毒性对抗洋地黄的作用
	洋地黄及其制剂	液	甘草流浸膏	产生沉淀
利尿药	利尿素	液	碱类及重金属盐	沉淀
	醋酸钾	液	利尿素含酒精的制剂矿酸类如盐酸	白色沉淀沉淀分解
代谢过程用药	氯化钙	液	碳酸氢钠、碳酸钠硫酸钠、硫酸镁，含鞣酸的药物	沉淀沉淀
	葡萄糖酸钙	液	碳酸盐类、乙醇、水杨酸盐、苯甲酸盐	沉淀
	碳酸钙	液	酸类、酸性盐类	产生二氧化碳气体
	铁剂	液	鞣酸、碱类、碘酊	沉淀
	维生素 B_1	注	氧化剂、还原剂中性、碱性溶液、重金属盐含鞣酸的药物、磷化物苯巴比妥钠、青霉素	破坏失效分解沉淀分解、失效、沉淀
	维生素 C	注	苯巴比妥钠碱类、氧化剂、铜盐、铁盐、碳酸氢钠四环素类药物、促皮质素氨茶碱注射液	析出苯巴比妥分解分解混浊减效
解热药与抗风湿药	安乃近	液	鞣酸制剂生物沉淀剂氯丙嗪	沉淀沉淀能导致体温过度下降
	氨基比林	固	水杨酸钠、水合氯醛	潮解
	水杨酸钠	液	酸类重金属盐三价铁盐安痛定	析出水杨酸生成水杨酸重金属盐变紫色失效生成水杨酸安痛定

续表

类别	药名	剂型*	禁忌配伍药物	变化
中枢神经药	水合氯醛	液	碱类、钾盐、钠盐、铵盐 碘化物、溴化物	分解 分解
	溴化物	液	氯丙嗪注射液 氧化剂、酸类 氯化钠 生物碱类	混浊 游离出溴 减效 析出沉淀
	氯丙嗪	液	碳酸氢钠、有机酸类、巴比妥类 生物碱沉淀剂 氧化剂	析出沉淀 沉淀 变色
局麻药	普鲁卡因	液	碱类 磺胺类药物、酸性盐 氧化剂	分解 疗效减弱或失效 分解
传出神经药	肾上腺素药	液	碱类 三氧化铁	易氧化变棕色、失效 失效
	阿托品	液	碱类、鞣酸、碘及碘化物	析出生物碱沉淀
	毛果芸香碱	液	碱类、碘化物、重金属盐、鞣酸	析出生物碱沉淀
防腐消毒药	鱼石脂	液	酸类	生成树脂状团块
	漂白粉	液	酸类	分解放出氨气
	醋酸铅	液	氨溶液、铵盐、硫黄、甘油、挥发油、油脂、硼酸、碳酸盐、硫酸盐、碱类、含鞣酸的药物 碘及碘化物 胶质	易爆炸或沉淀 生成碘化铅沉淀 混浊
	碘及其制剂	液	氨水、铵盐类 碱类 重金属盐 鞣酸、硫代硫酸钠 生物碱类药物 含淀粉类药物 龙胆素 挥发油	生成有爆炸性碘化氮 生成次碘酸盐 沉淀 脱色 析出生物碱沉淀 呈蓝色 疗效减弱 分解失效
	碘仿	固	碱类、鞣酸、硝酸银、高锰酸钾 碘、碘化物、硼酸、蛋白银	分解或沉淀
	阳离子表面活性消毒药	液	阴离子肥皂类、氧化镁、过氧化氢、白陶土、磺胺噻唑	作用减弱或失效
	硼酸	液	碱性物质 鞣酸	生成硼酸盐 疗效减弱
	龙胆紫	液	碘酊、鞣酸	减效,沉淀

类别	药名	剂型*	禁忌配伍药物	变化
防腐消毒药	乳酸依沙吖啶	液	碘及其制剂 含 0.8% 以上的氯化钠溶液	析出沉淀 疗效减弱
	高锰酸钾	液 液 固	有机物如甘油、乙醇等 氨及其制剂 鞣酸、药用炭、甘油等	失效 沉淀 研磨时可爆炸
	过氧化氢	液	碱类、药用炭、碘及其制剂、高锰酸钾	分解
	乙醇	液	氧化剂、无机盐类	氧化,沉淀
抗生素药	链霉素	注	磺胺类药物 氨茶碱注射液、酸、碱、氧化剂及其还原剂	水解失效 混浊 分解失效
	四环素族	注	青霉素 维生素 C、氨茶碱、葡萄糖酸钙等注射液 中性及碱性溶液,如复方氯化钠注射液,碳酸氢钠注射液 复方碘溶液、生物碱沉淀剂	混浊失效 混浊 分解失效 产生沉淀
	磺胺类药物	液	酸性药物 硫酸盐(如硫酸钠等)	析出磺胺沉淀 生产硫化血色素
		固	普鲁卡因 氯化铵、氯化钙	疗效减弱或无效 增加乙酰磺胺析出的毒性
		注	普鲁卡因注射液 5% 碳酸氢钠注射液	沉淀 析出磺胺沉淀
	青霉素 G(钾盐或钠盐)	注	氧化剂,如碘酊、高锰酸钾 高浓度的甘油或乙醇 重金属盐类 酸性药液,如氯丙嗪、四环素族抗生素的注射液	破坏失效 破坏失效 沉淀失效 分解失效
抗寄生虫药	敌百虫	液	碱类	易生成敌敌畏,增加毒性
解毒药	亚硝酸钠	液	酸类 碘化物 氧化剂,金属盐	分解或生成亚硝酸 游离出碘 被还原
	硫代硫酸钠	液	酸类 氧化剂 铅、银、汞盐	沉淀 分解 沉淀
其他	生物碱		碱、重金属盐、碘化物、鞣酸、蛋白质、高锰酸钾、亚硝酸盐类	分解,沉淀

* 液指液体剂型,固指固体剂型,注指注射剂型。

附录 6　注射液物理化学配伍禁忌表

见文末插页。

附录 7 常用疫苗及免疫血清清列表

畜禽常用疫（菌）苗

名称	理化性质	作用与应用	制剂与用法用量	免疫期	保存期
猪口蹄疫 O 型灭活疫苗 (Swine Foot and Mouth Disease Type O Vaccine, Inactivated)	本品呈淡红色或白色黏稠性乳状液，经贮存后允许液面上有微量油，瓶底有少量水，振摇后呈均匀混浊液	预防猪 O 型口蹄疫	100 mL/瓶。疫苗注射前充分摇匀，猪耳根后肌内注射，体重 10~25 kg 注射 2 mL，25 kg 以上注射 3 mL	6 个月	疫苗应在 10 ℃以下冷藏包装运送。2~10 ℃保存，有效期 12 个月
仔猪红痢灭活疫苗 (Clostridial Enteritis Vaccine for Newborn Piglets, Inactivated)	本品振摇后呈均匀混浊液，静置后，上层为橙黄色澄清液体，下层为灰白色沉淀	预防仔猪红痢	100 mL/瓶。母猪在分娩前 30 d 和 15 d，分别肌内注射 1 次，每次 5~10 mL。用于妊娠母猪的免疫注射，新生仔猪通过初乳而获得被动免疫		2~8 ℃保存，有效期 18 个月
仔猪大肠杆菌病三价灭活疫苗 (Escherichia coli Trivalent Vaccine for Newborn Piglets, Inactivated)	本品振摇后呈均匀混浊液，静置后，上层为无色透明的液体，下层为乳白色沉淀	预防仔猪大肠杆菌腹泻	100 mL/瓶。怀孕母猪注射 2 次，在产前 40 d 和 15 d 各注射 1 次，每次肌内注射 5 mL		4~8 ℃保存，有效期 12 个月
仔猪大肠杆菌病 K88 K99 双价基因工程灭活疫苗 {Escherichia coli (K88 and K99) Recombinant Vaccine for Newborn Piglets, Inactivated}	本品为疏松海绵状团块，易与瓶壁脱离，呈淡黄色	预防仔猪黄痢	1 mL/瓶。本疫苗 1 瓶加无菌水 1 mL 溶解，与 20% 铝胶 2 mL 混匀，注射于临产前 21 d 左右怀孕母猪耳根部皮下，1 次即可		2~10 ℃保存，有效期 12 个月
猪多杀性巴氏杆菌病灭活疫苗 (Swine Pasteurella mullocida Vaccine, Inactivated)	本品振摇后呈均匀混浊液，静置后，上层为淡黄色的液体，下层为灰白色沉淀物	预防猪巴氏杆菌病	100 mL/瓶，250 mL/瓶。断奶后的猪，不论轻重，每头皮下或肌内注射 5 mL	6 个月	2~15 ℃冷暗处保存 12 个月；16~28 ℃保存，有效期 9 个月

续表

名称	理化性质	作用与应用	制剂与用法用量	免疫期	保存期
猪丹毒灭活疫苗(Swine Erysipelas Vaccine, Inactivated)	本品振摇后呈均匀混浊液，静置后，上层为橙黄色液体，下层为灰白色或浅褐色沉淀物	预防猪丹毒	100 mL/瓶。体重 10 kg 以上的断奶猪，一律皮下或肌内注射 5 mL，10 kg 以下尚未断奶的猪，均皮下或肌内注射 3 mL，1 个月后，再补注 3 mL	6 个月	2~8 ℃保存，有效期 18 个月；16~28 ℃阴暗处保存，有效期 9 个月内
猪丹毒、猪多杀性巴氏杆菌病二联灭活疫苗(Swine Erysipelas and *Pasteurella multocida* Vaccine, Inactivated)	本品振摇后呈均匀混浊液，静置后，上层为橙黄色的澄清液体，下层为灰褐色沉淀	预防猪丹毒和猪巴氏杆菌病(即猪肺疫)	100 mL/瓶。体重 10 kg 以上的断奶猪，每头皮下注射 5 mL，10kg 以下或尚未断奶的猪，均皮下或肌内注射 3 mL，30 d 后，再加强免疫接种 1 次，每次 3 mL	6 个月	2~8 ℃保存，有效期 12 个月；16~28 ℃阴暗处保存，有效期 9 个月内
猪细小病毒病灭活疫苗(Swine Parvovirus Vaccine, Inactivated)	本品为乳白色乳状液，静置后，下层略带粉红色	预防由猪细小病毒引起的母猪繁殖障碍病	20 mL/瓶，40 mL/瓶。深部肌内注射，每头 2 mL	6 个月	2~8 ℃阴暗处保存，有效期 7 个月。疫苗忌冻结
猪乙型脑炎灭活疫苗(Swine Epedemic Encephalitis Vaccine, Inactivated)	本品为乳白色乳状液	预防猪乙型脑炎	20 mL/瓶；50 mL/瓶；100 mL/瓶。肌内注射，种猪于 6~7 月龄(配种前)或蚊虫出现前 20~30 d 注射疫苗两次(间隔 10~15 d)，经产母猪及成年猪每年注射 1 次，每次 2 mL	10 个月	2~8 ℃阴暗处保存，有效期 12 个月。疫苗使用前摇匀，启封后须当天用完
猪伪狂犬病灭活疫苗(Swine Pseudorabies Vaccine, Inactivated)	本品为乳白色乳状液	预防由伪狂犬病毒引起的繁殖障碍、仔猪伪狂犬病和种猪不育症	100 mL/瓶；250 mL/瓶；500 mL/瓶。颈部肌内注射，育肥仔猪与种用仔猪，断奶时每头 3 mL。间隔 28~42 d，加强免疫接种 1 次，每头 5 mL	6 个月	2~8 ℃阴暗处保存，有效期 12 个月

续表

名称	理化性质	作用与应用	制剂与用法用量	免疫期	保存期
猪传染性胃肠炎、猪流行性腹泻二联灭活疫苗 (Transmissible Gastroenteritis and Porcine Epidemic Diarrhoea Vaccine, Inactivated)	本品为粉红色均匀混悬液。静置后，上层为红色澄清液体，下层为淡灰色沉淀	预防猪传染性胃肠炎和猪流行性腹泻	40 mL/瓶，100 mL/瓶。后海穴注射，妊娠母猪于产前20~30 d注射4 mL；其所生仔猪于断奶后7 d内注射1 mL	6个月	2~8 ℃保存，有效期12个月
猪败血性链球菌病活疫苗 (Swine Streptococcosis Septicemia Vaccine, Living)	本品为淡棕色海绵状疏松团块，易与瓶壁脱离，加稀释液后迅速溶解	预防由C群兽疫链球菌引起的猪败血性链球菌病	25头份/瓶，50头份/瓶，100头份/瓶。加入20%氢氧化铝生理盐水或生理盐水稀释，每头猪皮下注射1 mL，或口服1 mL	6个月	2~8 ℃保存，有效期12个月；15~20 ℃保存，有效期30 d以内
猪瘟活疫苗(I) (Swine Fever Vaccine, Living) (I)	本品为淡红色海绵状疏松团块，易与瓶壁脱离，加稀释液后迅速溶解	预防猪瘟	40头份/瓶，60头份/瓶，80头份/瓶。按标签注明的头份加生理盐水稀释，大小猪均肌内或皮下注射1 mL	脾淋苗为18个月；乳兔苗为12个月	0~8 ℃保存，有效期6个月；-15 ℃以下保存，有效期12个月
仔猪副伤寒活疫苗 (Paratyphus Vaccine for Piglets, Living)	本品为灰白色海绵状疏松团块，易与瓶壁脱离，加稀释液后迅速溶解	预防仔猪副伤寒	20头份/瓶，30头份/瓶，40头份/瓶。适用于1月龄以上的哺乳断乳或断乳仔猪。口服：按瓶签标明的头份临用前用凉开水稀释，每头份5~10 mL，均匀拌入饲料中，自由采食。注射：用20%氢氧化铝生理盐水，按每头份1 mL稀释，耳后浅层肌内注射		-15 ℃保存，有效期12个月；2~8 ℃保存，有效期9个月；25~30 ℃阴暗处保存，不超过10 d
猪丹毒活疫苗 (Swine Erysipelas Vaccine, Living)	本品为淡褐色海绵状疏松团块，易与瓶壁脱离，加稀释液后迅速溶解	预防猪丹毒	25头份/瓶，50头份/瓶，100头份/瓶。按瓶签注明的头份，加入20%氢氧化铝生理盐水稀释，每头猪皮下注射1 mL	6个月	-15 ℃保存，有效期12个月；2~8 ℃保存，有效期9个月；25~30 ℃阴暗处保存，不超过10 d

续表

名称	理化性质	作用与应用	制剂与用法用量	免疫期	保存期
猪瘟、猪丹毒、猪多杀性巴氏杆菌病三联活疫苗 (Swine Fever, Swine Erysipelas and Pasteurella multocida Vaccine, Living)	本品为淡红或淡褐色、海绵状疏松团块,易与瓶壁脱离,加稀释液后迅速溶解	预防猪瘟、猪丹毒、猪多杀性巴氏杆菌病(猪肺疫)	20头份/瓶,40头份/瓶。按瓶签注明的头份,加生理盐水或铝胶生理盐水稀释,不论猪只大小一律肌内注射1 mL	猪瘟为12个月,猪丹毒和猪肺疫为6个月	在-15 ℃以下保存,有效期为12个月;在0-8 ℃保存,有效期为6个月;在20 ℃处保存,不超过10 d
伪狂犬病灭活疫苗 (Pseudorabies Vaccine, Inactivated)	本品为淡红色混悬液。久置后,下层有淡乳白色沉淀	预防牛、羊伪狂犬病	100 mL/瓶。颈部皮下注射,成年牛10 mL、犊牛8 mL、山羊5 mL	牛12个月,羊6个月	2~8 ℃冷暗处保存,有效期24个月;24 ℃以下阴暗处保存,应在12个月内使用
气肿疽灭活疫苗 (Clostridium chauvoei Vaccine, Inactivated)	本品振摇后呈均匀混浊液,静置后,上层为棕黄色或淡黄色澄清液体,下层有微量灰白色沉淀	预防牛、羊气肿疽	100 mL/瓶,250 mL/瓶。不论年龄大小,牛皮下注射5 mL,羊皮下注射1 mL。6月龄以下的小牛,至6月龄时,应再加强注射1次		2~8 ℃保存,有效期24个月;室温保存,有效期14个月
肉毒梭菌中毒症C型灭活疫苗 {Clostridium botulinium (Type C)Vaccine, Inactivated}	本品振摇后呈均匀混浊液,静置后,上层为橙色透明液体、下层白色沉淀	预防牛、羊、骆驼及水貂的C型肉毒梭菌中毒症	100 mL/瓶;250 mL/瓶。绵羊皮下注射4 mL、牛10 mL、骆驼20 mL、水貂2 mL,用时充分摇匀	12个月	2~8 ℃保存,有效期36个月
破伤风类毒素 (Tetanus Toxoid)	本品振摇后呈均匀混浊液,静置后,上层为淡黄色透明液体、下层为灰白色沉淀	预防家畜破伤风	100 mL/瓶。马、骡、庐皮下注射1 mL,幼畜减半,经6个月再需注射1次。绵羊、山羊皮下注射0.5 mL	注射后1个月产生免疫,第二年再注射1mL,免疫力可持续48个月	2~8 ℃保存,有效期为36个月。期满后,经效力检验合格,可延长12个月
炭疽油乳剂疫苗 (Anthrax Vaccine for Animals, Oil Emulsion)	本品为白色或乳白色黏稠液体,久置后瓶底有少量水或瓶口上浮微量油	预防山羊炭疽	100 mL/瓶。6个月以上山羊,颈部皮下注射2 mL	6个月	2~8 ℃保存,有效期12个月。防止冻结

续表

名称	理化性质	作用与应用	制剂与用法用量	免疫期	保存期
牛口蹄疫 O 型灭活疫苗 (Bovine Foot and Mouth Disease Type O Vaccine, Inactivated)	本品略带乳白色或粉红色黏性液体	用于各种年龄的黄牛、水牛、奶牛、牦牛预防接种和紧急接种	100 mL/瓶。成年牛肌肉注射 3 mL,1 岁以下牛肌肉注射 2 mL	6 个月	4~8 ℃保存,有效期 12 个月。防止冻结
马传染性贫血活疫苗 (Equine Infectious Anaemia Vaccine, Living)	本品的液体苗为微黄色澄清液体,冻干苗为微黄色海绵状疏松团块,易与瓶壁脱离,加稀释液后迅速溶解	预防马、驴、骡的传染性贫血病	液体苗:10 mL/瓶;20 mL/瓶。冻干苗:2 mL/瓶;4 mL/瓶。按瓶签注明头份,用磷酸盐缓冲液(PBS)或生理盐水稀释,各皮下注射 2 mL	24 个月	液体苗:-20 ℃以下保存,有效期 12 个月;0~4 ℃为 7 d;15~20 ℃在 2 d 以内。冻干苗:-20 ℃以下保存,有效期 24 个月;0~4 ℃为 6 个月;15~20 ℃在 1 个月内有效
布鲁菌病活疫苗(II) (Brucellosis Vaccine, Living)(II)	本品为黄褐色海绵状疏松团块,易与瓶壁脱离,加稀释液后迅速溶解	预防山羊、绵羊、猪和牛布鲁菌病	20 头份/瓶;40 头份/瓶;80 头份/瓶。口服:山羊和绵羊不论年龄大小,每头一律口服 100 亿活菌;牛为 500 亿活菌;猪口服 2 次,每次 200 亿活菌,间隔 1 个月。注射:皮下或肌内均可,山羊每头注射 25 亿菌,绵羊 50 亿菌;牛 500 亿菌;猪注射 2 次,每次 200 亿菌,间隔 1 个月	羊 36 个月;牛 24 个月;猪 12 个月	0~8 ℃保存,有效期 12 个月
兔病毒性出血症灭活疫苗 (Rabbit Viral Hemorrhagic Disease Vaccine, Inactivated)	本品为灰褐色均匀混浊液,静置后瓶底有部分沉淀	预防兔病毒性出血症(兔瘟)	20 mL/瓶,40 mL/瓶,100 mL/瓶。1.5 月龄以上家兔,每只皮下注射 1 mL,但断奶后应加强免疫注射 1 次	6 个月	2~8 ℃阴暗处保存,有效期 18 个月

续表

名称	理化性质	作用与应用	制剂与用法用量	免疫期	保存期
兔病毒性出血症、兔多杀性巴氏杆菌病二联灭活疫苗 (Viral Hemorrhagic Disease and Pasteurella multocida Vaccine for Rabbits, Inactivated) (Dried Powder)	本品为褐色粉末。稀释，振摇后迅速溶解，呈均匀褐色混悬液	预防兔病毒性出血症和多杀性巴氏杆菌病	50头份/瓶，100头份/瓶。肌内或皮下注射，按瓶签注明头份，用20%氢氧化铝胶生理盐水稀释，成年兔每只1 mL，45日龄左右仔兔每只0.5 mL	6个月	2~8 ℃保存，有效期24个月
家兔多杀性巴氏杆菌病、支气管败血波氏菌感染二联灭活疫苗 Pasteurella multocida and Bordetella bronchiseptica Vaccine for Rabbits, Inactivated)	本品为乳白状液	预防家兔A型多杀性巴氏杆菌病和家兔支气管败血波氏菌感染	20 mL/瓶，40 mL/瓶。颈部肌内注射，用12~16号注射针头，成年兔每只1 mL	6个月	2~8 ℃阴暗处保存，有效期12个月
家兔多杀性巴氏杆菌病活疫苗 (Pasteurella multocida Vaccine for Rabbits, Living)	本品为乳白色海绵状疏松团块，易与瓶壁脱离，加稀释液后迅速溶解	预防家兔多杀性巴氏杆菌病	100头份/瓶，200头份/瓶。将疫苗用20%灭菌氢氧化铝胶盐水稀释，兔股内侧皮下注射0.2 mL（含1 000万个活菌）	5个月	4~8 ℃保存，有效期12个月
禽流感灭活疫苗(H9亚型，F株)	本品为乳白色乳状液。系用A型禽流感病毒A/Chicken/Shanghai/1/98 (H9N2株，简称F株)接种鸡胚培养后，收获感染鸡胚液，经甲醛溶液灭活后，加矿物油佐剂乳化制成	预防由H9亚型禽流感病毒引起的禽流感	颈部中下1/3皮下注射，或胸部肌内注射。2周龄以内的雏鸡每只注射0.2 mL；2周龄至2月龄的鸡每只注射0.3 mL；2月龄以上的鸡每只注射0.5 mL；蛋鸡在开产前2~3周每只0.5 mL。	2周龄以内雏鸡的免疫期为2个月，2周龄以上鸡的免疫期为5个月	2~8 ℃保存，有效期12个月

续表

名称	理化性质	作用与应用	制剂与用法用量	免疫期	保存期
禽流感灭活疫苗(H5 亚型,N28 株)	本品为乳白色乳状液。系用 A 型禽流感病毒 A/Turkey/England/N28/73 (H5N2 株,简称 N28 株)接种鸡胚培养后,获得感染胚液,以甲醛溶液灭活后,加矿物油佐剂乳化制成	预防由 H5 亚型禽流感病毒引起的禽流感	颈部中下 1/3 皮下注射,或胸部肌肉注射。2~5 周龄鸡每只注射 0.3 mL,5 周龄以上的鸡每只注射 0.5 mL。	接种后 14 d 产生免疫力,免疫期 4 个月	2~8 ℃保存,有效期 12 个月
禽流感(H5+H9)二价灭活疫苗(H5N1 Re-1-H9N2 Re-2 株)	本品为乳白色乳状液。含灭活的重组禽流感病毒 H5N1 亚型 Re-1 株和 H9N2 亚型 Re-2 株	预防由 H5 和 H9 亚型禽流感病毒引起的禽流感	颈部中下 1/3 皮下注射,或胸部肌肉注射。2~5 周龄鸡每只注射 0.3 mL,5 周龄以上的鸡每只注射 0.5 mL。	5 个月	2~8 ℃保存,有效期 12 个月
禽流感灭活疫苗(H9 亚型,SD696 株)	本品为乳白色乳状液。系用 A 型禽流感病毒 A/Chicken/Shandong/6/96(H9N2 株,简称 SD696 株)接种鸡胚培养后,收获感染胚液,经甲醛溶液灭活后,加矿物油佐剂乳化制成	预防由 H9 亚型禽流感病毒引起的禽流感	颈部中下 1/3 皮下注射,或胸部肌肉注射。2~5 周龄鸡每只注射 0.3 mL,5 周龄以上的鸡每只注射 0.5 mL	接种后 14 d 产生免疫力,免疫期 5 个月	2~8 ℃保存,有效期 12 个月
禽多杀性巴氏杆菌病活疫苗($G_{190}E_{40}$ 株)(Avian Pasteurella multicida Vaccine, Living)($G_{190}E_{40}$ Strain)	本品为淡褐色海绵状疏松团块,易与瓶壁脱离,加稀释液后迅速溶解	预防 3 个月以上的鸡、鸭、鹅、鹅巴氏杆菌病(即禽霍乱)	200 羽份/瓶,400 羽份/瓶,600 羽份/瓶。将疫苗用 20%铝胶生理盐水稀释,肌内注射 0.5 mL/羽,鸡含 2 000 万个活菌,鸭含 6 000 万个活菌,鹅含 1 亿个活菌	3 个半月	2~8 ℃保存,有效期 12 个月

续表

名称	理化性质	作用与应用	制剂与用法用量	免疫期	保存期
鸡产蛋下降综合征灭活疫苗 (Egg Drop Syndrome Vaccine, Inactivated)	本品为白色乳剂	预防蛋鸡后备鸡群及种鸡后备母鸡群的产蛋下降综合征	100 mL/瓶;250 mL/瓶;500 mL/瓶。鸡群开产前2~4周进行免疫,肌内或皮下注射0.5 mL/只		4~10 ℃保存,有效期12个月;20~25 ℃保存,有效期2个月
鸡传染性法氏囊病灭活疫苗 (Infectious Bursal Disease Vaccine, Inactivated)	本品为乳白色黏性均匀乳状液	预防鸡传染性法氏囊病	500 mL/瓶。18~20周龄种母鸡,每只鸡颈背部皮下接种1.2 mL。本品应与活疫苗配套使用		疫苗避光4 ℃保存,防止冻结,6个月内有效。36 ℃可保存6 d
鸡新城疫、传染性法氏囊病二联灭活疫苗 (Newcastle Disease and Infectious Bursal Disease Vaccine, Inactivated)	本品为乳白色乳状液	预防鸡新城疫和传染性法氏囊病	500 mL/瓶。颈部皮下注射,60日龄以内的鸡,每只0.5 mL;开产前的种鸡(120日龄),每只1 mL	雏鸡为100 d左右。成年鸡鸡新城疫免疫期为12个月;传染性法氏囊病免疫期为6~8个月	2~8 ℃保存,有效期6个月
鸡新城疫、产蛋下降综合征二联灭活疫苗 (Newcastle Disease and Egg Drop Syndrome Vaccine, Inactivated)	本品为白色或乳白色乳剂	预防鸡新城疫和产蛋下降综合征	100 mL/瓶,250 mL/瓶,500 mL/瓶。肌内或皮下注射。鸡群开产前14~28 d进行免疫,每只0.5 mL		2~8 ℃保存,有效期6个月
鸡传染性法氏囊病低毒力株活疫苗 (Infectious Bursal Disease Mild Vaccine, Living)	本品为海绵状疏松红色团块,易与瓶壁脱离,加稀释液后迅速溶解	早期预防雏鸡传染性法氏囊病	500羽份/瓶,1 000羽份/瓶。疫苗稀释后,用于无母源抗体雏鸡首次免疫,可点眼、滴鼻,肌内注射或饮水免疫,每只鸡免疫剂量应不低于1 000个ELD_{50}		0~4 ℃保存,有效期12个月;-18 ℃保存,有效期18个月
鸡马立克病活疫苗 (Marek's Disease Vaccine, Living)	本品为橙红或浓红色细胞悬液	预防鸡马立克病	1 mL/瓶,5 mL/瓶,按瓶签说明,从液氮中取出后,立即在38 ℃温水中融化后用稀释液稀释,每只鸡肌内注射或皮下注射0.2 mL(含2 000 PFU)	18个月	必须在液氮中保存,有效期24个月

续表

名称	理化性质	作用与应用	制剂与用法用量	免疫期	保存期
鸡毒支原体活疫苗 (Mycoplasma gallisepticum Vaccine, Living)	本品为微黄色海绵状疏松团块,易与瓶壁脱离,加稀释液后迅速溶解	预防鸡毒支原体引起的慢性呼吸道疾病	150羽份/瓶,200羽份/瓶。以8~60日龄时使用为佳。按标签注明的羽份,用灭菌生理盐水或蒸馏水稀释成20~30羽份/1 mL,点眼接种	9个月	-15 ℃冷冻保存,有效期12个月;2~8 ℃保存,有效期6个月
鸭瘟活疫苗 (Duck Plague Vaccine, Living)	本品组织苗呈淡红色,细胞苗呈淡黄色,均为海绵状疏松团块,易与瓶壁脱离,加稀释液后迅速溶解	预防鸭瘟	200羽份/瓶,400羽份/瓶。按标签注明的羽份,用生理盐水稀释,成鸭每只肌内注射0.25 mL,雏鸭腿部肌内注射1 mL	2月龄以上的鸭免疫期9个月,初生鸭1个月	-15 ℃冷冻保存,有效期18个月;0~4 ℃保存8个月
小鹅瘟活疫苗 (Gosling Plague Vaccine, Living)	本品的湿苗为无色或淡红色透明液体,静置后可能有少许沉淀物;冻干苗为微黄色或微红色海绵状团块,易与瓶壁脱离,加稀释液后迅速溶解	预防小鹅瘟	100羽份/瓶。应在母鹅产蛋前20~30 d注射,按标签注明的羽份,用生理盐水稀释,每只肌内注射1 mL	供产蛋前母鹅注射,免疫后21~27 d内所产的种蛋孵出的小鹅具有免疫力	液体苗在4~8 ℃冷冻保存,有效期14 d;-15 ℃以下保存,有效期12个月;冻干苗在-15 ℃以下保存,有效期12个月
犬狂犬病、犬瘟热、犬副流感、犬腺病毒病和犬细小病毒性肠炎五联活疫苗 (Rabies, Canine Distemper, Parainfluenza, Adenovirus and Parvovirus Vaccine for Dogs, Living)		预防犬狂犬病、犬瘟热、犬副流感、犬腺病毒感染、犬细小病毒性病毒性肠炎	1头份/瓶。临用前每个免疫剂量加注射用水2 mL稀释,充分摇匀,使其完全溶解,肌内注射。仔犬从离乳之日起以2~3周的间隔,连续注射3次,每次1个剂量;成年犬以2~3周的间隔,连续注射2次,每次1个剂量	12个月	-20 ℃保存,有效期12个月;2~8 ℃保存,有效期9个月
水貂病毒性肠炎灭活疫苗 (Mink Viral Enteritis Vaccine, Inactivated)	本品静置后,上层为粉红色清亮液体,下层为淡红色沉淀	预防水貂病毒性肠炎	40 mL/瓶,100 mL/瓶。皮下注射。49~56日龄水貂,每只1 mL,种貂可在配种前20 d,每只再注射1 mL	6个月	2~8 ℃保存,有效期6个月

家畜常用免疫血清

名称	理化性质	作用与应用	制剂与用法用量	保存期
抗气肿疽血清(Clostridium chauvoei Antisera)	淡棕色或淡黄色澄清液体,久置后有微量白色沉淀	用于牛气肿疽的预防和治疗	100 mL/瓶。预防:每头牛皮下注射血清15~20 mL,经14~20 d再皮下注射5 mL。治疗:每头牛由静脉、腹腔或肌内注射血清150~200 mL,病重者可间同量进行第二次注射	2~8 ℃保存,有效期42个月
抗炭疽血清(Anthrax Antisera)	略带乳光的橙黄色澄清液体,久置后有白色沉淀,但量少	治疗或预防各种动物的炭疽	100 mL/瓶,250 mL/瓶。用于预防时皮下注射。用于治疗时静脉注射。马、牛预防剂量30~40 mL,治疗剂量100~250 mL。猪、羊预防剂量16~20 mL,治疗剂量50~120 mL	2~8 ℃保存,有效期36个月
抗猪、牛多杀性巴氏杆菌病血清(Swine and Bovine Pasteurella multocida Antisera)	棕红色或橙黄色澄清液体,久置后有少量白色沉淀	预防及治疗猪、牛巴氏杆菌病	100 mL/瓶,250 mL/瓶。皮下注射。2个月内的仔猪,预防剂量10~20 mL,治疗剂量20~40 mL;2~5月龄猪,预防剂量20~30 mL,治疗剂量40~60 mL;5~10月龄猪,预防剂量30~40 mL,治疗剂量60~80 mL。小牛,预防剂量10~20 mL,治疗剂量20~40 mL;大牛,预防剂量30~50 mL,治疗剂量60~100 mL	2~8 ℃保存,有效期36个月
抗猪瘟血清(Swine Fever Antisera)	微带棕红色的透明液体,久置后有少量灰白色沉淀	预防与治疗猪瘟	100 mL/瓶,250 mL/瓶。皮下或肌内注射。预防剂量:20 kg以下的猪,注射15~20 mL;20 kg以上的猪,按每千克体重注射1 mL计算。治疗量加倍,必要时可以重复注射1次	2~8 ℃保存,有效期36个月
抗猪丹毒血清(Swine Erysipelas Antisera)	微带乳光的橙黄色透明液体,久置后瓶底略有灰白色沉淀	治疗或紧急预防猪丹毒。免疫持续期4 d	100 mL/瓶,250 mL/瓶。静脉注射。预防剂量:仔猪3~5 mL,体重50 kg以下的成年猪5~10 mL,50 kg以上的10~20 mL。治疗剂量:仔猪5~10 mL,体重50 kg以下的成年猪30~50 mL,50 kg以上的50~75 mL。耳根后部或后腿内侧皮下注射,也可静脉注射	2~15 ℃阴暗处保存,有效期42个月
破伤风抗毒素(Tetanus Antitoxin)	未精制的应为略带乳光,橙色或茶色的澄清液体;精制的呈无色清亮透明液体	用于家畜破伤风的预防和治疗	100 mL/瓶;1 500 AE/安瓿;10 000 AE/安瓿。皮下、肌内或静脉注射。3岁以上大家畜,预防剂量:6 000~12 000 U,治疗剂量:60 000~300 000 U;3岁以下大家畜,预防剂量:3 000~6 000 U,治疗剂量:50 000~100 000 U;羊、猪、犬,预防剂量:1 200~3 000 U,治疗剂量:5 000~20 000 U	2~8 ℃冷暗处保存,有效期24个月
抗羔羊痢疾血清(Lamb Dysentery Antisera)	浅褐色或淡黄色澄清液体,久置后瓶底有微量灰白色沉淀	预防及早期治疗产气荚膜梭菌引起的羔羊痢疾	100 mL/瓶。预防剂量:1~5日龄羔羊皮下或肌内注射血清3~5 mL,必要时于4~5 h后再重复注射1次。治疗剂量:静脉或肌内注射血清1 mL	2~8 ℃保存,有效期60个月

附录 8　关于兽药管理的公告

中华人民共和国农业农村部公告第 194 号　　中华人民共和国农业农村部公告第 246 号　　中华人民共和国农业部、中华人民共和国海关总署联合公告〔2009〕第 1312 号　　中华人民共和国农业部公告第 245 号　　中华人民共和国农业部公告第 250 号

参考文献

1. 中国兽药典委员会.中华人民共和国兽药典(2015年版).北京:中国农业出版社,2016.

2. 曹礼静,古淑英.兽药及药理基础.2版.北京:高等教育出版社,2010.

3. 陈杖榴.兽医药理学.3版.北京:中国农业出版社,2009.

4. 王国栋,朱凤霞,张三军.兽医药理学.北京:中国农业科学技术出版社,2018.

5. 董军,潘庆山.犬猫用药速查手册.2版.北京:中国农业大学出版社,2010.

6. 华南农业学校.兽医药理学.北京:中国农业出版社,1994.

7. 宋冶萍.动物药理.2版.北京:中国农业出版社,2015.

8. 张庆,田卫东.药物学基础.3版.北京:人民卫生出版社,2015.

9. 叶广亿,李书渊,陈艳芬,等.枇杷叶不同提取物的止咳化痰平喘作用比较研究.中药药理与临床,2013,29(02):100-102.

10. 文仕心.如何合理选用抗球虫药.农村养殖技术,2011(16):40-41.

11. 翁亚彪.正典球虫疫苗获得越南上市许可证,产品将进入国际市场.兽医导刊,2014(06):32.

郑重声明

读者意见反馈

为收集对教材的意见建议，进一步完善教材编写并做好服务工作，读者可将对本教材的意见建议通过如下渠道反馈至我社。

咨询电话　400-810-0598

反馈邮箱　zz_dzyj@pub.hep.cn

通信地址　北京市朝阳区惠新东街4号富盛大厦1座

　　　　　高等教育出版社总编辑办公室

邮政编码　100029

防伪查询说明

用户购书后刮开封底防伪涂层，使用手机微信等软件扫描二维码，会跳转至防伪查询网页，获得所购图书详细信息。

防伪客服电话　（010）58582300

学习卡账号使用说明

一、注册/登录

访问http://abook.hep.com.cn/sve，点击"注册"，在注册页面输入用户名、密码及常用的邮箱进行注册。已注册的用户直接输入用户名和密码登录即可进入"我的课程"页面。

二、课程绑定

点击"我的课程"页面右上方"绑定课程"，在"明码"框中正确输入教材封底防伪标签上的20位数字，点击"确定"完成课程绑定。

三、访问课程

在"正在学习"列表中选择已绑定的课程，点击"进入课程"即可浏览或下载与本书配套的课程资源。刚绑定的课程请在"申请学习"列表中选择相应课程并点击"进入课程"。

如有账号问题，请发邮件至：4a_admin_zz@pub.hep.cn。